普通高等教育"十二五"规划教材

兽医传染病学实验实习指导

主　编　井　波　赵爱云
副主编　惠晓红

北　京
冶　金　工　业　出　版　社
2015

内容提要

"兽医传染病学"是兽医类专业一门重要的专业课程，与兽医学的其他专业基础课如"兽医微生物学"、"兽医免疫学"、"兽医病理学"、"兽医临床诊断学"等紧密联系，与我国的畜牧养殖业生产实际，特别是与食品安全和人类健康密切相关。本书内容以最新版《兽医传染病学》教材为蓝本，结合兽医类专业人才培养目标和本学科发展进展，参考国内相关院校的动物传染病学实验指导，有选择地选编了28个专业实验，并结合生产实际详述了本课程实习过程中常用的技术方法。全书共分两大部分，第1部分是28个专业实验，按照人畜共患病、猪的传染病、大家畜传染病、禽类传染病和小动物传染病的顺序编写；第2部分则是在生产实习过程中常用的实验技术和注意事项。

本书内容翔实，兼顾了本学科的系统性、实用性，可作为高等农林院校兽医类专业的教材，也可供有关科研人员、基层兽医和动物防疫与检疫人员参考。

图书在版编目(CIP)数据

兽医传染病学实验实习指导/井波，赵爱云主编．—北京：冶金工业出版社，2011.4（2015.8 重印）
普通高等教育"十二五"规划教材
ISBN 978-7-5024-5536-1

Ⅰ.①兽…　Ⅱ.①井…　②赵…　Ⅲ.①兽医学：传染病学—实验—高等学校—教学参考资料　Ⅳ.①S855-33

中国版本图书馆 CIP 数据核字(2011)第 049867 号

出 版 人　谭学余
地　　址　北京市东城区嵩祝院北巷 39 号　邮编　100009　电话　(010)64027926
网　　址　www.cnmip.com.cn　电子信箱　yjcbs@cnmip.com.cn
责任编辑　杨　敏　美术编辑　李　新　版式设计　孙跃红
责任校对　石　静　责任印制　牛晓波
ISBN 978-7-5024-5536-1
冶金工业出版社出版发行；各地新华书店经销；北京印刷一厂印刷
2011 年 4 月第 1 版，2015 年 8 月第 2 次印刷
787mm×1092mm　1/16；12.5 印张；301 千字；193 页
27.00 元

冶金工业出版社　投稿电话　(010)64027932　投稿信箱　tougao@cnmip.com.cn
冶金工业出版社营销中心　电话　(010)64044283　传真　(010)64027893
冶金书店　地址　北京市东四西大街 46 号(100010)　电话　(010)65289081(兼传真)
冶金工业出版社天猫旗舰店　yjgycbs.tmall.com

（本书如有印装质量问题，本社营销中心负责退换）

前言

兽医传染病的控制重点在于预防，如何使兽医工作者掌握传染病的诊断和预防技术是广大兽医教学工作者的责任。随着生物技术的迅猛发展，兽医传染病学实验诊断技术的更新也日新月异，因此本课程早期的实验指导内容显得不合时宜，亟需将新的兽疫防控技术补充到实验实习指导教材中，正是以此为初衷，编写了《兽医传染病学实验实习指导》一书。

编者力求顺应当前学科发展，充分反映“兽医传染病学”实验教学改革的新思路，突破了以往“实验”只为课堂教学内容“求证”的旧模式，提出了更高更全面的实验目的，即除了印证课堂理论知识外，还要使学生掌握重大兽医传染病的基本实验室诊断技术和基层实践技能。为此，本书的着重点是：(1) 以动物的主要传染病防控技术为重点，着重培养学生基本的实践技能；(2) 以重大动物传染病的实验室常规诊断技术为主线，结合当前学科发展前沿，设置相应的实践技能培养项目。

本书共分两大部分：第1部分精心编排了28个实验，旨在培养学生的基本实验室实践技能，内容涉及人兽共患传染病，猪、牛、羊、禽和小动物传染病；第2部分是实训部分，主要介绍基层兽疫防控工作中应当掌握的技术。使用本书时，各专业可以根据其教学大纲的要求及教学计划的安排等，增减实验内容或选择其他更易找到的实验材料完成实验；部分内容也可前后调整。

本书由井波、赵爱云担任主编，惠晓红担任副主编。全书的编写分工如下：实验1、2、3、7、9、15、23、24、25和实训1由井波编写，实验4~6、12和实训3由张志峰编写，实验8、10、11、16、18和实训5由赵爱云编写，实验13、14、17、22和实训2由焦海宏编写，实验19~21、26~28和实训4由惠晓红编写，全书由井波负责统稿。

在编写过程中，得到了塔里木大学动物科学学院有关领导的支持和帮助，预防兽医教研室的有关同志提供了较新的参考文献，在此谨向他们及文献作者表示衷心的感谢！由于编者水平有限，书中不足之处在所难免，敬请读者批评指正。

编　者

2011年1月

目　录

第1部分　实验指导

家畜传染病往往借助人类的活动而传播，且有些家畜传染病（如布鲁菌病、炭疽、结核病、鼻疽、狂犬病等）亦可感染人类。家畜传染病学实验的对象和材料，大多与病畜和病原微生物有关，操作过程中稍一疏忽，就可能引起疫病流行，甚至传染人身，危及生命。因此，实验时，要遵守下列规定：

（1）工作时应穿好工作服，必要时还应戴口罩、工作帽、胶靴、围裙、袖套、手套、眼镜。工作服应放置在指定的地方，上述衣物使用后应立即就地消毒清洗，切勿随意带到别处，必须携回处理时，要包扎严密，保证安全。

（2）实验进行期间，不得进食、饮水和吸烟，勿以手指或其他器物等接触口唇、眼、鼻及面部。操作时（尤其是危险的操作），务须严肃认真，聚精会神，不得顾盼言他。手及面部有伤口时，应避免危险的操作，必须操作时应涂碘酒，用胶布包扎，或戴橡皮手套。

（3）接种环或接种针每次使用前后，必须通过火焰烧红灭菌，待冷却后，方可接种培养物，以免将待检的细菌灭杀，影响效果。使用后，亦需烧灼灭菌；含菌量多或含油质培养物时，需先浸入消毒药水中洗一下，再行烧灼灭菌，以免爆散。吸取菌液时，必须用加有橡皮吸头的吸管，切勿直接用口吸取。吸管下端使用前亦需通过火焰灭菌，这样较为可靠。

（4）当致病性细菌材料污染台面、地面、衣着或器械时，应立即用3%煤酚皂溶液或0.1%升汞溶液消毒。如手指及皮肤被污染，应立即用2%～3%来苏儿或其他消毒药洗涤，或用酒精棉球及碘酒擦拭；如溅入眼中，应立即用5%硼酸溶液冲洗；吸入口中时可用1%硼酸溶液漱口；被污染的衣帽可用5%石炭酸、10%中性福尔马林等浸湿消毒；桌面、地板或土地被污染时，应用5%石炭酸或10%中性福尔马林或其他消毒药蘸湿布片覆盖，经数小时后拭去洗净，或倾注多量药液，使其充分湿透。

（5）注意危险材料的使用及处理。危险材料以及被其污染的器物不能及时正确地处理，是人畜的严重威胁及发生事故的重要原因。为此，应做到下列各点：

1）使用危险材料应行无菌操作，盛危险材料的器皿应慢拿轻放，拿牢放稳且不得平放，以防液体流出；被污染的器械应放入一定的器皿中消毒、清洗，不得随处乱放。

2）实验用过的动物尸体，内脏、血液等废弃病料，以及废弃的病原培养物、生物制品等，须严加消毒（焚烧、煮沸、高压灭菌等）或深埋，严禁到处沾污。用过的棉球、纱布等污物，亦须放入固定的容器内统一处理，不得任意抛弃。

3）万一危险材料滴出或打翻，或发生其他意外，应立即报告指导教师及时处理。

（6）实验完毕，整理桌面，两手应用肥皂和水洗净，必要时先用来苏儿（浓度不低于3%）消毒，然后在普通水中用肥皂及指刷充分洗刷干净。需消毒的器皿置消毒盘内，已接种好的培养基置培养箱中。同时应做好实验记录，如病禽脏器的剖检变化、细菌及病毒的各种化验结果等，都应如实填写和记录。

实验1 家畜传染病的临诊记录和表报

【目的】

（1）认识传染病临诊记录和表报工作的意义。

（2）熟悉家畜传染病的主要表格及其使用方法。

【内容及方法】

一、传染病临诊记录和表报工作的实际意义

有关家畜传染病防治工作的部门，应建立制度，坚持做好临诊记录和表报工作。临诊记录和表报做得好坏，反映有关兽医机构和人员的业务水平和工作质量。没有详细的临诊记录，就无从进行全面的统计和对疾病的正确分析，因而也就不可能拟定有预见性的防疫计划和有效的家畜保健措施。

二、有关家畜传染病的主要表格

（1）家畜卫生卡片。畜牧场、农场和机关单位的养畜场，均应建立家畜卡片制度，进行家畜健康史的登记。每头或每群家畜填写卫生卡片一张，由有关的兽医人员或兽医机构统一管理。卡片格式见表1-1。卡片编号最好和畜号统一起来，即括号内标明畜别，后面填畜号。健康史栏着重写下列内容：原产地家畜传染病流行情况简介；其亲代何时患过何种传染病；该家畜在入场或建立卡片以前何时患过何种疾病或接受过何种预防注射及检疫。

（2）家畜传染病防疫措施登记表。其也可称为免疫接种和检疫登记簿，各农牧场、兽医诊疗部门和各级兽医防治机构均可使用，格式见表1-2。

（3）疫情登记表。供各级兽疫防治机构作为本地区基本流行病学统计资料。格式见表1-3。

（4）畜禽检疫（验）证明。畜禽及畜禽产品在长途运输时，在启运前须经有关兽医单位进行必要的检疫（验），并经预防接种或消毒后签发检疫（验）证明；检疫（验）证明有：畜禽产地检疫证明、畜禽产品检疫（验）证明、畜禽及畜禽产品运载工具消毒证明和畜禽运输检疫证明，检疫（验）证明的格式由农业部监制。检疫（验）证明一式2～3联，第一联存根，第二联交畜（货）主，第三联同货随行，格式如表1-4～表1-7所示。运输时应遵守的特殊要求，如需用不漏水的车船、沿指定路线，在限定日期内运达指定地点和中途不得停留等限制，可在备注栏内详细注明。

（5）其他。在兽疫防治、诊断检验和有关的研究工作实践中，还需要其他一些记录表和表报，如家畜传染病病历、家畜传染病门诊病畜登记簿、家畜传染病住院病畜登记簿、兽医诊断室诊断记录表等，这些表报与一般兽医诊疗部门所用的基本相同。

作 业

（1）试述临诊记录和表报工作的实际意义。

（2）试将附发的四种表格（表1-4～表1-7）各填写一份。

表1-1　（正面）家畜卫生卡片

（农牧场或养畜场的名称）

（　）字第　号

畜 别		品 种		毛色及特征		出生日期	
等 级		性 别		来 源		入场日期	
健康史							

年 月 日	预防注射或检疫

（背面）

年 月 日	预防注射或检疫
附注	

兽医＿＿＿＿＿＿

表 1-2 （兽疫防治机关名称）防疫措施登记表 第 页

日期	地点（畜主）	接种或检疫的名称	畜别	易感动物总数	预防注射			紧急接种			检疫			备注
					头数	发病	倒毙急宰	头数	发病	倒毙急宰	头数	阳性	淘汰	

表1-3　（兽疫防治机关名称）疫情登记表　　　　第　　页

病名	诊断依据	诊断人的姓名和职务职称	疫区范围	流行起讫时间	病畜别	疫区内易感动物的总数	发病数	死亡数	措施及结果											备注
									隔离治疗		消毒						急宰	尸体处理	紧急接种	封锁起讫日期	
									头数	治愈	皮（张）	毛（斤）									

表 1-4　畜禽产地检疫证明表

<table>
<tr><td colspan="9">畜禽产地检疫证明</td></tr>
<tr><td colspan="9">__________（动检）No</td></tr>
<tr><td>畜主姓名</td><td colspan="2"></td><td>产地</td><td colspan="4">县（市）乡　　村（屯）</td><td rowspan="5">一联存根</td></tr>
<tr><td>畜禽名称</td><td></td><td>单位</td><td></td><td>数量</td><td></td><td>特征</td><td></td></tr>
<tr><td>预防接种情况</td><td colspan="7"></td></tr>
<tr><td>检疫项目方法及结果</td><td colspan="7"></td></tr>
<tr><td>备　注</td><td colspan="7"></td></tr>
<tr><td colspan="9">本证限县境内使用，自签发之日起　　日内有效
兽医卫生检疫员：　　　　检疫单位（章）：
年　月　日　签发</td></tr>
</table>

表 1-5　畜禽产品检疫（验）证明表

<table>
<tr><td colspan="8">畜禽产品检疫（验）证明</td></tr>
<tr><td colspan="8">货主姓名：　　　　__________（动检）No
起运地点：　　　　到达地点：</td></tr>
<tr><td>类别 / 项目</td><td>产品名称</td><td></td><td>单位</td><td></td><td>数量</td><td></td><td rowspan="4">一联存根</td></tr>
<tr><td>畜禽名称</td><td></td><td>生产县名</td><td></td><td colspan="2">是否产自非疫区</td><td></td></tr>
<tr><td>检疫（验）消毒项目方法及结果</td><td colspan="6"></td></tr>
<tr><td>备　注</td><td colspan="6"></td></tr>
<tr><td colspan="8">本证自签发之日起　　日内有效
兽医卫生检疫员：　　　　检疫单位（章）：
铁路运输监督签章　　　　年　月　日　签发
年　月　日</td></tr>
</table>

表 1-6　畜禽及畜产品运载工具消毒证明表

<table>
<tr><td colspan="5">畜禽及畜产品运载工具消毒证明</td></tr>
<tr><td colspan="5">________（动检）No</td></tr>
<tr><td>畜（货）主</td><td></td><td>承运单位</td><td></td><td rowspan="4">一联存根</td></tr>
<tr><td>运输工具名称</td><td></td><td>运载工具号码</td><td></td></tr>
<tr><td colspan="4">该运载工具在装前（卸后）业经________________
____
消毒，准予运载畜禽或畜禽产品</td></tr>
<tr><td>备　注</td><td colspan="3"></td></tr>
<tr><td colspan="5">兽医卫生检疫员：　　　　检疫单位（章）：
年　月　日　签发</td></tr>
</table>

表 1-7　畜禽运输检疫证明表

<table>
<tr><td colspan="8">畜禽运输检疫证明</td></tr>
<tr><td colspan="8">货主姓名：　　　　________（动检）No
起运地点：　　　　到达地点：</td></tr>
<tr><td>类别
项目</td><td>畜禽种类</td><td></td><td>单位</td><td></td><td>数量</td><td></td><td rowspan="5">一联存根</td></tr>
<tr><td>畜禽名称</td><td></td><td>生产县名</td><td></td><td>用途</td><td colspan="2"></td></tr>
<tr><td>免疫接种情况</td><td colspan="3"></td><td colspan="2">是否非疫区</td><td></td></tr>
<tr><td>检疫（验）项目
方法及结果</td><td colspan="6"></td></tr>
<tr><td>备　注</td><td colspan="6"></td></tr>
<tr><td colspan="8">本证自签发之日起　　日内有效
兽医卫生检疫员：　　　　检疫单位（章）：
铁路运输监督签章　　　　年　月　日　签发
年　月　日</td></tr>
</table>

实验2 动物传染病的流行病学调查

【目的】

掌握动物传染病疫情调查的一般方法；初步学会撰写疫情调查报告。

【内容及方法】

一、调查报告的撰写

（1）疫区和疫点的名称及地址。

（2）疫区和疫点的一般特征。包括疫区和疫点的地理情况、地形特点、气象资料、养殖场的技术干部和畜牧干部人数、文化程度、技术水平和对职责的态度；该居民点与邻近居民点在经济和业务上的联系；动物数目（按种类）、品种和用途。

（3）疫区和疫点兽医卫生特征。包括动物的饲养管理、护理和使役状况；动物舍及其邻近地区的状况（从卫生观点来看）；饲料的品质和来源地，储藏、调配和饲喂的方法；水源的状况和饮水处的情况；放牧场地的情况和性质；动物舍内有无啮齿类动物；厩肥的清理及其保存，厩肥储存场所所处的位置和状况；预防消毒和一般预防措施的执行情况；死亡动物尸体的处理、利用和毁灭的方法；有无运尸体的专用车；动物墓、尸体发酵坑和废物利用场的位置，其设备和卫生状况、兽医监督等；有无检疫室、隔离室、屠宰场、产房及其卫生状况；污水处理及排出情况。

（4）一般流行病学资料。疫区和疫点的一般流行病学资料包括养殖场补充动物的条件、预防检疫规则的执行情况；何时由该场运出动物和原料以及运往何处；该养殖场的动物何时患过何种传染病、患病动物数和死亡数；邻近地区的疫情。

（5）该次传染病流行过程的特征。包括诊断结果；所采用的诊断方法；鉴别诊断；最早一些病例出现的时间；在发现最早的一些病例之前有无不明显的病例，推测传染病暴发的原因或传染病由外面传入和传播的途径及有利于传染病的传播条件；按照月、日登记发病率；患病的和死亡的家畜总数，死亡家畜的数目和患病家畜的比例；传染病的散播情况；临床资料明显型的、顿挫型的、典型的、非典型的和并发的病例数目；隐性病畜的数目；病理变化的资料；已采取的措施及其效果。

（6）其他信息。补充资料执行和解除封锁的日期，封锁规则有无破坏，最终的措施是如何进行的等。

（7）结论。

（8）建议。

（9）调查者签名与调查的日期。

二、注意事项

上述格式所包括的内容只适用于疫区的一般调查，如果调查特定传染病的流行病学特征及其发生、发展以及终止的规律时，还需另订该特定传染病的调查项目。

作 业

根据对某地区的疫情调查情况撰写一份疫情调查报告。

实验3 动物传染病防疫计划的制订

【目的】

学会编制养殖场动物传染病防疫计划。

【内容及方法】

一、动物传染病防疫计划的内容

各级动物疫病防疫机构和基层动物疫病防疫部门，每年年终以前都应制订出次年的动物传染病防疫计划。

动物传染病区域性防疫计划的范围包括一般传染病的预防、慢性传染病的检疫及控制、遗留疫情扑灭等问题。编写计划时可分基本情况、预防接种、诊断性检疫、动物医学监督和卫生措施、生物制品和抗生素储备、耗损及补充计划、普通药械补充计划、经费预算等部分。

（1）基本情况。简述所属地区与流行病学有关的自然概况和社会、经济因素；畜牧业的经营管理；动物数目及饲养条件；动物医学人员的工作条件，包括人员、设备、基层组织和以往的工作基础等；本地区及周围地带目前和最近两三年的疫情，对第二年的疫情估计。

（2）预防接种计划表，预防接种计划表见表1-8。

表1-8 预防接种计划表

<table>
<tr><th rowspan="2">接种名称</th><th rowspan="2">地区范围</th><th rowspan="2">畜 别</th><th rowspan="2">应接种头数</th><th colspan="5">计划接种的头数</th></tr>
<tr><th>1季度</th><th>2季度</th><th>3季度</th><th>4季度</th><th>合计</th></tr>
<tr><td></td><td></td><td></td><td></td><td></td><td></td><td></td><td></td><td></td></tr>
</table>

（3）检疫计划表。检疫计划表格式同预防接种计划表，只需将表中的接种改为检疫。

（4）动物医学监督和卫生措施计划。动物医学监督和卫生措施计划包括除预防接种和检疫以外的疫病，以消灭现有传染病及预防出现新疫点为目的的一系列措施的实施计划。

（5）生物制品及抗生素计划表。生物制品及抗生素计划表见表1-9。

表1-9 生物制品及抗生素计划表

<table>
<tr><th rowspan="2">名称</th><th rowspan="2">单位</th><th colspan="5">全年需要量</th><th colspan="2">库 存</th><th colspan="5">需要补充量</th><th rowspan="2">备注</th></tr>
<tr><th>1季度</th><th>2季度</th><th>3季度</th><th>4季度</th><th>合计</th><th>数量</th><th>失效期</th><th>1季度</th><th>2季度</th><th>3季度</th><th>4季度</th><th>合计</th></tr>
<tr><td></td><td></td><td></td><td></td><td></td><td></td><td></td><td></td><td></td><td></td><td></td><td></td><td></td><td></td><td></td></tr>
</table>

制表人______ 审核人__________ ____年__月__日

（6）普通药械计划表。普通药械计划表见表1-10。

表 1-10　普通药械计划表

名称	用途	单位	现有数	需补充数	需要规格	代用规格	需用时间	备　注

二、动物传染病防疫计划的编制

编制动物传染病区域性防疫计划时，首先要了解该区域的全部情况。熟悉本地区的地理、地形、植被、气候条件及气象资料；了解区域养殖户的养殖方向，尤其是研究和明确目前和以往的有关动物传染病的资料、疫病流行资料、病原微生物化验资料及尸体剖检报告等。切实分析本地区有哪些有利于或不利于某些传染病发生和传播的自然因素及社会因素，以便充分考虑利用或避免这些因素的可能性。

为了正确地制订计划，应掌握本地区各种动物现有的以及一年内可能达到的数量；应充分考虑到兽医人员的配备和技术力量；应估计在开展防疫计划的过程中培训基层力量的可能性。另外，还要考虑到应用新的科学成就，但推广前应进行试点，效果良好而又符合经济原则的新成就，才具有推广的价值。

在计划使用药械时，应坚持经济有效的原则，尽量避先使用不易获得的药械。

计划初稿拟定并在本单位讨论、修订通过后，再征求有关方面的意见，最后报请上级审批备案。

三、动物养殖场的疫病预防计划

动物饲养场动物密集，如果疫病预防不严，易引起传染病蔓延，必然导致重大损失。甚至某些本来不很严重的疫病，也会使动物生长停滞，饲养期延长，饲料消耗增多。控制动物养殖场的疫病，制订切实可行的卫生防疫制度，搞好检疫、免疫、消毒和药物防治，杜绝传染病传入。

作　业

根据对某地区的疫情调查编制该地区某种动物疫病预防计划。

实验4 动物传染病病料的采取与送检

【目的】

初步掌握动物传染病病料的采取、保存与送检的方法。

【内容及方法】

一、实验材料

煮沸消毒器、外科刀、外科剪、镊子、试管、针头、脱脂棉、载玻片、酒精灯、火柴、保存液、平皿、广口瓶、来苏儿、绳子、包装容器、注射器、棉花、纱布等。

二、实验内容及方法

（一）病料的采取

1. 病料的采取

（1）解剖前检查。凡发现患畜（包括马、牛、羊及猪等）急性死亡时，必须先用显微镜检查其末梢血液抹片中是否有炭疽杆菌存在，操作时应特别注意，勿使血液污染它处。如怀疑是炭疽，则不可随意剖检，只有在确定不是炭疽时方可进行剖检，采取有病变的组织器官。

（2）采取时间。内脏病料的采取，须于死亡后立即进行，最好不超过6h，否则时间过长，由肠内侵入其他细菌，易使尸体腐败，有碍病原微生物的检出。

（3）使用器械的消毒。刀、剪、镊子、注射器、针头等煮沸消毒30min；器皿可用高压灭菌或干热灭菌，软木塞、橡皮塞置于0.5%石炭酸水溶液中煮沸10min；载玻片在1%～3%碳酸氢钠水中煮沸10～15min。水洗后用清洁纱布擦干，保存于酒精与乙醚等份液中备用。

（4）采取病料的全部步骤必须严格执行无菌操作。采取一种病料，使用一套器械和容器，不可混用。

（5）各种组织脏器病料的采取。应根据不同的传染病，相应地采取该病常侵害的脏器或内存物。如败血性传染病可采取心、肝、脾、肺、肾、淋巴结、胃、肠等；肠毒血症采取小肠及其内存物；有神经症状的传染病采取脑、脊髓等。如无法估计是哪种传染病，可进行全面采取。检查血清抗体时，采取血液，凝固后析出血清，将血清装入灭菌小瓶送检。为了避免杂菌污染，病变检查应待病料采取完毕后再进行。各种组织及液体的病料采取方法如下：

1）脓汁及渗出液。用灭菌注射器或吸管抽取或吸出，置于灭菌试管中。若为开口的化脓灶或鼻腔，则用无菌棉签浸蘸后，放在灭菌试管中。

2）淋巴结及内脏。将淋巴结、肺、肝、脾及肾等有病变的部位各采取1～2cm^2的小方块，分别置于灭菌试管或平皿中。若为供病理组织切片的材料，应将典型病变部分及相连的健康组织一并切取，组织块的大小每边均在2cm左右，同时要避免使用金属容器，尤其是当病料供色素检查时（如马传贫、马脑炎及焦虫病等），更应注意。

3）血液及其组分。

血清：以无菌操作吸取血液10mL，置于灭菌试管中，待血液凝固（经1～2d）析出血清后，吸出血清置于另一灭菌试管内，如供血清学反应时，可于每毫升中加入5%石炭酸水溶液1～2滴。

全血：采取10mL全血，立即注入盛有5%柠檬酸钠1mL的灭菌试管中，搓转混合片刻后即可。

心血：心血通常在右心房处采取，先用烧红的铁片或刀片烙烫心肌表面，然后用灭菌的尖刃外科刀自烙烫处刺一小孔，再用灭菌吸管或注射器吸出血液，盛于灭菌试管中。

4）乳汁。乳房和取乳者的手先用消毒药水洗净，并把乳房附近的毛刷湿，最初所挤的3～4股乳汁弃去，然后再采集10mL左右乳汁于灭菌试管中。若仅供显微镜直接染色检查，则可于其中加入0.5%的福尔马林液。

5）胆汁。先用烧红的刀片或铁片烙烫胆囊表面，再用灭菌吸管或注射器刺入胆囊内吸取胆汁，盛于灭菌试管中。

6）肠。用烧红刀片或铁片将欲采取的肠表面烙烫后穿一小孔，持灭菌棉签插入肠内，以便采取肠管黏膜或其内容物，亦可用线扎紧一段肠道（约6cm）的两端，然后将两端切断，置于灭菌器皿内。

7）皮肤。取大小约10cm×10cm的皮肤一块，保存于30%甘油缓冲溶液中，或10%饱和盐水溶液中，或10%福尔马林液中。

8）小家畜及家禽、胎儿。小家畜及家禽、流产后的整个胎儿，可将整个尸体包入不透水塑料薄膜、油纸或油布中，装入木箱内，送往实验室。

9）骨头、脑、脊髓。将脑、脊髓浸入50%甘油盐水液中，或将整个头部割下，或将整段管骨包入浸过0.1%升汞液的纱布或油布中，装箱送检。

10）供显微镜检查用的脓汁、血液及黏液。可用载玻片做成抹片；组织块可做成触片，每份病料制片不少于2～4张，制成后的玻片自然干燥；然后在两块玻片之间靠近两端边沿处各垫一根火柴棍或牙签，以免抹片或触片上的病料互相接触。如玻片有多张，可按上法依次垫火柴棍或牙签重叠起来，涂、抹片要求薄而均匀，最上面的一张玻片上的涂、抹面应朝下，最后用细线包扎（图1-1），玻片上应注明号码，并另附说明。

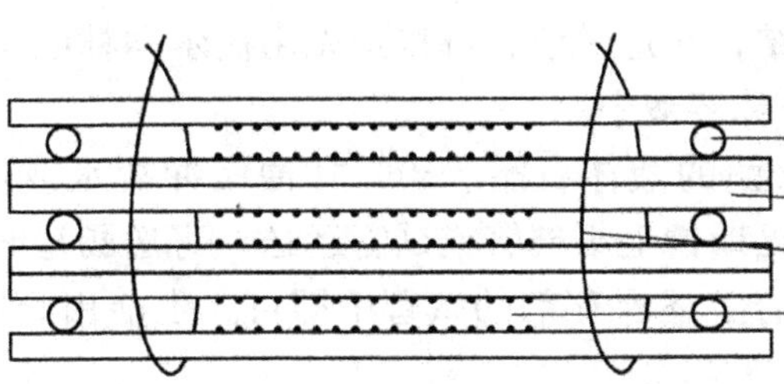

图1-1　抹片包扎示意图

2. 病料的保存

欲使实验诊断得出正确结果，除采取适当的病料外，尚需使病料保持在新鲜或接近新鲜状态，以免病料送达实验室时已失去原来状态，而影响工作。

欲知如何保存检验材料，必须熟悉各种保存药剂的性状、用途及配制方法。

（1）几种保存剂的配制法。

1）30%甘油缓冲盐水溶液。

纯中性甘油	30mL
氯化钠	0.5g
碱性磷酸钠	1.0g
0.02%酚红	1.5mL
中性蒸馏水加至	100mL

混合后，高压灭菌30min。

2）50%甘油缓冲盐水溶液。

氯化钠	2.5g
酸性磷酸钠	0.46g
碱性磷酸钠	10.74g
纯中性甘油	150mL
中性蒸馏水	50mL

混合分装后，高压灭菌30min后备用。

3）10%福尔马林溶液。取福尔马林10mL加入蒸馏水90mL即成。

4）饱和氯化钠溶液。取一定量的蒸馏水加入纯氯化钠，不断搅拌至不能溶解为止（一般为38%~39%），然后用滤纸过滤。

5）鸡蛋生理盐水溶液。先将新鲜鸡蛋的表面用碘酒消毒，然后打开将内容物倾入灭菌三角瓶中，加灭菌盐水（占总量的10%），摇匀后，用无菌纱布过滤，然后加热至56~58℃历时30min，第二天及第三天按上法再加热一次，即可使用。

（2）检验病料的保存。

1）病理组织材料。常用者为10%福尔马林液，亦可用95%~100%酒精等，上述任何一种保存液的用量均需较标本大10倍。如用10%福尔马林液固定组织时，经24h应重换新鲜液一次。

神经系统组织（脑、脊髓等），需固定于10%中性福尔马林溶液内。中性福尔马林溶液的配制法是于福尔马林液的总容积中，加5%~10%碳酸镁。

在寒冷季节，为避免病料冻结，在运送前，可将预先用福尔马林固定过的病料置于含有30%~50%甘油的10%福尔马林溶液中。

2）细菌检验材料。一般用灭菌的液体石蜡、30%甘油缓冲盐水或饱和氯化钠溶液。供细菌检验的液体，可用封闭的巴斯德毛细玻管或试管运送。寄送肠道时，先清除肠内粪团，用灭菌盐水清洗后，置于盛有上述保存剂的试管中即可。生前由直肠中采取的粪便，可移入灭菌容器中寄送。

3）病毒检验材料。一般用灭菌的50%甘油缓冲盐水或鸡蛋生理盐水溶液。

4）血清学检验材料。固体材料（如小块肠、耳、脾、肝、肾及皮肤等）可用硼酸或食盐处理，液体材料（如血清等）可在每毫升中加入3%～5%石炭酸溶液1～2滴。

（二）病料的运送

1. 病料的包装和运送

（1）液体病料（如黏液、渗出物、尿及胆汁等）最好收集在灭菌的细玻璃管中，管口用火焰封闭，封闭时，注意勿使管内病料受热。将封闭的玻管用废纸或棉花包裹，装入较大的试管中，再装在木盒中运送。用棉签蘸取的鼻液及脓汁等物，可置于灭菌试管内，剪取多余的签柄，严密加塞，用蜡密封管口，再装在木盒内寄送。

（2）装盛组织或脏器的玻制容器，包装时力求细致而结实，最好用双重容器。将盛材料的器皿加塞用蜡封口后，置于内容器中，内容器中衬垫废纸。当气候温暖时，须加冰块，但需避免病料标本直接与冰块接触，以免冻结。将内容器置于外容器中，外容器内应置以废纸、木屑及石灰粉等，再将外容器密封好。内、外容器中所加废纸等物的量，以盛病料的容器万一破碎时，能完全吸收其液体为度。外容器上需注明上下方向，最好以箭头注明，并写明“病理材料”、“小心玻璃”等标记（图1-2）。也可用广口热水瓶装盛病料寄送。最好在保温瓶内放一些氯化铵，冰块置于氯化铵之上（图1-3）。如此可使冰块维持48h而不融化。如无冰块，可在保温瓶内放入氯化铵450～500g，加水1500mL，也可使保温瓶内温度保持0℃达24h。供病理学检验的材料放在10%福尔马林溶液中，不必冷藏。

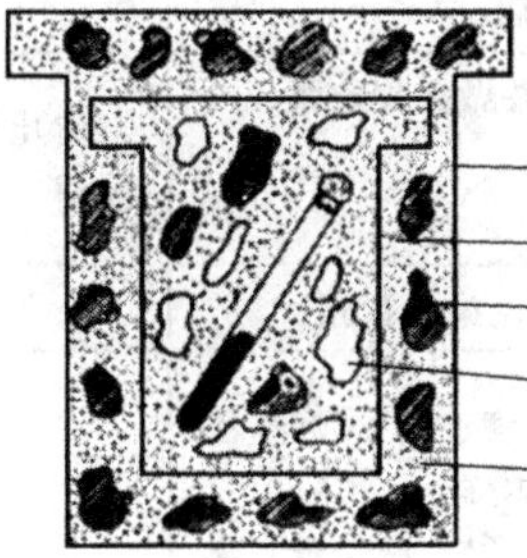

图1-2 专用病料运送箱

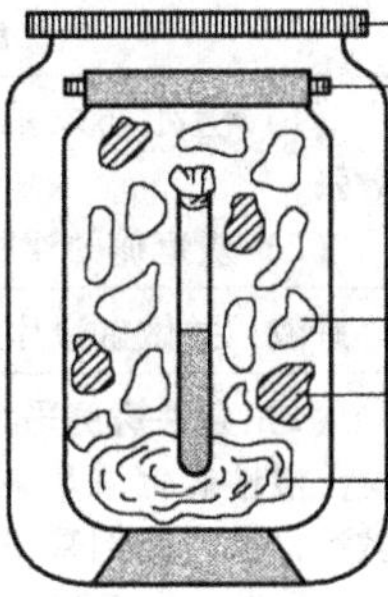

图1-3 广口瓶也可用于运送病料

当怀疑为危险传染病（炭疽、口蹄疫等）的病料时，应将盛病料的器皿置于金属匣内，将匣焊封加印后装入木匣寄送。

（3）包装好的病料要尽快运送，长途以空运为宜。运送途中，须避免病料接触高温及日光，以免材料腐败或病原体死亡。

2. 病料送检

送检病料应附说明，如送检单位、地址、患畜品种、性别、日龄、送检病料的种类和数量、检验目的、保存方法、死亡日期、送检日期、送检人姓名，并附临床病例摘要（如发病时间、死亡情况、临床表现、接种疫苗种类及用药情况等），动物病理材料送检单（表1-11）需复写三份，其中一份留为存根，两份送检验室，待检查完毕后，退回一份。

表1-11 动物病理材料送检单

<table>
<tr><td>送检单位</td><td></td><td>地址</td><td></td><td>检验单位</td><td>（盖章）</td><td>材料收到日期</td><td>年 月 日 时</td></tr>
<tr><td>病畜种类</td><td></td><td>发病日期</td><td>年 月 日 时</td><td>检验人</td><td></td><td>结果通知日期</td><td>年 月 日 时</td></tr>
<tr><td>死亡时间</td><td>年 月 日 时</td><td>送检日期</td><td>年 月 日 时</td><td rowspan="4">检验名称</td><td>微生物学检查</td><td>血清学检查</td><td>病理组织学检查</td></tr>
<tr><td>取材时间</td><td>年 月 日 时</td><td>取材人</td><td></td><td rowspan="2"></td><td rowspan="2"></td><td rowspan="2"></td></tr>
<tr><td>疫病流行简况</td><td colspan="3"></td></tr>
<tr><td>主要临床症状</td><td colspan="3"></td><td></td><td></td><td></td></tr>
<tr><td>主要剖检变化</td><td colspan="3"></td><td rowspan="3">检验结果</td><td colspan="3" rowspan="3"></td></tr>
<tr><td>曾经何种治疗</td><td colspan="3"></td></tr>
<tr><td>病料序号名称</td><td></td><td>病料处理方法</td><td></td></tr>
<tr><td>送检目的</td><td colspan="3"></td><td>诊断和处理意见</td><td colspan="3"></td></tr>
</table>

现将常见畜禽传染病病料的采取列于表1-12。

表1-12 某些畜禽传染病病料采取一览表

传染病名称	病料的采取		备注
	生前	死后	
炭疽	（1）濒死期末梢血液，或做涂片数张； （2）炭疽痈的浮肿液或分泌物	（1）血液或脾，并做涂片数张； （2）浮肿组织； （3）耳朵	防止感染和散菌
巴氏杆菌病	血液，并做血涂片数张	心血、肝、脾、肺及涂片数张	
沙门氏菌病	（1）急性病例采集发热期血液、粪便，慢性病例采集关节液、脓肿中的脓汁，流产病例采集子宫分泌物和胎衣、胎儿，做细菌学检查； （2）马流产后8～30d内采血清	（1）血液、肝、脾、肾、肠淋巴结、胆汁，供细菌学检查； （2）有病变的肝、肺、脾、肾、淋巴结、回盲瓣，供病理组织学检查	
结核病	乳汁、粪便、尿、精液、阴道分泌物、溃疡渗出物及脓汁	有病变的肺和其他脏器各两小块，分别做微生物学和病理组织学检查	防止感染和散菌
布鲁菌病	（1）血清、乳汁供血清学检查； （2）整个胎儿或胎儿的胃、羊水、胎衣坏死灶，供细菌学检查		防止感染和散菌
恶性水肿	患部水肿液	肝脏及患部水肿液	
链球菌病	鼻漏、唾液、气管分泌物、脓汁	血液、肿胀淋巴结、肝、脾、肾、肺、肌肉、脓肿的关节	
口蹄疫和水疱病	（1）水疱皮和水疱液，供血清学检查； （2）痊愈血清，供血清学检查		严防散毒

续表 1-12

传染病名称	病料的采取		备 注
	生 前	死 后	
狂犬病		未剖开的头或新鲜大脑，供动物试验和病理组织学检查	
猪 瘟	（1）发热期血液，供动物试验； （2）扁桃体组织，供荧光抗体试验	（1）肺、脾、肝、肾、肠淋巴结、血液，供动物试验和病毒学试验； （2）有病变的肺、脾、肝、肾、淋巴结、脑，供病理组织学检查	
猪丹毒	急性病例采集血液，亚急性病例采皮肤疹块的渗出液，慢性病例采病关节滑囊液	心血、肝、脾、肾、心瓣膜赘生物，尸体腐败时取管骨	
猪传染性胃肠炎	粪便，供动物接种	小肠，供动物接种、病毒学检验和病理组织学检查	
猪萎缩性鼻炎	鼻腔深部黏液，供细菌学检查	（1）鼻甲骨或猪头，供病理学检查； （2）鼻腔深部黏液，供细菌学检查	
副结核病	粪便、直肠黏膜刮取物，并涂片数张	有病变的肠和肿大的肠系膜淋巴结各两小块，分别供细菌学和病理组织学检查	
羊 痘	未化脓的丘疹		
羊梭菌性疾病		（1）小肠内容物，供毒素检查； （2）肝、肾及小肠，供细菌学检查	
马腺疫	下颌未破溃脓肿的脓汁和鼻腔深部黏液	有病变的内脏组织及脓汁	
马传染性贫血	（1）抗凝血，供血常规检查； （2）血清，供血清学检查	肝、脾、肾、淋巴结，供病理组织学检查	
新城疫、禽流感	（1）血清，供血清学检查； （2）血液、粪便、呼吸道分泌物，供鸡胚感染	脑、脊髓、脾、长骨各两份，分别供鸡胚感染和病理组织学检查	
鸡马立克病	（1）血液，供动物接种和病毒学检查； （2）腋下羽毛的羽根，供琼脂扩散实验； （3）血清，供血清学检查	肝、脾、肾、腔上囊、腰荐神经，供病理组织学检查、动物接种和病毒学检验	
传染性法氏囊病	法氏囊、脾		
传染性喉气管炎	气管渗出物	气管、肺	
传染性支气管炎	气管渗出物	肺、输卵管、肾、腺胃	
小鹅瘟		肝、脾、肾	
鸭 瘟	血液，供鸭胚感染和动物接种	肝、脾、肾、血液，供鸭胚感染、动物接种和病毒学检查	

三、注意事项

一定在老师的指导下有序操作，注意无菌操作，防止散布病原体，注意个人防护。

作 业

（1）试述正确采取病料和运送病料的实际意义。

（2）现有疑似猪瘟病猪尸体、疑似脑炎病马尸体各一具，试分别叙述其病料采取、包装和运送方法。

实验5　动物传染病病畜尸体的处理

【目的】

结合生产实践，学会对患动物传染病的动物尸体进行运送与处理。

【内容及方法】

一、实验材料

铁锹、运尸车、绳子、棉花、纱布、工作服、口罩、手套、风镜、胶鞋、消毒剂、燃料、新鲜动物尸体或病、死动物等。

二、内容及方法

1. 尸体的运送

尸体运送前，工作人员应穿戴工作服、口罩、风镜、胶鞋及手套。运送尸体应用特制的运尸车（车的内壁衬钉铁皮，以防漏水）。装车前应将尸体各天然孔用蘸有消毒液的湿纱布、棉花严密填塞，小动物和禽类可用塑料袋盛装，以免流出粪便、分泌物、血液等污染周围环境。在尸体躺过的地方，应用消毒液喷洒消毒，如为土壤地面，应铲去表层土，连同尸体一起运走。运送过尸体的用具、车辆应严加消毒，工作人员用过的手套、衣物及胶鞋等亦应进行消毒。

2. 处理尸体的方法

应按《畜禽病害肉尸及其产品无害化处理规程》的规定，不同疫病采取不同的处理方式。在实际工作中应根据具体情况和条件加以选择。

（1）掩埋法。该方法虽不够可靠，但操作简单，故生产实践中仍常采用。在进行尸体掩埋时，分为下面几个步骤：

1）墓地的选择。选择远离住宅、农牧场、水源、草原及道路的僻静地方；土质宜干而多孔（沙土最好），这可加快尸体腐败分解；地势高，地下水位低，并避开山洪的冲刷；墓地应筑有2cm高的围墙，墙内挖一个4m深的围沟，设有大门，平时落锁。

2）挖坑。坑的长度和宽度以能容纳侧卧的尸体即可，从坑沿到尸体表面不得少于1.5～2m。

3）掩埋。坑底铺以2～5cm厚的石灰，将尸体放入，使之侧卧，并将污染的土层、捆尸体的绳索一起抛入坑内，然后再铺2～5cm厚的石灰，填土夯实。也可先在坑内放一层0.5m厚的蒿草（干树枝、木柴或木屑等亦可），将其点燃，趁火旺时抛入尸体，待火熄灭时，填土夯实。尸体掩埋后，上面应作0.5m高的坟丘。

（2）焚烧法。焚烧法是毁灭尸体最彻底的方法，但由于耗费较大，并损失畜产品，所以不常应用。焚烧应在焚尸坑或焚尸炉中进行。焚尸坑有以下几种（图1-4）：

1）十字坑。按十字形挖两条沟，沟长2.6m，宽0.6m，深0.5m。在两沟交叉处坑底

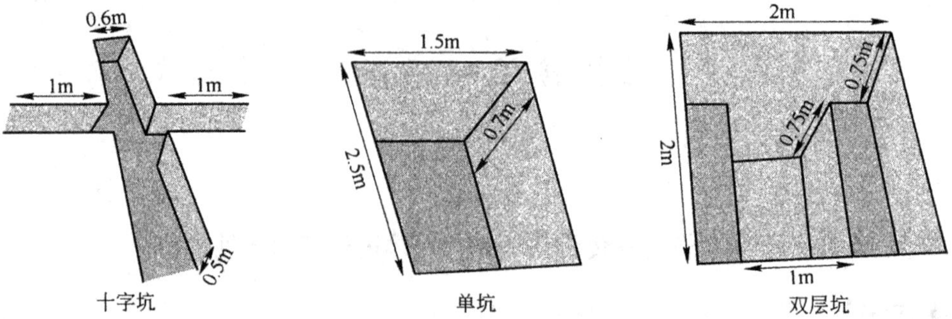

图1-4 焚尸坑示意图

堆放干草和木柴，沟沿横架数根粗湿木棍，将尸体放在架上，在尸体的周围及上面再放上木柴，然后在木柴上倒以煤油，并压以砖瓦或铁皮，从下面点火，直到把尸体烧成黑炭为止，并把它掩埋在坑内。

2）单坑。挖一长2.5m、宽1.5m、深0.7m的坑，将取出的土堵在坑沿的两侧。坑内用木柴架满，坑沿横架数根粗湿木棍，将尸体放在架上，以后处理如“十字坑”。

3）双层坑。先挖一长、宽各2m，深0.75m的大沟，在沟的底部再挖一长2m，宽1m、深0.75m的小沟，在小沟沟底铺以干草和木柴，两端各留出18~20cm的空隙，以便吸入空气，在小沟沟沿横架数根粗湿木棍，将尸体放在架上，以后处理如“十字坑”。

(3) 化制法。尸体的化制是处理尸体较好的一种方法，因它不仅对尸体做到无害处理，并保留了许多有价值的畜产品，如工业用油脂及骨、肉粉，但进行尸体化制时要求有一定设备条件、所以未能普遍应用。

尸体化制应在化制厂进行。修建化制厂的原则和要求是，所出产品保证无病原菌；化制厂人员在工作中没有传染危险，化制厂不致成为周围地区发生传染病的源泉，对尸体做到最合理的加工利用，化制厂应建筑在远离住宅、农牧场、水源、草原及道路的僻静地方，生产车间应为不透水的地面（水泥地或水磨石地最好）和墙壁（可在普通墙壁上涂以油漆），这样便于洗刷消毒。生产中的污水应进行无害处理，排水管应避免漏水。

化制尸体时，对烈性传染病，如鼻疽、炭疽、气肿疽、绵羊快疫等病畜尸体可用高压灭菌，对于普通传染病可先切成4~5kg的肉块，然后在水锅中煮沸2~3h。

在小城市及农牧区可建立设备简单的废物利用场，处理普通病畜尸体，应尽量做到合乎兽医卫生和公共卫生的要求。

(4) 发酵法。尸体的发酵处理就是将尸体抛入专门的尸体坑内，利用生物热的方法将尸体发酵分解达到消毒的目的。这种专门的尸坑是贝卡里氏设计出来的，所以叫贝卡里氏坑（图1-5）。

这种方法最初用于城市垃圾坑处理使之转变为混合肥料，后来也用以处理尸体。

建筑贝卡里氏坑应选择远离住宅、农牧场、草原、水源及道路的僻静地方。

图1-5 贝卡里氏坑示意图

尸坑为圆井形，坑深9~10m，直径3m，坑壁及坑底用不透水材料做成（可用水泥或涂以防腐油的木料）。坑口高出地面约30cm，坑口有盖，盖上有小的活门，平时落锁，坑内有通气管。如果条件许可，坑上修一小屋更好。坑内尸体可以堆到距坑口1.5m处，经3~5个月后，尸体完全腐败分解，此时可以挖出做肥料。

如果土质干硬，地下水位又低，加之条件限制，可以不用任何材料，直接按上述尺寸挖一深坑即可，然而需在距坑口1m处用砖或石头向上砌一层坑缘，上盖木盖，坑口应高出地面30cm，以免雨水流入。

作业

（1）运送尸体时应注意哪些事项？

（2）常用的处理尸体方法共有几种，各自的优缺点是什么？

（3）拟订一份猪瘟病猪尸体的处理方法。

实验6　畜舍与环境的消毒和粪污处理

【目的】

学会对畜舍、土壤、粪便以及饲养环境进行消毒；会检查消毒效果；熟悉常用消毒器械。

【内容及方法】

一、实验材料

喷雾器（各种类型）、铁铲、锄头、火焰喷灯、漂白粉、氢氧化钠（苛性钠、火碱）、甲醛（福尔马林）、氧化钙（生石灰）、高锰酸钾、氯化铵、克辽林（臭药水）、燃料、盐酸、食盐、棉签、远藤氏琼脂培养基、琼脂平皿等。

二、内容及方法

（一）不同种类消毒剂的应用

（1）酚类。酚类包括苯酚、煤酚、复合酚等，低浓度时能破坏菌体细胞膜，使胞质漏出；高浓度时可使病原体的蛋白质变性而起杀菌作用。

1）苯酚（石炭酸）。为无色针状结晶，可杀灭细菌繁殖体，但对芽孢、病毒无效。2%～5%的水溶液用于污物、用具、车辆、墙壁、运动场及动物圈舍的消毒。本品因有特殊臭味而不适于肉、蛋运输车辆及储藏库的消毒。苯酚忌与碘、溴、高锰酸钾、过氧化氢等配伍使用，也不宜用于创伤、皮肤的消毒。

2）煤酚（甲酚）。毒性较小、杀菌作用比苯酚强3倍，能杀灭细菌的繁殖体，但对芽孢的作用较差。来苏儿则是其50%的肥皂溶液，2%用于手术前洗手及皮肤消毒；3%～5%用于器械、物品消毒；5%～10%用于动物圈舍及排泄物等消毒。

3）复合酚（农乐、消毒灵、菌毒敌）。其是41%～49%酚和22%～26%醋酸的混合物，能杀灭细菌、霉菌和病毒，对多种寄生虫卵亦有杀灭作用。0.5%～1%的水溶液可用于动物圈舍、笼具、排泄物等的消毒，但不得与碱性药物或其他消毒液混用。

（2）醇类。醇类消毒剂能够去除细菌细胞膜中的脂质并使菌体蛋白凝固和变性。常使用的醇类消毒剂为乙醇，即酒精，为无色透明液体，易挥发、易燃烧。乙醇可杀灭一般的病原体，但不能杀死细菌芽孢，多用75%浓度进行皮肤消毒和器械消毒。

（3）醛类。醛类包括甲醛、多聚甲醛等。甲醛常用于熏蒸消毒，污染较轻的空间通常按7g/m^3高锰酸钾加入14mL福尔马林进行熏蒸消毒；如果污染严重则将上述两种药品的用量加倍。熏蒸时，室温不应低于15℃，相对湿度为60%～80%，密闭门窗7h以上便可达到消毒目的，然后敞开门窗通风换气，消除残余的气味。

多聚甲醛本身无杀菌作用，但加热至80～100℃时能产生大量的甲醛气体而呈现强大的杀菌作用。使用时，可按3～5g/m^3用量，加热至100℃密闭10h即可达到消毒的作用，使用注意事项与甲醛相似，要求较高的温度和湿度。

（4）酸类。2.5%盐酸和15%食盐水等量混合，保持溶液30℃左右，可用于炭疽芽孢污染的皮张消毒，将皮张浸在此溶液中40h可杀灭该菌的芽孢。20%的乳酸溶液在密闭室内加热蒸发30～90min，适用于空气消毒。有时也用草酸和甲酸溶液以气溶胶形式消毒口蹄疫或其他传染病病原体污染的房舍。

（5）碱类。碱制剂对细菌、病毒和细菌芽孢都具有强大的杀灭作用，可用于多种传染病的消毒。对革兰氏阴性菌的杀灭作用比对阳性菌有效，高浓度溶液可杀灭细菌芽孢。碱溶液对人和动物组织、铝制品、油漆面和纤维织物具有腐蚀作用，操作时应注意防护。

1）氢氧化钠（苛性钠、火碱）。2%的溶液用于病毒或细菌污染场地和器具的消毒，5%的溶液用于杀灭细菌芽孢。本品对金属有腐蚀性，能灼伤皮肤和黏膜，对纺织品、漆面等有损害作用。喷洒6～12h后用清水冲洗干净，防止引起动物肢蹄、趾足和皮肤等损伤以及对被消毒物品的腐蚀，并注意对人员自身的防护。

2）生石灰（氧化钙）。对大多数细菌繁殖体有较强的杀灭作用，但对炭疽芽孢和结核杆菌无效。10%～20%的石灰乳混悬液，用于涂刷消毒动物的圈舍、墙壁和地面。有时则直接将生石灰按一定比例加入被消毒的液体，也可将生石灰撒在阴湿地面、粪池周围及污水沟等处进行消毒。生石灰须现用现配，不宜久贮。

（6）氯制剂。气态氯有强大的杀菌作用，遇水后生成次氯酸能进入细胞内而发挥杀菌作用。

1）漂白粉（氯化石灰）。主要成分为次氯酸钙，受潮后易分解失效。新制的漂白粉有效氯为25%～30%。当有效氯降低至16%时便失去了消毒作用。漂白粉加水后生成次氯酸，杀菌作用快而强，能杀灭细菌及其芽孢、病毒及真菌等。5%的溶液可用于动物圈舍、笼架饲槽及车辆等喷洒消毒。由于次氯酸杀菌迅速且无残留物和气味，因此常用于食品厂、肉联厂设备和工作台面等物品的消毒。10%～20%乳剂可用于消毒被污染的圈舍、粪池、排泄物、运输车辆等。将干粉剂与粪便以1∶5的比例均匀混合，可进行粪便消毒。氯对金属有腐蚀作用，可使纺织品褪色，对皮肤和黏膜有刺激性，使用时应注意自身防护。

2）氯胺-T。易溶于水且刺激性小。氯胺杀菌谱广，对细菌繁殖体、芽孢、病毒、真菌孢子都有杀灭作用，可用于养殖场、无菌室及医疗器械的消毒；且适用于饮水食具、食品、各种器具等消毒。

0.3%氯胺溶液可用于黏膜消毒；0.5%可杀死大肠杆菌、金黄色葡萄球菌等；10%溶液在2h内可杀死炭疽芽孢。用于饮水消毒时，用量为每吨水中加入2～4g氯胺；食具、器皿和设备消毒用0.5%～1%的溶液；排泄物和分泌物消毒用3%溶液。日常使用中，以1∶500的比例配制的消毒液，性能稳定、无毒、无刺激反应、无酸味、无腐蚀，使用保存安全。可用于室内空气、环境消毒和器械、用具、玩具的擦拭、浸泡消毒等。本品水溶液稳定性较差，故宜现配现用，时间过久，杀菌作用降低。

3）二氯异氰尿酸钠（优氯净）。本品对细菌繁殖体、细菌芽孢、病毒、真菌孢子均有较强的杀灭作用，用0.5%～1%水溶液进行喷洒、浸泡、擦拭等方法可杀灭病原体，5%～10%的水溶液能杀灭细菌芽孢。用本品的干粉消毒粪便，用量为粪便的1/5；场地消毒时用量为10～20mg/m^2，作用2～4h。冬季0℃以下时，50mg/m^2，作用16～24h以上。

4mg/L 可用于饮水消毒，作用30min。本品稳定性差，需现配现用。

（7）碘制剂。碘有很强的消毒作用，可杀死细菌及其芽孢、霉菌和病毒及原虫等。在酸性环境中碘的杀菌力较强，而在碱性环境或有机物存在时，其杀菌作用减弱。

1）碘酊。常用于皮肤消毒，也可用作饮水消毒。2%～5%碘酊，可用于手术部位、注射部位的消毒，也用于皮肤霉菌病的治疗。在1L水中加入2%碘酊5～6滴，用于饮水消毒，能杀死致病菌及原虫，15min后可供饮用。

2）碘甘油。为1%碘的甘油制剂，常用于口炎、咽炎和病变皮肤等局部的涂擦。

3）碘伏。能杀灭多种病原体、芽孢。在酸性（pH值为2～4）环境中杀菌效果最好，有机物存在时可降低其杀菌力。可用本品消毒饮水、饲槽、水槽和环境。12～25mg/L用作清洁和饮水消毒、50mg/L水溶液作环境消毒、75mg/L水溶液作饲槽和水槽消毒，作用时间为5～10min。

（8）氧化剂类。该类消毒剂含有不稳定的结合态氧，当与病原体接触后可通过氧化反应破坏其活性基团而呈现杀灭作用。常用的制剂有以下几种：

1）高锰酸钾。为强氧化剂，遇有机物或加热、加酸或碱均能放出新生态氧，呈现杀菌、杀病毒、除臭和解毒作用，但高浓度时有刺激和腐蚀作用。0.1%水溶液能杀死多数细菌的繁殖体，用于皮肤、黏膜、创面冲洗消毒；2%～5%溶液能在24h内杀死芽孢，多用于器具消毒。其也可与福尔马林混合用于空气的熏蒸消毒。

2）过氧乙酸。本品能迅速杀死细菌、病毒、霉菌和细菌芽孢，0.5%的溶液可用于动物圈舍、饲槽、车辆等物品的喷洒消毒；0.04%～0.5%溶液用于污染物品的浸泡消毒；5%溶液可用于被污染实验室、无菌室、动物圈舍、仓库、屠宰车间等空间的喷雾消毒，用量约为2.5mL/m^3。本品对组织有刺激性和腐蚀性，对金属也有腐蚀作用。本品性质不稳定、易挥发，有刺激性气味，有醋酸味，高浓度遇热易爆炸，故应现用现配。

（9）表面活性剂类。该类制剂可通过吸附于细菌表面，改变菌体胞膜的通透性，使胞内酶、辅酶和中间代谢产物逸出，造成病原体代谢过程受阻而呈现杀菌作用。

1）新洁尔灭。对化脓性病原菌、肠道菌及部分病毒有较好的杀灭能力，对结核杆菌及真菌的效果差，对细菌芽孢一般只能起抑制作用，0.05%～0.1%溶液用于手的消毒，0.1%水溶液用于皮肤、黏膜及器械消毒，也可用于蛋壳的喷雾消毒和种蛋的浸泡消毒，要求液温为40～43℃，浸泡时间不超过30min，如水质硬度过高，浓度应加大0.5～1倍。本品对皮肤、黏膜有一定的刺激和脱脂作用，不适用于饮水消毒，不能与阴离子表面活性剂（肥皂、合成洗涤剂）配合使用。

2）百毒杀。具有速效和长效等双重效果，能杀灭多种病原体和芽孢。0.0025%～0.005%溶液用于预防水塔、水管、饮水器污染，以及杀霉、除藻、除臭和改善水质；0.015%溶液可用于舍内、环境喷洒或设备器具洗涤、浸泡等预防性消毒；疫病发生时的瞬间控制消毒，使用浓度为0.05%；饮水消毒使用浓度为0.005%。

3）消毒净。易溶于水和乙醇，水溶液易起泡沫。0.05%溶液可用于黏膜冲洗、金属器械浸泡消毒，0.1%溶液可用于手和皮肤消毒。

（10）挥发性烷化剂。本品能杀死细菌及其芽孢、病毒和霉菌。常用的制剂有环氧乙烷，可用于精密仪器、医疗器械、生物制品、皮革、裘皮、羊毛、橡胶、塑料制品、图书、谷物、饲料等忌热、忌湿物品的消毒，也可用于仓库、实验室、无菌室等空间的消毒。

消毒方法是密闭条件下，相对湿度30% ~50%，最适温度38 ~54℃，但不得低于18℃。杀灭细菌繁殖体用量为300 ~400g/m^3，作用8h；杀灭芽孢和霉菌污染物品时用量为700 ~950g/m^3，至少作用24h，消毒后将物品取出置通风处数小时即可使用。本品对人和动物有一定毒性作用，遇火极易引起爆炸，使用时应注意安全。

（二）消毒的器械及使用

1. 喷雾器

用于喷洒消毒液的器具称为喷雾器，它喷射消毒液均匀、快速、面积大，节约药液，是消毒常用的器械。喷雾器有两种，一种是手动喷雾器，一种是机动喷雾器。前者有背携式和手压式两种，常用于小量消毒；后者有背携式和担架式两种，常用于大面积消毒（图1-6）。

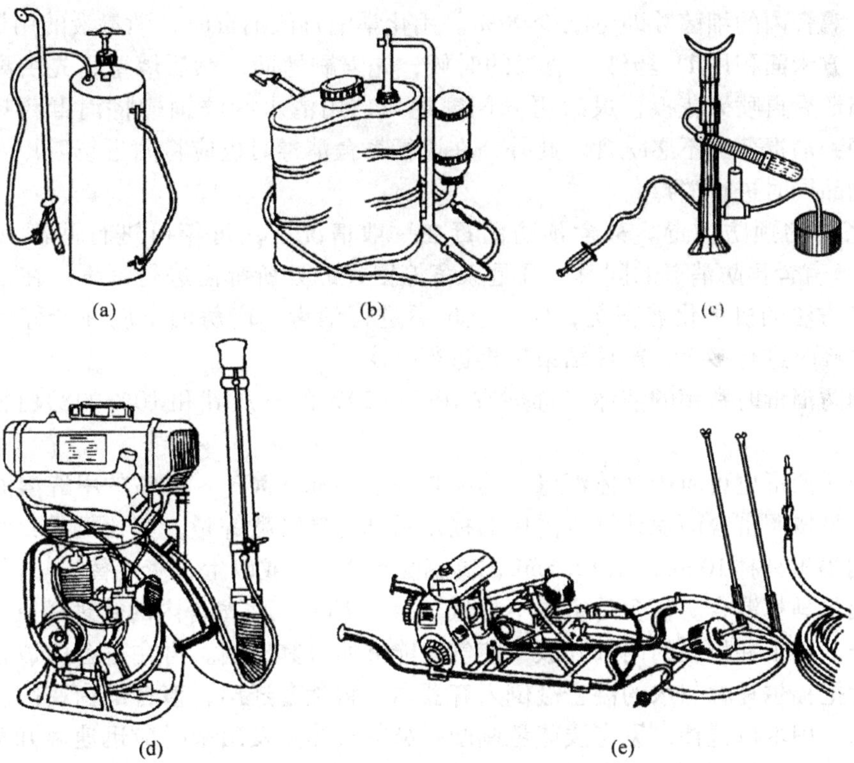

图1-6　各种喷雾器

（a）背携式喷雾器之一；（b）背携式喷雾器之二；（c）手压式喷雾器；（d）背携式机动喷雾器；（e）担架式机动喷雾器

欲装入喷雾器的消毒液，应先在一个木制或铁制的桶内充分溶解、过滤，以免有些固体消毒剂不清洁，或存有残渣以致堵塞喷雾器的喷嘴，而影响消毒工作的进行。喷雾器应经常注意维修保养，以延长使用期限。

2. 火焰喷灯

火焰喷灯（图1-7）是利用汽油或煤油作燃料的一种工业用喷灯，因喷出的火焰具有很高的温度，所以在兽医实践中常用以消毒各种被病原体污染了的金属制品，如管理家畜用的用具，金属的鼠笼、兔笼、捕鸡笼等。但在消毒时不要喷烧过久，以免将被消毒物品烧坏，在消毒时还应按照一定的次序，以免发生遗漏。

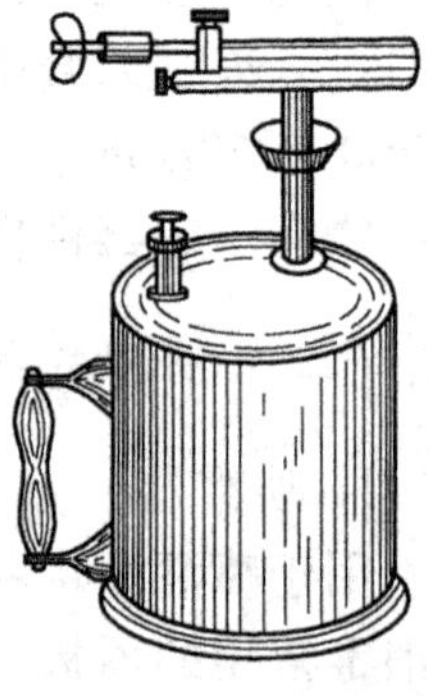

图1-7 火焰喷灯

（三）畜、禽舍的消毒

1. 畜（禽）舍的消毒

畜舍的消毒分两个步骤进行，第一步先进行机械清扫，第二步是化学消毒液消毒。机械清扫是搞好畜舍环境卫生最基本的一种方法。据试验，采用清扫方法，可以使鸡舍内的细菌数减少21.5%，如果清扫后再用清水冲洗，则鸡舍内细菌数即可减少54%～60%。清扫、冲洗后再用药物喷雾消毒，鸡舍内的细菌数即可减少90%。用化学消毒液消毒时，消毒液的用量一般是以畜舍内每平方米面积用1L药液。消毒的时候，先喷刷地面，然后墙壁，先由离门远处开始，喷完墙壁后再喷天花板，最后再开门窗通风，用清水刷洗饲槽将消毒药味除去，否则，家畜闻到消毒药味不愿吃食。此外，在进行畜舍消毒时也应将附近场院以及病畜污染的地方和物品同时进行消毒。

（1）畜舍的预防消毒。畜舍预防消毒在一般情况下，每年可进行两次（春秋各一次）。在进行畜舍预防消毒的同时，凡是家畜停留过的处所都需进行消毒。在采取“全进全出”管理方法的机械化养畜场，应在全出后进行消毒。产房消毒应在产仔前应进行一次，产仔高峰时进行多次，产仔结束后再进行一次。

畜舍预防消毒时常用的液体消毒剂有10%～20%的石灰乳和10%的漂白粉溶液，消毒方法如上。

畜舍预防消毒也可应用气体消毒。药品是福尔马林（36%～40%的甲醛溶液）和高锰酸钾。方法是按照畜舍面积计算所需用的福尔马林与高锰酸钾量，其比例是：每立方米的空间，应用福尔马林10mL，水12.5mL，高锰酸钾25g（或以生石灰代替）。计算好用量以后将水与福尔马林混合。畜舍的室温不得低于15～18℃。将畜舍内的管理用具、工作服等适当地打开，箱子和柜橱的门都开放，使气体能够通过其周围。再在畜舍内放置几个金属容器，然后把福尔马林与水的混合液倒入容器内，将牲畜迁出，畜舍门窗密闭。其后将高锰酸钾倒入，用木棒搅拌，见有浅蓝色刺激眼鼻的气体蒸发出来时应迅速离开畜舍，将门关闭。经过12～24h后可打开门窗通风。倘若急需使用畜舍，则需用氨蒸气来中和甲醛气。按每100m^3 500g氯化铵、1kg生石灰及750mL的水（75℃）。将此混合液装于小桶内放入畜舍。也可用氨水来代替，即每100m^{3}用25%氨水1250mL。中和20～30min后，打开畜舍门窗通风20～30min，此后即可将家畜迁入。

（2）畜、禽舍的临时消毒和终末消毒。发生各种传染病而进行临时消毒及终末消毒时，用来消毒的消毒剂随疫病的种类不同而异，一般肠道菌、病毒性疾病可选用上述所介绍的几种消毒剂。但如发生细菌芽孢引起的传染病（如炭疽、气肿疽等）时，则需使用10%～20%漂白粉乳剂、10%～20%氢氧化钠热溶液或其他强力消毒剂。在消毒畜禽舍的同时，在病畜、禽舍、隔离舍的出入口处应放置设有消毒液的麻袋片或草垫。

2. 地面土壤的消毒

病畜的排泄物（粪、尿）和分泌物（鼻汁、唾液、奶汁和阴道分泌物等）内常常含有病原微生物，可污染地面、土壤，因此应对地面、土壤进行消毒，以防传染病继续发生和蔓延。消毒土壤表面可用含2.5%有效氯的漂白粉溶液、4%福尔马林或10%氢氧化钠溶液。

停放过芽孢杆菌所致传染病（如炭疽、气肿疽等）病畜尸体的场所，或者是此种病畜倒毙的地方，应严格加以消毒处理，首先用含2.5%有效氯的漂白粉溶液喷洒地面，然后将表层土壤掘起30cm左右，撒上干漂白粉并与土混合，将此表土运出掩埋。在运输时应用不漏土的车以免沿途漏撒，如果没有条件将表土运出，则应多加干漂白粉的用量（1m^{2}面积加漂白粉5kg），将漂白粉与土混合，加水湿润后原地压平。

其他传染病所污染的地面土壤消毒，如为水泥地，则用消毒液仔细刷洗，如为土地，则可将地面翻一下，深度约30cm，同时撒上干漂白粉（用量为1m^2 面积用0.5kg），然后以水湿润、压平。

如果放牧地区被某种病原体污染，一般利用自然力（如阳光，种植某些对病原微生物起有害作用的植物如黑麦、小麦、葱等）使土壤发生自净作用来消除病原微生物，但在牧场土壤自净之前，或是被接种疫苗的动物产生免疫之前，家畜不应再在这种地区放牧。如果污染的面积不大，则应使用化学药剂消毒。

3. 粪便的消毒

传染病病畜、禽粪便的消毒有多种方法，如焚烧法、化学药品消毒法、掩埋法和生物热消毒法等。实践中最常用的是生物热消毒法，此法能使非芽孢病原微生物污染的粪便变为无害，且不丧失肥料的应用价值。

（1）焚烧法。此种方法是消灭一切病原微生物最有效的方法，故用于消毒最危险的传染病病畜的粪便（如炭疽、马脑脊髓炎、牛瘟等）。焚烧的方法是在地上挖一个壕（见图1-8），深75cm，宽5～100cm，在距壕底40～50cm处加一层铁梁（图中2，要比较密些，否则粪便容易落下），在铁梁下面放置木材等燃料（图中3），在铁梁上放置欲消毒的粪便（图中1）。如果粪便太湿，可混合一些干草，以便迅速烧毁。此种方法的缺点是：能损失有用的肥料，并且需要用很多燃料。故此法除非必要很少采用。

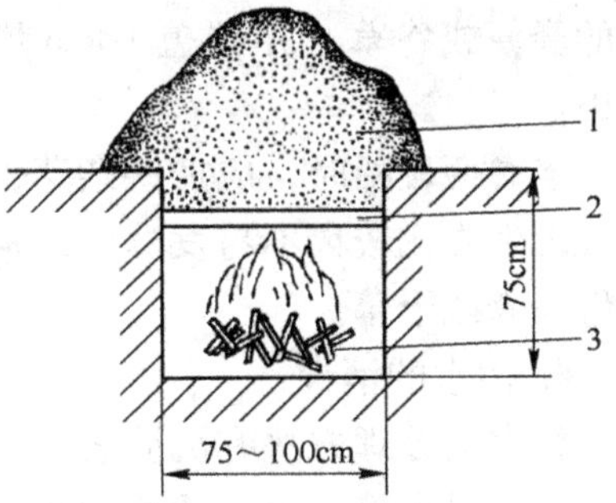

图1-8　粪便焚烧

（2）化学药品消毒法。消毒粪便常用的化学药品有20%石灰乳、含2%～5%有效氯的漂白粉溶液。但是这种方法既麻烦，又难达到消毒的目的，故实践中不常用。

（3）掩埋法。将污染的粪便与漂白粉或新鲜的生石灰混合，然后深埋于地下，埋的深度应达2m左右。此种方法简而易行，在目前条件下实用。但病原微生物可经地下水散布以及损失肥料是其缺点。

（4）生物热消毒法。这是一种最常用的粪便消毒法。应用这种方法，能使非芽孢病原微生物污染的粪便变为无害，且不丧失肥料的应用价值。粪便的生物热消毒方法通常有两种，一为发酵池法，一为堆粪法，如图 1-9 所示。

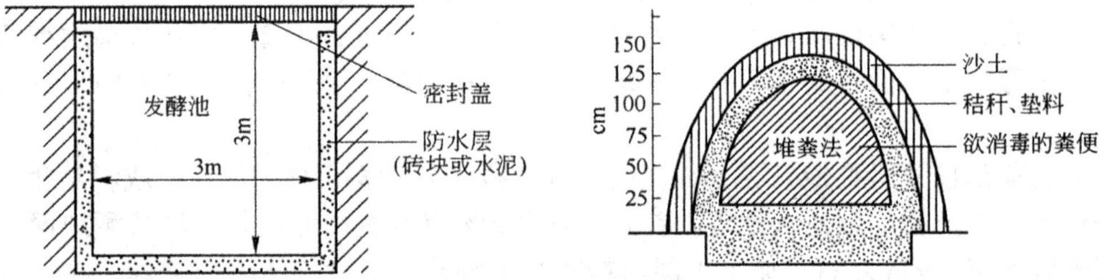

图 1-9 粪便的生物热消毒

1）发酵池法。此法适用于饲养大量家畜的农牧场，多用于稀薄粪便（如牛、猪粪）的发酵。其设备为距农牧场 200～250m 以外无居民、河流、水井的地方挖筑两个或两个以上的发酵池（池的数量与大小取决于每天运出的粪便数量）。池可筑成方形或圆形，池的边缘与池底用砖砌后再抹以水泥，使不透水。如果土质干固、地下水位低，可以不必用砖和水泥。使用时先在池底倒一层干粪，然后将每天清除出的粪便垫草等倒入池内，直到快满时，在粪便表面铺一层干粪或杂草，上面盖一层泥土封好，如条件许可，可用木板盖上，以利于发酵和保持卫生。粪便经用上述方法处理后，经过 1～3 个月即可掏出作肥料用。在此期间，每天所积的粪便可倒入另外的发酵池，如此轮换使用。

2）堆粪法。此法适用于干固粪便（如马、羊、鸡粪等）的处理。在距农牧场 100～200m 以外的地方设一堆粪场。堆粪的方法如下：在地面挖一浅沟，深约 20cm，宽约 1.5～2m，长度不限，随粪便多少而定。先将非传染性的粪便或蒿秆等堆至 25cm 厚，其上堆放欲消毒的粪便、垫草等，高达 1～1.5m，然后在粪堆外面再铺上 10cm 厚的非传染性的粪便或谷草，并覆盖 10cm 厚的沙子或土，如此堆放三个星期到三个月，即可用以肥田。

当粪便较稀时，应加些杂草，太干时倒入稀粪或加水，使其不稀不干，以促其迅速发酵。因牛粪比较稀不易发酵，通常处理牛粪时，可以掺马粪或干草，其比例为四份牛粪加一份马粪或干草。

4. 污水的消毒

污水的处理方法有沉淀法、过滤法、化学药品处理法等。比较实用的是化学药品处理法。方法是先将污水处理池的出水管用一木闸门关闭，将污水引入污水池后，加入化学药品进行消毒，消毒药的用量视污水量而定（一般 1L 污水用 2～5g 漂白粉）。污水池的闸门平时可以打开，使污水直接流入渗井或下水道。

5. 皮革原料和羊毛的消毒

患炭疽、口蹄疫、猪瘟、猪丹毒、传染性贫血、传染性脑脊髓炎、布鲁菌病、羊痘及坏死杆菌病的家畜皮毛均应消毒。在发生炭疽、鼻疽、流行性淋巴管炎、气肿疽以及牛瘟时，不应从尸体剥皮。在储存的原料中即使只发现一张炭疽患畜的皮，则整堆与它接触过的皮张均应加以消毒。

常用于皮毛消毒的药品和方法，是用福尔马林气体在密闭室中蒸熏。但此法可损坏皮毛品质，且穿透力低，较深层的物品难于达到消毒目的。目前广泛利用环氧乙烷（C_2H_4O）气体来进行消毒。此法对细菌、病毒、立克次体及霉菌均有良好的消毒作用，对皮毛等畜产品中的炭疽芽孢也有较好的消毒效果。消毒时必须在密闭的专用消毒室或密闭良好的容器（常用聚乙烯或聚氯乙烯薄膜制成的篷布）内进行。环氧乙烷的用量，如消毒繁殖型病原体，每立方米用300～400g，作用8h；如消毒芽孢和霉菌，每立方米用700～950g，作用24h。环氧乙烷的消毒效果与湿度、温度等因素有关，一般认为，相对湿度为30%～50%，温度在18℃以上，38～54℃以下最为适宜。

如皮张被炭疽菌污染，也可用酸渍法消毒，即在专用消毒池内用含盐酸2.5%（按重量折合）和食盐15%的溶液进行消毒。消毒时先将池内消毒液用热气管加温至35℃。皮张称重后堆放于事先铺在池边地面的麻袋上。皮重应是全池溶液的10%。向池内放皮张时应边放边压，最后连麻袋也放入池内一起消毒。此时池内温度应保持30℃，不可过高过低，并随时翻动，20h后将皮张大翻一次，滴定并补足池内溶液盐酸含量，使其为2.5%，满40h后消毒完毕。取出皮张，挂在特制的架上，待消毒液流净后，放入1.5%～2.0%烧碱液中中和1.5～2h，中和后用自来水冲洗10～15min，即可送往加工厂加工，如欲储存，则须加盐。

消毒过程中补足溶液中盐酸含量的方法是：吸取池内溶液10mL，用0.1mol氢氧化钠（或氢氧化钾）滴定。设池内溶液量为2000L，0.1mol氢氧化钠滴入量为50mL，应加工业盐酸的计算方法如下：

（1）消毒液内盐酸百分比 $=50\times0.00365+10\times100\%=1.825\%$（0.00365为0.1mol盐酸的重量）；

（2）溶液中不足盐酸量 $=2000\times(2.5\%-1.825\%)=13.5$kg；

（3）应补足波美式18.3度工业盐酸（1L含盐酸0.328kg）$=13.5\div0.328=41.2$L。

（四）消毒效果的检查

（1）房舍机械清除效果检查。在检查房舍机械清除的质量时，检查地板、墙壁以及房舍内所有设备的清洁程度。此外，检查挽具和管理用具的确实消毒程度以及检查所采取的消毒粪便的方法（是否进行生物热消毒、焚烧等）。

（2）消毒药剂选择正确性的检查。了解消毒工作记录表、消毒药的种类、消毒药的浓度、温度及其用量。检查消毒药剂浓度时，可以从剩余未用完的消毒液中取样品进行化学检查（如测定含甲醛、活性氯的百分数）。

检查含氯制剂的消毒效果时，可应用碘淀粉法：取玻瓶两个，第一个瓶盛3%碘化钾和2%淀粉糊的混合液（加等量的6%碘化钾和4%淀粉糊即成3%碘化钾和2%淀粉糊的混合液。淀粉糊最好用可溶性淀粉配制）。第二个瓶装上3%次亚硫酸盐。已装溶液的这些瓶上应有标签，并保存在暗处。

检查的方法如下：在火柴棒的一端卷上少量的棉花，将做成的这个棉球置入第一个瓶，蘸上碘化钾液和淀粉糊的混合液。如果用浸湿了的棉球接触消毒过的表面，就可以看到在被检对象的表面上（即在与棉球接触过的地方）以及在棉球上都呈现出一种特殊的蓝棕色，而着色的强度取决于游离氯的含量及被消毒表面的性质。在表面染上的颜色用另一个浸上次亚硫酸盐溶液的棉球擦其表面之后，则颜色即消失。此种检查可以在消毒之后的两昼夜内进行。

（3）消毒对象的细菌学检查。消毒以后由地板（在畜舍的家畜后脚停留的地方）、墙壁上、畜舍墙角以及饲槽上取样品，用小解剖刀在上述各部位划出大小为10cm×10cm的正方形数块，每个正方形都用灭菌的湿棉签（干棉签的重量为0.25～0.33g）擦拭1～2min，将棉签置入中和剂（30mL）中并蘸上中和剂，然后压出、蘸上、压出，如此进行数次之后，再放入中和剂内5～10min，用镊子将棉签拧干，然后把它移入装有灭菌水（30mL）的罐内。

当以漂白粉作为消毒剂时，可应用30mL的次亚硫酸盐中和之；碱性溶液用0.01%醋酸30mL中和；福尔马林用氢氧化铵（1%～2%）作为中和剂。当以克辽林、来苏儿以及其他药剂消毒时，没有适当的中和剂，而是在灭菌的水中洗涤两次，时间为5～10min，依次地把棉签从一个罐内移入另一个罐内。

送到实验室去的灭菌水里的样品在当天经仔细地把棉签拧干和将液体搅拌之后，将此洗液的样品接种在远藤氏培养基上。为此，用灭菌的刻度吸管由小罐内吸取0.3mL的材料倾入琼脂平皿表面，并且用巴氏吸管做成的“刮”，在琼脂平皿表面涂布，然后仍用此“刮”涂布第二个琼脂平皿表面。接种了的平皿置入37℃温箱，24h后检查初步结果，48h后检查最后结果。如在远藤氏培养基上发现可疑菌落时，即用常规方法鉴别这些菌落。

在所取的样品中没有肠道杆菌培养物存在时，证明所进行的消毒质量是良好的，有肠道杆菌的生长，则说明消毒质量不良。

（4）粪便生物热消毒效果的检查。常用下列两种方法检查：

1）测温法。应用装在金属套管内的最高化学用温度计测定粪便的温度，根据在规定的时间内粪便的温度来决定消毒的效果。

2）细菌学方法。利用细菌学方法测定粪便中的微生物数量及大肠杆菌菌价。方法是，将样品称重，与砂混合置研钵内研碎，然后加入100mL的灭菌水稀释。将液体与沉淀从乳钵移入含有玻珠的小烧瓶内，振荡10min后用纱初过滤。将过滤液分别接种于普通琼脂平皿及远藤氏培养基上，置37℃温箱培养一昼夜，然后在琼脂平皿上计算微生物的数量，在远藤氏培养基上测定大肠杆菌价。

样品应当在粪便发热（例如温度升高到60～70℃）时采取。因为粪便冷却后，渗入下部的微生物（例如随雨水渗入的微生物），会重新散布到粪便内，从而改变微生物的数量和成分。为了对照起见，还应测定欲消毒粪便在消毒前的微生物数和大肠杆菌价。

作业

（1）试述消毒的种类和意义。

（2）粪便生物热消毒的原理是什么？

（3）拟定一份某猪场发生口蹄疫时如何进行消毒工作的报告。

实验7 动物传染病的免疫接种

【目的】

学会保存、运送和用前检查兽医生物制品的方法；掌握兽医生物制品免疫接种的方法和步骤。

【内容及方法】

一、实验材料

金属注射器（5mL、10mL、20mL等规格）、玻璃注射器（1mL、2mL、5mL等规格）、金属皮内注射器（螺口）、针头（兽用12～14号，人用6～9号，19～25号螺口皮内针头）、煮沸消毒锅、镊子、毛剪、脸盆、搪瓷盆、毛巾、纱布、脱脂棉、气雾免疫器、5%碘酒、70%酒精、来苏儿、新洁尔灭等消毒剂、疫苗、免疫血清、体温计、出诊箱、工作服、登记册、卡片、保定家畜用具。

二、实验方法

本实验的进行方式，教师可根据具体情况作适当布置，一般以安排两次为宜，分别在实验室和农牧场内进行。

（一）兽医生物制品的使用

1. 免疫接种前的准备

根据当地动物传染病的分布和流行情况，制订出免疫接种计划，包括统计被接种对象及数量，接种日期，准备好足够的生物制品、接种器材、药品，准备适当的场地和保定工具，组织安排人员。准备给家畜编号的器具，编订登记表、册、卡片等。大型养殖场要制订出免疫程序。对相关人员进行兽医防疫知识的宣传教育，包括免疫接种的基本原理和重要意义，接种后动物的饲养管理及观察等，以取得群众合作。

免疫接种前，应对被接种动物进行健康检查（包括体温检查），根据检查结果，对完全健康的家畜可进行自动免疫接种；对衰弱、妊娠后期和泌乳期的母畜、产卵期家禽、体温升高或疑似病畜不能进行自动免疫接种，而应注射免疫血清；疑似病畜和发热病畜应注射治疗量的免疫血清或给予其他治疗。

经自动免疫的家畜，应有较好的护理和管理条件，要特别注意控制家畜的使役，以避免过分劳累和接种疫苗后出现的暂时性抵抗力降低而产生不良后果。有时，家畜接种疫苗后可能会发生反应，故在接种后应详细观察7～10d。如有反应，可给予适当治疗，反应极为严重的，可予以屠宰。

2. 免疫接种用生物制品的保存、运送和用前检查

（1）保存。各种生物制品应保存在低温、阴暗及干燥的场所，死菌苗、致弱菌苗、类

毒素、免疫血清等应保存在2~15℃防止冻结；弱毒疫苗，如猪瘟兔化弱毒疫苗、鸡新城疫弱毒疫苗等，应置放在0℃以下，冻结保存。

（2）运送。要求包装完善，防止碰坏瓶子和散播活的弱毒病原体。运送途中避免日光直射和高温，并尽快送到保存地点或预防接种的场所。弱毒疫苗应放在装有冰块的广口瓶内运送，以免其性能降低或丧失。

（3）用前检查。各种兽医生物制品在使用前，均需详细检查，如有下列情况之一者，不得使用：

1）没有瓶签或瓶签模糊不清，没有经过合格检查的。

2）过期失效的。

3）生物制品的质量与说明书不符者，如色泽、沉淀有变化，制剂内有异物、发霉和有臭味的。

4）瓶塞不紧或玻璃破裂的。

5）没有按规定方法保存，加氢氧化铝的死菌苗经过冻结后，其免疫力可降低。

经过检查，确实不能使用的生物制品，应立即废弃，不能与可用的生物制品混放在一起，决定废弃的弱毒生物制品应煮沸消毒或予以深埋。

（二）免疫接种的方法

免疫接种的方法很多，主要有注射免疫法、经口免疫法、气雾免疫法等数种。

1. 注射免疫法

注射免疫法中又可分为皮下接种、皮内接种、肌肉接种及静脉接种四种。

（1）皮下接种法。对马、牛等大家畜皮下接种时，一律采用颈侧部位，猪在耳根后方，家禽在胸部、大腿内侧。根据药液的浓度和家畜的大小而异，一般用16~20号针头，长约1.2~2.5cm。家禽则应采用针孔直径小于20号的针头。

皮下接种的优点是操作简单，吸收较皮内接种为快，缺点是使用剂量多。而且同一疫苗，应用皮下接种时，其反应较皮内为大。大部分常用的疫苗和免疫血清，一般均采用皮下接种。

（2）皮内接种法。马的皮内接种采用颈侧、眼睑部位；牛及羊除颈侧外，可在尾根或肩胛中央部位；猪大多在耳根后；鸡在肉髯部位。

现用兽医生物制品用作皮内接种的，仅有羊痘弱毒菌苗、猪瘟结晶紫疫苗等少数制品，其他均属于诊断液方面。一般使用专供皮内注射的注射器（容量2~10mL），0.6~1.2cm长的螺旋针头（针孔直径19~25号），也可使用蓝心注射器（容量1mL）和相应的注射针头。皮内接种的优点是使用药液少，同样的疫苗皮内注射较之于皮下注射反应小。同时，真皮层的组织比较致密，神经末梢分布广泛，特别是猪的耳根皮内比其他部位容易保持清洁。同量药液皮内注射时所产生的免疫力较皮下注射的要高。

皮内接种的缺点是手续比较麻烦。提高工作人员的操作技术，可以克服这一缺点。

（3）肌肉接种法。马、牛、猪、羊的肌肉接种，一律采用臀部和颈部两个部位；鸡可在胸肌部位接种。

现有兽医生物制品，除猪瘟弱毒疫苗、牛肺疫弱毒疫苗以及在某些情况下接种血清采用肌肉接种外，其他生物制品一般都不采用此法进行接种。一般使用16~20号针头，长约2.5～3.7cm。

肌肉接种的优点是药液吸收快，注射方法也较简便，其缺点是在一个部位不能大量注射。同时臀部接种如部位不当，易引起跛行。

（4）静脉接种法。马、牛、羊的静脉接种，一律在颈静脉部位；猪在耳静脉部位；鸡则在翼下静脉部位。

现用兽医生物制品中的免疫血清，除了皮下或肌肉接种外，亦可采用静脉接种，特别在急于治疗传染病患畜时。疫苗、菌苗、诊断液一般不作静脉注射。马、牛、羊的静脉接种部位在左右颈侧均可，一般以右侧较方便。根据家畜的大小和注射剂量的多寡，一般使用14～20号针头，长约2.5～3.7cm。猪的静脉接种在耳朵正面下翼的两侧。一般使用19～23号针头，长约2.5～5cm。

静脉接种的优点是可使用大剂量，奏效快，可以及时抢救病畜。缺点是手续比较麻烦，如设备与技术不完备时，难以进行。此外，如所使用的血清为异种动物者，可能引起过敏反应（血清病）。

2. 经口免疫法

分饮水免疫和喂食免疫两种，前者是将可供口服的疫（菌）苗混于水中，畜禽通过饮水而获得免疫，后者是将可供口服的疫（菌）苗用冷的清水稀释后拌入饲料，畜禽通过吃食而获得免疫。经口免疫时，应按畜禽头数和每头畜禽平均饮水量或吃食量，准确计算需用的疫（菌）苗剂量。免疫前，一般应停饮或停喂半天，以保证饮喂疫（菌）苗时，每头畜禽都能饮用一定量的水或吃入一定量的料。应当用冷的清水稀释疫（菌）苗，混有疫（菌）苗的饮水和饲料也要注意掌握温度，一般以不超过室温为宜。已经稀释的疫（菌）苗，应迅速饮喂。疫（菌）苗从混合在水或料内到进入动物体内的时间越短，效果越好。此法目前已用于猪肺疫弱毒菌苗和鸡新城疫弱毒菌苗等。

本法具有省时、省力的优点，适于大群畜禽的免疫，缺点是由于畜禽的饮水量或吃食量有多有少，因而进入每头动物体内的疫（菌）苗数量，不能像其他方法那样准确一致。

3. 气雾免疫法

此法是用压缩空气通过气雾发生器（见图1-10），将稀释疫（菌）苗喷射出去，使疫（菌）苗形成直径1～10μm的雾化粒子，均匀地浮游在空气之中，通过呼吸道吸入肺内，以达到免疫。

气雾免疫的装置由气雾发生器（即喷头）及动力机械组成。市场有气雾发生器制成品出售。压缩空气的动力机械，可因地制宜，利用各种气泵或用电动机、柴油机带动空气压缩泵。无论以何种方法做动力，都要保持每平方厘米有2kg以上的压力，才能达到疫（菌）苗雾化的目的。

雾化粒子大小与免疫效果有很大关系。一般粒子大小在1～10μm为有效粒子。气雾发生器的有效粒子在70%以上者为合格。测定雾化粒子大小时，用一擦拭好的盖玻片，周围涂以凡士林油，在盖玻片中央滴一小滴机油，用拇指和食指转盖玻片，机油液面朝喷头，在距离喷头10～30cm处迅速通过，使雾化粒子吹于机油面上，然后将盖玻片液面朝下放于凹玻片上，在显微镜下观察，移动视野，用目测微尺测量其大小（方法与测量细菌大小同），并计算其有效粒子率。每次制成的气雾发生器或新使用的气雾发生器，都须进行粒子大小的测定。合格后方可使用。

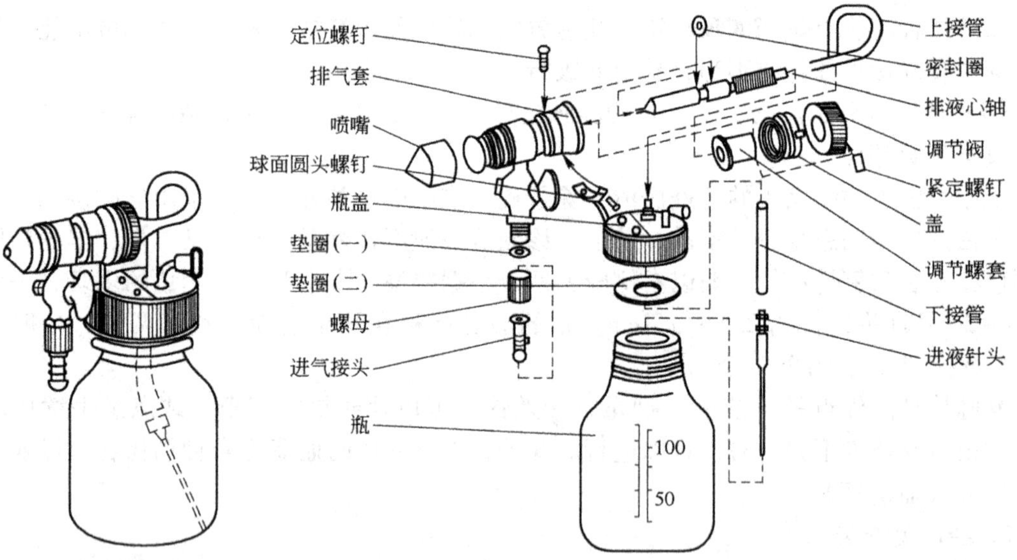

图1-10 JM-Ⅱ气雾发生器外形（左）及结构零件（右）

（1）室内气雾免疫法。此法需有一定的房舍设备。免疫时，菌苗用量主要根据房舍的大小而定，可按下式计算：

$$菌苗用量 = D \times A/(T \times V)$$

式中 D——计划免疫剂量；

A——免疫室容积，L；

T——免疫时间，min；

V——呼吸常数，即动物每分钟吸入的空气量，L。

菌苗用量计算好以后，即可将动物赶入室内，关闭门窗。操作者将喷头由门窗缝伸入室内，使喷头保持与动物头部同高，向室内四面均匀喷射。喷射完毕后，让动物在室内停留20～30min。操作人员要注意防护，戴上大而厚的口罩，如出现症状，应及时就医。

（2）野外气雾免疫法。菌苗用量主要以动物数量而定。以羊为例，如为1000只，每只羊免疫剂量为50亿活菌，则需50000亿活菌，如果每瓶菌苗含活菌4000亿，则需12.5瓶，用500mL灭菌生理盐水稀释。实际应用时，往往要比计算用量略高一些。免疫时，如每群动物的数目较少，可二或三群合并，将畜群赶入四周有矮墙的圈内。操作人员手持喷头，站在畜群中，喷头与动物头部同高，朝动物头部方向喷射。操作人员要随时走动，使每一动物都有吸入机会。如遇微风，还须注意风向，操作者应站在上风，以免雾化粒子被风吹走。喷射完毕，让动物在圈内停留数分钟即可放出。

进行野外气雾免疫时，操作者更需注意个人防护，应穿工作衣裤和胶靴，戴大而厚的口罩，如出现症状，应及时就医。气雾免疫的效果，可受下列因素的影响：

雾化粒子：粒子过大，往往被鼻黏膜阻止，不能进入，粒子过小，则吸入后往往因呼吸道绒毛运动而被排出，故最好在1～10μm之间。

风力、风速：野外免疫时，如风力过大，风速过急，雾化粒子易被吹走，动物不能吸入。

温度、湿度：温度过高，含菌粒子表面水分易于蒸发，使菌体失水，盐量增高，引起死亡，湿度过高、过低，由于菌体含水量改变亦易发生死亡。

本法具有省时、省力的优点，适于人群及动物的免疫，缺点是需要的疫（菌）苗数量较多。

（三）家畜免疫接种前及接种后的护理与观察

（1）接种前的健康检查。在对家畜进行免疫接种时，必须注意家畜的营养和健康状况，因为家畜卫生环境良好时，可保证自动免疫接种结果的安全。相反的，如饲养条件不良，患有内外寄生虫病或其他慢性病，则可使家畜遭受死亡，或引起并发症，甚至发生所要预防的传染病（例如猪瘟）。为了接种的安全和保证接种的效果，应对所有预定接种的家畜，进行一系列的检查，包括体温检查。根据检查结果，将家畜分成数组。例如在进行自动免疫接种时，应按下列各组处理：

1）完全健康的家畜可进行自动免疫接种。

2）衰弱、妊娠后期的家畜不能进行自动免疫接种，而应注射免疫血清。

3）疑似病畜和发热病畜应注射治疗量的免疫血清。

上述分组的规定，可根据传染病的特性和接种方法而变动。

（2）接种后的护理和观察。经受自动免疫的家畜，由于接种疫苗后，可发生暂时性的抵抗力降低现象，故应有较好的护理和管理条件，同时必须特别注意控制家畜的使役，以避免过分劳累而产生不良后果。此外，由于家畜在接种疫苗后，有时可能会发生反应，故在接种以后，要进行详细的观察，观察期限一般为7～10d。如有反应，可根据情况给予适当的治疗（注射血清或对症治疗）。反应极为严重者，可予屠宰。将接种后的一切反应情况记载于专门的表册中。

（四）免疫接种的组织及接种时的注意事项

在某一地区或农牧场进行接种时的组织工作是特别重要的。因为它可以决定全部措施的结果和成效。接种时的组织工作如下：

（1）在某一地区或农牧场进行免疫接种时，应取得地区或农牧场领导的支持，并商请给以人力保证。

（2）对饲养员、工人进行适当的兽医宣传，宣传内容包括有关接种工作的基本原理及其在防治家畜传染病上的重要性、接种后家畜的饲养管理条件等。

（3）准备适当的场地和保定工具。

（4）编订全部注射家畜的登记册，并准备给家畜编号的器具，以免错乱而造成重复注射。

进行接种时，需注意以下几点：

（1）工作人员需穿着工作服及胶鞋，必要时戴口罩。事先须修短指甲，并经常保持手指清洁。手用消毒液消毒后方可接触接种器械。工作前后均应洗手消毒，工作中不应吸烟和吃食。

（2）注射器、针头、镊子等，用毕后浸泡于消毒溶液内，时间至少1h，洗净揩干用白布分别包好保存。使用前煮沸消毒15min，冷却后再在无菌条件下装配注射器，包以消毒纱布纳入消毒盒内待用。注射时每头家畜须调换一个针头，在针头不足的情况下，应每吸液一次调换一个针头。

（3）生物制品的瓶塞上应固定一个消毒过的针头，上盖酒精棉花，吸液时必须充分振荡疫苗和菌苗，使其均匀混合。免疫血清则不应震荡（特别是静脉注射），沉淀不应吸取，并须随吸随注射。

（4）针筒排气溢出的药液，应吸积于酒精棉花上，并将其收集于专用瓶内，用过的酒精棉花或碘酒棉花和吸入注射器内未用完的药液也注入专用瓶内，集中后烧毁。

作业

（1）试述免疫接种在兽疫防治上的意义。

（2）常用的免疫接种法有几种，叙述各法的优缺点。

（3）根据实验课的情况，撰写一份实验报告。

（4）针对某鸡场的情况，制订一份免疫接种计划。

实验8　口蹄疫的实验室诊断

【目的】

初步掌握口蹄疫的琼脂扩散试验，反向间接红细胞凝集试验，补体结合试验等血清学诊断技术。

【内容及方法】

当根据临诊和流行病学诊断为口蹄疫后，应进一步确定病毒的型，因为疫苗及血清的正确使用有赖于定型。病毒型鉴定的方法有以下几种。

一、口蹄疫病毒感染相关抗原琼脂凝胶免疫扩散试验（VIA-AGID）

本试验的原理是抗原、抗体在琼脂凝胶中，各以其固有的扩散系数扩散，当二者相遇时，在比例适当处发生结合而形成肉眼可见的沉淀带。

本试验用于检测被检动物血清中是否含有口蹄疫病毒感染相关（VIA）抗体（口蹄疫多型抗体），以证实被检动物是否感染过口蹄疫病毒。本试验适用于易感动物的检疫、疫情监测和流行病学调查。

（一）材料准备

（1）Tris-盐酸缓冲液。

Tris	2.42g
NaCl	3.8g
NaN_3（叠氮钠）	0.2g

无离子水加至100mL，用HCl调pH值至7.6。

（2）器材。平皿（直径5.5cm）、吸管、金属打孔器外径4mm、模板，在有机玻璃板上按以下规格打孔，一个中心孔和6个外周孔，所有孔的直径为4mm，中心孔边缘到外周孔的距离均为4mm。

（3）VIA抗原。见使用说明书。

（4）标准阳性血清。用A型或O型口蹄疫病毒高免兔血清。

（5）微量流射器或盐水接头若干及乳胶头。

（6）印相暗盒或台灯（供观察沉淀线用）。

（二）操作方法

（1）被检血清和阳性血清均以56℃灭能30min。

（2）琼脂糖平板的制备。取琼脂糖1g，Tris-盐酸缓冲液100mL，装入三角瓶中，于沸水中加热或高压，将琼脂糖彻底融化。然后吸取7mL琼脂液加到平皿里，制成3mm厚的琼脂板。待琼脂完全凝固后，加盖置于湿盒中，贮藏在4℃冰箱中备用。

(3) 打孔。将模板放在琼脂板上，用打孔器通过模板的孔在琼脂板上打孔，并挑出孔中的琼脂块，在酒精灯上小心封底。

(4) 加样。按图1-11所示方式加样，即中心孔加VIA抗原，1和4孔加FMD阳性高免兔血清，2、3、5、6孔加被检血清。

(5) 扩散。将加样的琼脂平皿置于湿盒里于室温（20～22℃）任其自然扩散。

(6) 观察。于24h进行第一次观察，72h作第二次观察，168h作最后观察。观察时，可借助灯光或自然光源，特别是弱反应须借助于强光源才能看清沉淀线。

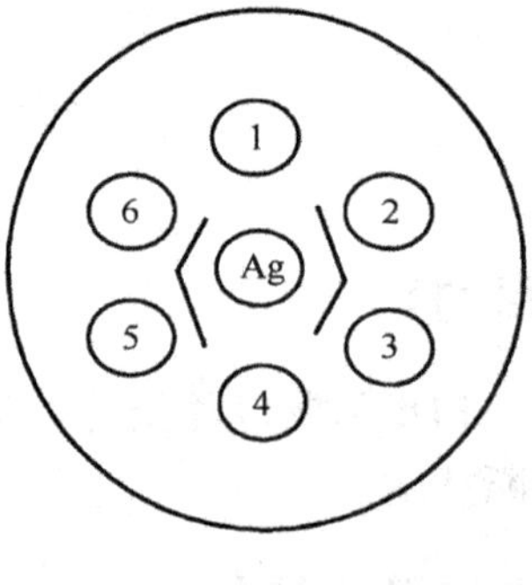

图1-11 FMD琼脂扩散试验

（三）结果判定

当1孔和4孔标准阳性血清与抗原中心孔之间形成沉淀线时，若被检血清孔与中心孔之间也出现沉淀线，并与阳性沉淀线末端相融合，则被检血清判为阳性。被检血清孔与中心孔之间虽不出现沉淀线，但阳性沉淀线的末端向内弯向被检血清孔，则被检血清判为弱阳性。如被检血清孔与中心孔之间不出现沉淀线，且阳性沉淀线指向被检血清孔，则被检血清判为阴性。如图1-11所示，2孔被检血清为阳性，5孔被检血清为弱阳性，3、6孔被检血清为阴性。

二、反向间接红细胞凝集试验

(1) 病料处理。

1) 用pH=7.2，0.11mol/L磷酸缓冲液（或生理盐水）洗2～3次，并用消毒滤纸吸去水分。

2) 称重，加少许玻璃砂研磨，制成1∶3悬液，室温浸毒1h或4℃冰箱中过夜。

3) 3000～4000r/min，离心20min，收集上清液。

4) 58℃水浴箱灭能40min（或不灭能）。

5) 3000～4000r/min，离心20min，收集上清即为被检抗原，置4℃冰箱中备用。

(2) 被检抗原的稀释。试管架上摆上一排试管8只，自第1管开始由左至右用稀释液进行倍比稀释（即1∶6，1∶12，1∶24，…，1∶768），每管体积0.5mL。

(3) 滴加被检抗原。取有机玻璃反应板，在第1排至第4排每排的第8孔滴加第8管稀释抗原2滴，每排的第7孔滴加第7管稀释抗原2滴，以此类推至第1孔，每排的第9孔滴加稀释液2滴，作为阴性对照，每排的第10孔按顺序分别滴加A、O、C、Asia四种标准抗原（1∶30稀释）各2滴，作为阳性对照（注意每型换滴管1只）。

(4) 滴加红细胞诊断液。用前将红细胞诊断液摇匀，于反应板第1排至第4排孔分别滴加A、O、C、Asia型红细胞诊断液1滴。轻轻振摇反应板，使红细胞均匀分布。室温放置1.5～2h后判定结果。

(5) 结果判定。

1) 判定标准。按以下标准判定红细胞凝集程度：

+ + + +——完全凝集

+ + +——75%凝集

+ +——50%凝集

+——25%凝集

-——不凝集

2）观察反应板上各排孔的凝集图形。假如只是第1排孔凝集，且阴性对照孔不凝集（阴性），阳性对照孔凝集（阳性），其余3排孔不凝集，则证明此种凝集是与A型红细胞诊断液同型病毒所致的特异性凝集，被检抗原即判为A型，若只是第2排孔凝集，其余3排孔不凝集，则被检抗原判为O型。以此类推。

3）致敏红细胞凝集（凝集图形为+ +以上者）的抗原最高稀释度为其凝集效价。

4）某排孔的凝集效价高于其余排孔的凝集效价2个对数（以2为底）滴度以上者即可判为阳性。

三、正向间接红细胞凝集试验

（1）原理。用已知血凝抗原检测未知血清抗体的试验，称为正向间接血凝试验（IHA）。

抗原与其对应的抗体相遇，在一定条件下会形成抗原-抗体复合物，但这种复合物的分子团很小，肉眼看不见。若将抗原吸附（致敏）在经过特殊处理的红细胞表面，只需少量抗原就能大大提高抗原和抗体的反应灵敏性。这种经过口蹄疫纯化抗原致敏的红细胞与口蹄疫抗体相遇，红细胞便出现清晰可见的凝集现象。

（2）适用范围。主要用于检测O型口蹄疫免疫动物血清抗体效价。

（3）试验器材和试剂。96孔110°V形医用血凝板，与血凝板大小相同的玻板，微量移液器（50μL、25μL）取液塑嘴、微量振荡器、O型口蹄疫血凝抗原、O型口蹄疫阴性对照血清、O型口蹄疫阳性对照血清、待检血清（每头约0.5mL血清即可）56℃水浴灭活30min。

（4）试验方法。

1）加稀释液。在血凝板上1~6排的1~9孔，第7排的1~4孔和6~7孔，第8排的1~12孔各加稀释液50μL。

2）稀释待检血清。取1号待检血清50μL加入第1排第1孔，并将塑嘴插入孔底，右手拇指轻压弹簧1~2次混匀（避免产生气泡），从该孔取出50μL移入第2孔，混匀后取出50μL移入第3孔……，直至第9孔混匀后取出50μL丢弃。此时第1排1~9孔待检血清稀释度（稀释倍数）依次为：1∶2、1∶4、1∶8、1∶16、1∶32、1∶64、1∶128、1∶256、1∶512。

取2号待检血清加入第2排，取3号待检血清加入第3排……，均按上法稀释，注意每取一份血清时，必须更换塑嘴一个。

3）稀释阴性对照血清。在血凝板的第7排第1孔加阴性血清50μL，对倍数稀释至第4孔，混匀后从该孔取出50μL丢弃。此时阴性血清的稀释倍数依次为1∶2、1∶4、1∶8、1∶16。第6~7孔为稀释液对照。

4）稀释阳性对照血清。在血凝板的第8排第1孔加阳性血清50μL，对倍数稀释至第

12 孔，混匀后从该孔取出 50μL 丢弃。此时阳性血清的稀释倍数依次为 1：2～1：4096。

5）加血凝抗原。被检血清各孔、阴性对照血清各孔、阳性对照血清各孔、稀释液对照孔均各加 O 型血凝抗原（充分摇匀，瓶底应无血球沉淀）25μL。

注意：使用前应取出血凝抗原瓶，用力摇动，使黏附在瓶盖上的红细胞摇下，否则易出现沉渣，影响使用效果。

6）振荡混匀。将血凝板置于微量振荡器上 1～2min，如无振荡器，用手轻拍混匀亦可，然后将血凝板放在白纸上观察各孔红血球是否混匀，不出现血球沉淀为合格。盖上玻板，室温或 37℃下静置 1.5～2h 判定结果，也可延至次日判定。

7）判定标准。移去玻板，将血凝板放在白纸上，先观察阴性对照血清 1：16 孔，稀释液对照孔，均应无凝集（血球全部沉入孔底形成边缘整齐的小圆点），或仅出现"+"凝集（血球大部沉于孔底，边缘稍有少量血球悬浮）。

阳性血清对照 1：2～1：256 各孔应出现"++"～"+++"凝集为合格（少量血球沉入孔底，大部分血球悬浮于孔内）。

在对照孔合格的前提下，再观察待检血清各孔，以呈现"++"凝集的最大稀释倍数为该份血清的抗体效价。例如 1 号待检血清 1～5 孔呈现"++"～"+++"凝集，6～7 孔呈现"++"凝集，第 8 孔呈现"+"凝集，第 9 孔无凝集，那么就可判定该份血清的口蹄疫抗体效价为 1：128。

接种口蹄疫疫苗的猪群免疫抗体效价达到 1：128（即第 7 孔），牛群、羊群免疫抗体效价达到 1：256（第 8 孔）呈现"++"凝集为免疫合格。

（5）注意事项。

1）为使检测获得正确结果，请在检测前仔细阅读说明书。

2）严重溶血或严重污染的血清样品不宜检测，以免发生非特异性反应。

3）勿用 90°和 130°血凝板，严禁使用一次性血凝板，以免误判结果。

4）用过的血凝板应及时在水龙头冲净血球。再用蒸馏水或去离子水冲洗 2 次，甩干水分放 37℃恒温箱内干燥备用。检测用具应煮沸消毒，37℃干燥备用。血凝板应浸泡在洗液中（浓硫酸与重铬酸钾按 1：1 混合），48h 后捞出用清水冲净。

5）每次检测只做一份阴性、阳性和稀释液对照。

"－"表示完全不凝集或 0～10% 血球凝集。

"+"表示 10%～25% 血球凝集，"+++"表示 75% 血球凝集。

"++"表示 50% 血球凝集，"++++"表示 90%～100% 血球凝集。

6）用不同批次的血凝抗原检测同一份血清时，应事先用阳性血清准确测定各批次血凝抗原的效价，取抗原效价相同或相近的血凝抗原检测待检血清抗体水平的结果是基本一致的，如果血凝抗原效价差别很大用来检测同一血清样品，肯定会出现检测结果不一致。

四、中和试验

（一）体外中和试验

5～7 日龄小白鼠对人工接种口蹄疫病毒易感染，可产生特征性症状和规律性死亡，因此利用这一特性进行乳鼠中和试验。

1. 试验材料

（1）送检血清。在牛、猪、羊患口蹄疫后，不早于10d和不晚于60d采血分离血清（恢复血清）作为送检血清，将分离出的血清3～5mL倾入消毒的青霉素瓶中，在冷藏的条件下送检。在送检血清的说明书上，应注明采血牲畜种类、年龄、患病时期、采血日期和保存方法。

（2）试验动物。选用营养良好，并有母鼠喂奶的5～7日龄的小白鼠（每份被检血清用12只）。在注射时须用镊子夹着小鼠的背部皮肤提起，不要用手接触，以免吃奶小鼠体表因污染人体的气味而被母鼠吃掉。如果用手碰摸了吃奶小鼠，则于注射后在它的体表擦少许乙醚除去气味。为了避免喂奶母鼠吃掉注射后的小鼠，可在注射前取出母鼠置于另一容器中，再一一取出乳鼠注射，然后放回容器内，待全部注射完毕后再放回母鼠。

（3）标准O、A、C及Asia型鼠化毒。将这些病毒分别磨碎，用生理盐水稀释（约为1∶100～1∶1000），使用方法可根据瓶签上的规定。

2. 试验方法

将受检血清用生理盐水稀释，每1mL血清加2mL生理盐水，稀释后在每只乳鼠的颈部皮下注射0.2mL。注射后经24h将小鼠分为四组，每组三只，各组涂以不同颜色。第一组每只于颈部皮下注射标准O型鼠化毒0.2mL，第二组注射A型鼠化毒，第三组注射C型鼠化毒，第四组注射Asia型鼠化毒。注射后放回原处与母鼠同养。

同时每组设对照乳鼠2只，不注射血清，只分别注射各型鼠化毒（用量与试验组相同），以检查每一型鼠化毒的致病力。四组共用8只小鼠。对照组涂以与试验组相同的颜色，然后放回母鼠处，但需与试验组分别饲养。

注射后所有乳鼠的观察期为3～4d，根据试验组与对照组的乳鼠发病死亡情况，统计其结果，进行判定。

乳鼠的典型症状是：呼吸急迫，前后肢麻痹，然后延至全身，多在感染后18～30h出现病状，最后死亡。

根据送检血清对某一标准毒型（O、A、C、Asia）病毒的保护作用，来决定送检地区所流行口蹄疫的病毒型。如果被检血清能保护注射Asia型病毒的小鼠，但不能保护注射其他型（O、A、C）病毒的小鼠，即可判定送检的口蹄疫血清属于Asia型，其余类推。

送检过程中，应该注意防止散毒。试验结束后，应将病鼠及死鼠烧毁，鼠笼或缸用3% NaOH消毒，器械用煮沸法消毒。

本法特异性强，结果可靠，简单易行，用以鉴定口蹄疫病毒的主型，基层可采用。但存在需时较长、乳鼠易被母鼠吃掉或咬死、敏感性低等缺点。

（二）体内中和试验

将待检血清稀释成1∶5，接种乳鼠12h或24h后，用10^{-3}病毒攻毒，同时设阴性血清和已知阳性血清（均为1∶5稀释）作为对照。

观察5d后判定结果。在阴性和阳性对照成立的前提下，待检血清组的乳鼠健活，判定该血清为阳性，反之为阴性。

该法多用于定性检测，一般不作为定量检测手段。

五、交叉免疫法

（1）新鲜送检病毒以缓冲液或生理盐水冲洗两次，用灭菌的滤纸将送检病毒的水分吸去，再称其重量，剪碎，在乳钵中加中性玻璃砂研磨成糊状，然后加缓冲液或生理盐水作成1∶10悬液，在室温中放置40min（在此期间，应搅拌三次），吸取上清液盛离心管中，以3000r/min，离心15min，将上清液倾入另一试管中备用。

（2）取豚鼠2~4只，将上述病毒上清液用结核菌素注射器及24号针头给豚鼠后肢跖部注射，直6针斜6针，每针穿过后再抽回到孔道一半之处将病毒注入，注入量以病毒刚出针孔为原则，另外在跖部皮下注射1针，并于跖面用针扎刺，使刺伤刚刚出血，涂以上述离心沉淀物。

接种的豚鼠如对野毒敏感，注射部经12h，即开始表现红肿，以后再经12~60h，将跖皮采下，继续向下传代，每代2~4只，以新鲜水疱作继代用。

（3）当野毒适应于豚鼠引起第二期水疱以后，如补体结合反应确定为A型，则一次接种豚鼠14~16只，分为7~8组，每组2只，经两周后，设对照豚鼠2只，再将各种A亚型标准病毒作成1∶100的稀释液在跖部穿3~4针，观察其结果。如A_2组不发生水疱，则属A_2。如交叉免疫与补体结合反应相符合，则更可确定为A_2型。如二者结果不相符，应再做试验。若所用亚型没有一型得到完全保护，则可能为新亚型。

如有两种亚型不发病，可能与所用豚鼠太少有关。此时，可将不发病组加至6只；做进一步试验。

用牛也可以作交叉免疫，即在非流行地区选取健康牛数头，用野毒感染使之发病，经三周后，用已知病毒攻击、观察发病情况，以确定其毒型。

本法是补体结合反应的良好补充，当用补体结合反应确定口蹄疫病毒的主型后，可用此法进一步确定其亚型。

六、口蹄疫和猪水疱病的鉴别诊断方法

（1）乳鼠接种试验。选用2日龄和7~9日龄乳鼠进行试验。将病猪水疱皮或水疱液用每毫升加有青霉素、链霉素各1000单位的无菌生理盐水或无菌磷酸盐缓冲液作1∶10稀释，于4~10℃冰箱中作用2~4h（或37℃温箱作用1h）；每组用4~8只乳鼠，分别于背部皮下各注射0.1mL，观察7d。乳鼠如发病多在24~96h死亡。

结果：如2日龄和7~9日龄乳鼠都发病死亡，即可认为是口蹄疫；如2日龄乳鼠发病死亡，而7~9日龄乳鼠仍健活，即可认为是猪水疱病。

（2）血清保护试验。

1）用已知血清鉴定未知病毒。被检病毒液的制备：将送检病料洗净，称重、研磨，用生理盐水或磷酸盐缓冲液作1∶5~1∶10的悬浮液，在4℃浸出24h，或在室温浸出1~2h，振荡，以3000r/min，离心10min，其上清液即为被检的病毒液。

乳鼠血清注射：用五窝2~3日龄的乳鼠，每窝10只，以1只母鼠哺乳，分别注射已知的猪水疱病及口蹄疫A、O、C、Asia型五个血清。每窝注射7只，留3只不注射，作病毒对照。注射的猪水疱病血清不稀释，口蹄疫血清作1∶3~1∶5稀释。每只乳鼠皮下注射0.1mL。

接种病毒液（攻毒）注射血清后6～24h，接种制备好的被检病毒浸出液。每窝注射过血清的7只乳鼠，给5只接种病毒，留2只作血清健康对照，3只未注射血清的乳鼠，也同时接种病毒，每只皮下0.1mL。

观察与判定：接种病毒后，每天观察2～3次，连续观察6～7d。如注射猪水疱病血清的乳鼠被保护，血清对照鼠均健活，病毒对照鼠及注射其他各型口蹄疫血清的乳鼠均发病死亡（主要症状：猪水疱病是全身发抖，四肢强直；口蹄疫是神经麻痹，四肢瘫痪），则被检病料为猪水疱病，而不是口蹄疫。如为某型口蹄疫，则以此类推。

2）用已知病毒鉴定未知血清。被检血清的处理：将被检血清每毫升加青、链霉素各1000单位，室温处理1h。

乳鼠注射被检血清：用五窝2～3日龄乳鼠，每窝10只，以1只母鼠哺乳，用处理好的被检血清注射乳鼠，每窝注射7只，留3只作病毒对照，每只乳鼠皮下注射0.1mL。

攻已知的病毒：注射血清后6～24h，用猪水疱病及口蹄疫A、O、C、Asia型五个已知病毒进行接种，每一病毒接种一窝乳鼠，每窝注射过血清的7只乳鼠中，分别给5只接种病毒，留2只作血清健康对照。未注射血清的3只乳鼠也同时接种病毒。接种的各个病毒液作10^{-2}～10^{-3}稀释（约10000LD_{50}），每只乳鼠皮下注射0.1mL。

观察与判定：攻毒后，观察6～7d，每天观察2～3次。如果攻水疱病病毒的乳鼠被保护，血清对照乳鼠均健活，而猪水疱病的病毒对照鼠及攻各型口蹄疫病毒的乳鼠均发病死亡，则被检血清为猪水疱病血清，而不是口蹄疫血清。如为某型口蹄疫，则以此类推。

作 业

（1）口蹄疫病毒毒型鉴定有何意义，鉴定的主要方法有几种？试述其优缺点。

（2）列举口蹄疫与水疱病的鉴别要点。

附录A　口蹄疫和猪水疱病反向间接血凝试验鉴别诊断方法

本方法可用于口蹄疫（FMD）和猪水疱病（SVD）的鉴别诊断及口蹄疫型别鉴定。适用于猪、牛和羊水疱皮毒及水疱液，鼠和兔组织反应毒、接种豚鼠遗蹠皮毒及细胞培养毒等抗原材料。

A.1　材料准备

（1）器材。96孔聚苯乙烯血凝滴定板（110°），微量振荡器或微型混合器，稀释用滴管0.025～0.05mL，橡皮头或25μL、50μL移液器。

（2）稀释液。

稀释液Ⅰ（TPBS）：

NaH_2PO_4	0.1mol/L	115mL
Na_2HPO_4	0.1mol/L	385mL
NaCl		8.5g
PVP（聚乙烯吡咯烷酮）		25mg

Tween-80	0.05mL
NaN_3	1g
蒸馏水加至	1000mL

取上述缓冲液100mL加小牛血清0.5mL放4～8℃储存。

稀释液Ⅱ：

聚乙二醇（M，W1200）	0.5g
兔血清（62℃灭能30min）	10mL
NaN_3	1g

加pH值为7.2，0.1mol/L磷酸缓冲液至1000mL。

（3）标准阳性血清（用于正式试验操作方法Ⅰ）。用已知的口蹄疫O型鼠毒制备。用反向间接血凝抑制试验测定效价为1∶80，工作液为1∶20。猪水疱病标准阳性血清效价为1∶400，工作液为1∶100。

（4）标准抗原（用于正式试验操作方法Ⅱ）。本抗原用口蹄疫O、A、C、Asia-1型鼠毒和猪水疱病乳鼠毒分别制成。

（5）敏化红细胞诊断液。

1）敏化红细胞诊断液的使用和保存。见使用说明书。

2）活力检查。标准抗原作1∶10稀释（实际浓度为1∶30），然后在微量板孔内进行倍比稀释即1∶60、1∶120、…、1∶3840，并滴加致敏红细胞诊断液测定其活力。当活力低于1∶60时，不能使用。

（6）被检材料的采取、保存和运送。

1）水疱皮。牛采取舌面、蹄、蹄叉或母畜乳头；猪采取鼻镜、蹄部；羊采取上齿龈等新鲜水疱皮。样品采集量为0.5g以上。放入存有50%甘油、pH值为7.6的磷酸缓冲甘油液中。

2）水疱液。先将水疱表面用75%酒精棉球消毒后抽取水疱液，放入一消毒瓶中，避光、低温保存。

3）采集的病料应注明病料名称、采集时间和地点，放入装有冰块的冰瓶中封口送检。

A.2　操作方法

（1）被检材料处理。

1）水疱皮的处理。将水疱皮用pH值为7.2、0.1mol/L磷酸缓冲液洗2～3次，用消毒滤纸吸去水分，称重。将此病料加少量石英砂或玻璃砂置乳钵中研磨，配成1∶2～1∶5的悬液（*W/V*），室温浸毒1h或4℃冰箱过夜。最后用3000～5000r/min离心20～30min，取上清液。

2）水疱液。不作处理直接检测。

（2）正式试验。

1）操作方法Ⅰ（使用标准阳性血清作口蹄疫O型和猪水疱病鉴别诊断时按本方法）：

①在96孔血凝滴定板上，每份被检样品做4排孔，每孔先各加25μL稀释液。

②每排第1孔各加被检样品25μL，然后分别由左至右顺序倍比稀释至第7孔（竖板）

或第 11 孔（横板）。每排最后孔留作空白对照。

③加标准阳性血清　第 1 排和第 3 排每孔加 25μL 稀释；第 2 排每孔加入 25μL 1：20 稀释的口蹄疫（O 型）标准阳性血清；第 4 排每孔加入 25μL 1：100 稀释的猪水疱病标准阳性血清。然后放微型混合器上振荡 1～2min，加盖，置 37℃作用 30min。

④加敏化红细胞诊断液　第 1 排和第 2 排每孔加入 1% 口蹄疫 O 型抗体敏化红细胞液 25μL；第 3 排和第 4 排每孔加入 1% 猪水疱病抗体敏化红细胞液 25μL。然后放微型混合器上振荡 1～2min，加盖，放室温 2h 后观察结果。

2）操作方法Ⅱ（使用标准抗原做口蹄疫各型和猪水疱病鉴别诊断按本方法）：

①被检样品的稀释　试管架上摆上一排试管 8 支，自第 1 管开始由左至右用稀释液进行倍比稀释（即 1：6、1：12、1：24、…、1：768），每管体积 0.5μL。

②反应　滴加被检样品，在血凝滴定板上的第 1 排～第 5 排，每排的第 8 孔滴加第 8 管稀释被检样品 2 滴，每排的第 7 孔滴加第 7 管稀释被检样品 2 滴，以此类推至第 1 孔。每排的第 9 孔滴加稀释液 2 滴，作为稀释液对照，每排的第 10 孔按顺序分别滴加 A、O、C、Asia-1 型和猪水疱病标准抗原（1：30 稀释）各 2 滴，作为阳性对照（注意每型换滴管一支）。最后滴加敏化红细胞诊断液，先将其摇匀，在第 1 排～第 5 排孔分别滴加 A、O、C、Asia-1 型及猪水疱病敏化红细胞诊断液，每孔 1 滴，置振荡器上振荡 1～2min，20～25℃放置 1.5～2h 后判定结果。

如果被检样品来自牛、羊等偶蹄兽仅用口蹄疫四个型的红细胞诊断液；如果被检材料来自猪，除用上述四种诊断液外，还用猪水疱病红细胞诊断液。

A.3　结果判定

（1）判定标准。按以下标准判定红细胞凝集程度：

＋＋＋＋——100% 完全凝集。红细胞均匀地分布于孔底周围。

＋＋＋——75% 凝集。红细胞均匀分布于孔底周围，孔底中心有红细胞形成的针尖大的小点。

＋＋——50% 凝集。孔底周围有不均匀的红细胞分布，孔底有一红细胞沉下的小点。

＋——25% 凝集。孔底周围有不均匀的红细胞分布，但大部分红细胞已沉积于孔底。

－——不凝集。红细胞完全沉积于孔底成一圆点。

（2）操作方法Ⅰ的结果判定。若第 1 排出现 2 孔以上的凝集（50% 凝集），且第 2 排相对应孔出现 2 个以上的凝集抑制；第 3、4 排不出现凝集，判为口蹄疫 O 型阳性。若第 3 排出现 2 个孔以上的凝集（50% 凝集），并且第 4 排对应孔出现 2 个孔以上的凝集抑制，第 1 排和第 2 排不出现凝集，则判为猪水疱病阳性。

（3）操作方法Ⅱ的结果判定。

1）观察血凝板上各排孔的凝集图形，若只第 1 排孔凝集，且稀释液对照孔不凝集，阳性对照孔凝集，则证明此种凝集是与 A 型红细胞诊断液同型病毒所致的特异性凝集，被检样品即判为 A 型。若只是第 2 排孔凝集，其余 4 排孔不凝集，则待检抗原为 O 型，以此类推。

2）致红细胞 50% 凝集的被检样品最高稀释度为其凝集效价。

3）如出现 2 排以上的凝集，以某排孔的凝集效价高于其余排孔的凝集效价 2 个对数（以 2 为底）滴度以上者即可判为阳性，其余判为阴性。

附录 B　口蹄疫食道/咽部查毒试验

本试验旨在了解活畜带毒情况，适用于牛、羊检疫。

B. 1　材料准备

(1) 器械。食道探杯、高速控温组织捣碎机、25mL 和 100mL 培养瓶、滤器、乳化杯。

(2) 试剂。三氯三氟乙烷（1、1. 2-Trichlorotrifluoroethane，TTE）、细胞培养用的各种氨基酸、维生素、水解乳蛋白、胰蛋白酶和乙二胺四乙酸二钠（EDTA）。

(3) 细胞和血清。BHK-1 传代细胞或犊牛甲状腺细胞。犊牛血清于 56℃ 灭能 30min，并做无菌检验。

B. 2　操作方法

(1) 探杯消毒。将探杯放在 2% 苛性钠或 0. 2% 柠檬酸液中浸泡 5 ~ 10min，用干净水冲洗，或煮沸 5min 即可使用。

(2) 采样。采样前被检动物禁食 12 ~ 18h（可以饮水），以站立保定，操作者用左手打开口腔，右手将消毒的探杯经舌面送到咽部，并前后移动刮取软腭表层上皮。然后随吞咽动作将探杯送至食道上部约 15cm 处，轻轻来回移动 3 ~ 4 次，最后拉出探杯。杯中的咽部-食道刮取物（简称 O-P 液）不得少于 8 ~ 10mL，不足者再次采集。将采集的 O-P 液即移至预先装有 10mL 保液瓶中（Earle's 液配制的 0. 5% 水解乳蛋白，pH 值为 6. 8 ~ 7. 0）。加盖后振摇均匀，封牢瓶口，并注明样品号和日期，放入装冰块的冰瓶内，尽快送实验室冰冻。

(3) 样品处理。将 O-P 液倒入乳化杯中，并加入 10mL TTE。用捣碎机 10000 ~ 12000r/min 搅拌 2 ~ 3min，使液体充分乳化，然后倒入离心管内，以 3000r/min 离心 10min，取上清液供细胞接种用，如不立即接种细胞，放在 -60℃ 冰箱保存。

(4) 细胞培养和接种。BHK_{21} 细胞按常规方法消化和制备，待细胞形成单层时即可接种被检样品。接种前先倒去营养液，取处理过的 O-P 液 2mL 接种入 100mL 培养瓶内，每样品接种 2 瓶；25mL 培养瓶接种 1mL，每样品接种 3 瓶，置 37℃ 吸附 1h。然后加含有 20% 灭能马清的细胞维持液，100mL 培养瓶加 8mL；25mL 培养瓶加 4mL。试验设正常细胞对照 3 瓶。接种后在 37℃ 静置培养 3d。

(5) 观察和记录。每天观察和记录细胞病变情况，出现细胞病变及时收获和冰冻。

(6) 病毒鉴定。将收获出现细胞病变的样品用 BHK_{21} 细胞增殖 2 代，然后按反向间接血凝试验鉴定（方法见附录 A）。也可以将出现细胞病变的样品接种 2 ~ 3 日龄乳鼠，观察有无口蹄疫发病症状。及时收集病、死乳鼠组织用补体结合试验进行病毒型的鉴定。

实验9　高致病性禽流感诊断技术

【目的】

掌握高致病性禽流感（HPAI）病毒分离与鉴定技术、血凝（HA）和血凝抑制（HI）试验、琼脂凝胶免疫扩散（AGID）试验、酶联免疫吸附试验（间接ELISA）的技术要求。

【内容与方法】

一、微生物学诊断

（一）材料准备

（1）病料的采集。死禽采集气管、脾、肺、肝、肾和脑等组织样品，进行分别处理或者同时处理；活禽病料应包括气管或泄殖腔拭子，尤其是以采集气管拭子更好；小珍禽用拭子取样易造成损伤，可采集新鲜粪便。

（2）病料的保存。病料应放在含有抗菌素的pH值为7.0～7.4的等渗磷酸盐缓冲液（PBS）内（无PBS可用25%～50%的甘油盐水）。抗生素的选择视当地情况而定，组织和气管拭子悬液中应含有青霉素（2000IU/mL）、链霉素（2mg/mL）、庆大霉素（50μg/mL）和制霉菌素（1000IU/mL），但粪便和泄殖腔拭子所有的抗生素浓度应提高5倍，加入抗生素后pH值应调至7.0～7.4。在室温放置1～2h后样品应尽快处理，没有条件的可在4℃存放几天，也可于低温条件下保存（－70℃储存最好）。

（3）病料的处理。将棉拭子充分捻动、拧干后弃去拭子；粪便、研碎的组织用含抗生素的pH值为7.0～7.4的等渗PBS溶液配成10%～20%（g/mL）的悬液。样品液经1000r/min离心10min，取上清液作为接种材料。

（二）病毒分离

（1）样品接种。取处理好的样品，以0.2mL/胚的量经尿囊腔途径接种9～11日龄SPF鸡胚，每个样品接种5个胚，于35～37℃孵化箱内孵育，18h后每8h观察鸡胚死亡情况。

（2）病毒收获。无菌收取18h以后的死胚及96h仍存活鸡胚的鸡胚尿囊液，测血凝活性，阳性反应说明可能有正黏病毒科的流感病毒；若无血凝活性或血凝价很低，则用尿囊液继续传二代，若仍阴性，则认为病毒分离阴性。

（三）病毒鉴定

1. A型流感病毒的型特异性鉴定

样品接种鸡胚后，若鸡胚尿囊液具有血凝活性，可用具有血凝活性鸡胚的绒毛尿囊膜（CAM）制成抗原，与A型禽流感病毒标准阳性血清进行AGID试验，检测样品中是否含有A型流感病毒。

（1）抗原制备。从具有血凝活性的鸡胚中取出绒毛尿囊膜，用pH值为7.2的PBS冲洗后，将CAM用研磨器磨碎。磨碎的抗原反复冻融3～4次，1000r/min离心10min后取上清，按终浓度为 0.1% 的量加入甲醛溶液。置 37℃ 温箱灭活 36h 做灭活检验后即可作为 AGID 试验用抗原，用禽流感标准阳性血清进行型特异性鉴定，若被检样品与标准阳性血清之间出现清晰的沉淀线即可判定样品中含有 A 型禽流感病毒。

（2）AGID 试验方法。见后。

2. 血凝素亚型鉴定

当鸡胚尿囊液具有血凝活性时，首先应排除血凝活性是否由新城疫、减蛋综合征等病毒引起，同时要注意是否有禽流感病毒与其他病毒混合感染。鸡胚尿囊液具有血凝活性或证明含有 A 型流感病毒存在后，采用 HA-HI 实验方法，用禽流感病毒 15 种血凝素（H1 ~ H15）亚型分型血清对样品进行病毒亚型鉴定。血凝素亚型鉴定要求有全套的禽流感病毒血凝素分型血清，一般在国家指定的实验室进行。

（四）致病性测定

禽流感病毒致病性测定应在具有高度生物安全性的实验室中进行，有以下两种方法，任选其一。

1. 静脉接种致病指数（IVPI）测定法

（1）试验鸡。6 周龄 SPF 鸡，10 只。

（2）接种材料。感染鸡胚的尿囊液，血凝价在 $4\log_2$ 以上，未混有任何细菌和其他病毒。

（3）接种方法。将感染鸡胚尿囊液用生理盐水 1∶10 稀释，以 0.1mL/羽的剂量翅静脉接种。

（4）每日观察每只鸡的发病及死亡情况，连续观察 10d，参见附录 A 方法计算 IVPI 值。

（5）判定标准。当 IVPI 值大于 1.2 时，判定此分离株为 HPAI 病毒株。

2. 致死比例测定法

（1）试验鸡。4 ~ 8 周龄 SPF 鸡。

（2）接种材料。感染鸡胚的尿囊液，血凝价在 $4\log_2$ 以上，未混有任何细菌和其他病毒。

（3）接种方法。将感染鸡胚尿囊液用生理盐水 1∶10 稀释，以 0.2mL/羽的剂量翅静脉接种。每日观察鸡的死亡情况，连续观察 10d。

（4）判定方法。

1）接种 10d 内，能导致 6 ~ 8 只鸡死亡，判定该毒株为 HPAI 病毒株。

2）分离物能导致 1 ~ 5 只鸡死亡，但病毒不是 H5 或 H7 亚型，则应进行下列实验：将病毒接种于细胞培养物上，观察其在胰蛋白酶缺乏时是否引起细胞病变或形成蚀斑。如果病毒不能在细胞上生长，则分离物应被考虑为非高致病性禽流感病毒。

3）对低致病性的所有 H5 或 H7 毒株和其他病毒，在缺乏胰蛋白酶的细胞上能够生长时，则应进行与血凝素有关的肽链的氨基酸序列分析，如果分析结果同其他高致病性流感病毒相似，这种被检验的分离物应被考虑为 HPAI 病毒。

二、免疫学诊断技术

（一）血凝（HA）和血凝抑制（HI）试验技术

1. 材料准备

（1）96孔V形微量反应板，微量移液器（配有滴头）。

（2）阿氏（Alevers）液、鸡红细胞悬液，配制方法见附录B。

（3）pH值为7.2、0.01mol/L PBS。

（4）高致病性禽流感病毒血凝素分型抗原和标准分型血清以及阴性血清。

2. 操作方法

（1）血凝（HA）试验（微量法）。

1）在微量反应板的1～12孔均加入25μL PBS，换滴头。

2）吸取25μL病毒悬液（如感染性鸡胚尿囊液）加入第1孔，混匀。

3）从第1孔吸取25μL病毒液加入第2孔，混匀后吸取25μL加入第3孔，如此进行对倍数稀释至第11孔，从第11孔吸取25μL弃之，换滴头。

4）每孔再加入25μL PBS。

5）每孔均加入25μL体积分数为1%鸡红细胞悬液（将鸡红细胞悬液充分摇匀后加入）见附录B。

6）振荡混匀，在室温（20～25℃）下静置40min后观察结果（如果环境温度太高，可置4℃环境下）。对照孔红细胞将呈明显的纽扣状沉到孔底。

7）结果判定：将板倾斜，观察红细胞有无呈泪滴状流淌。完全血凝（不流淌）的抗原或病毒最高稀释倍数代表一个血凝单位（HAU）。

（2）血凝抑制（HI）试验（微量法）。

1）根据HA试验结果配制4HAU的病毒抗原。以完全血凝的病毒最高稀释倍数作为终点，终点稀释倍数除以4即为含4HAU的抗原的稀释倍数。例如，如果血凝的终点滴度为1∶256，则4HAU抗原的稀释倍数应是1∶64（256除以4）。

2）在微量反应板的1～11孔加入25μL PBS，第12孔加入0.05mL PBS。

3）吸取25μL血清加入第1孔内，充分混匀后吸25μL于第2孔，依次对倍稀释至第10孔，从第10孔吸取25μL弃去。

4）1～11孔均加入含4HAU混匀的病毒抗原液25μL，室温（约20℃）静置至少30min。

5）每孔加入25μL体积分数为1%的鸡红细胞悬液混匀，轻轻混匀，静置约40min（室温约20℃，若环境温度太高可置4℃条件下进行），对照红细胞将呈明显纽扣状沉于孔底。

3. 结果判定

以完全抑制4个HAU抗原的血清最高稀释倍数作为HI滴度。

只有阴性对照孔血清滴度不大于$2\log_2$，阳性对照孔血清误差不超过1个滴度，实验结果才有效。HI价小于或等于$3\log_2$判定HI试验阴性；HI价等于$4\log_2$为可疑，需重复试验；HI价大于或等于$5\log_2$为阳性。

（二）琼脂凝胶免疫扩散（AGID）试验

1. 材料准备

（1）硫柳汞溶液，pH值为7.2、0.01mol/L PBS溶液，配制方法见附录C。

（2）琼脂板：制备方法见附录D。

（3）禽流感琼脂凝胶免疫扩散抗原、标准阴性和阳性血清。

2. 操作方法

（1）打孔。在制备的琼脂板上按7孔一组的梅花形打孔（中间1孔，周围6孔），孔径约5mm，孔距约2～5mm，将孔中的琼脂用8号针头斜面向上从右侧边缘插入，轻轻向左侧方向将琼脂挑出，勿伤边缘或使琼脂层脱离皿底。

（2）封底。用酒精灯轻烤平皿底部至琼脂刚刚要融化为止，封闭孔的底部，以防侧漏。

（3）加样。用微量移液器或带有6～7号针头的0.25mL注射器，吸取抗原悬液滴入中间孔（图1-12的⑦号孔），标准阳性血清分别加入外周的①和④号孔中，被检血清按编号顺序分别加入另外4个外周孔（图1-12的②、③、⑤、⑥号孔）。每孔均以加满不溢出为度，每加一个样品应换一个滴头。

（4）作用。加样完毕后，静止5～10min，然后将平皿轻轻倒置放入湿盒内，37℃温箱中作用，分别在24h、48h和72h观察并记录结果。

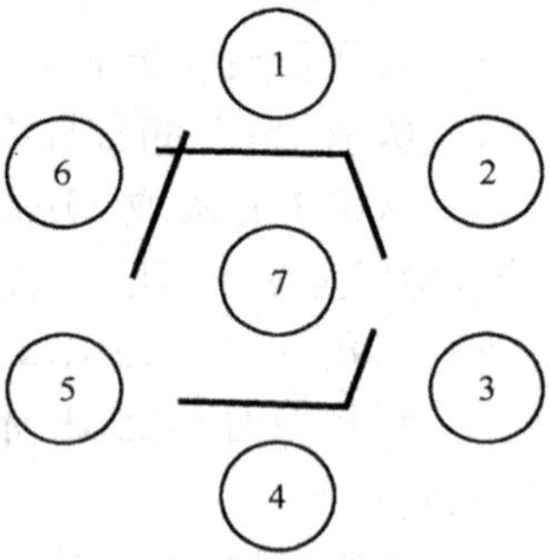

图1-12　AGP试验结果

3. 结果判定

（1）判定方法。将琼脂板置日光灯或侧强光下观察，若标准阳性血清（图1-12的①和④号孔）与抗原孔之间出现一条清晰的白色沉淀线，则试验成立。

（2）判定标准。

1）若被检血清孔（如图1-12中的②号孔）与中心抗原孔之间出现清晰致密的沉淀线，且该线与抗原与标准阳性血清之间沉淀线的末端相吻合，则被检血清判为阳性。

2）被检血清孔（如图1-12中的③号孔）与中心孔之间虽不出现沉淀线，但标准阳性血清（如图1-12中④）的沉淀线一端向被检血清内侧弯曲，则此孔的被检样品判为弱阳性（凡弱阳性者应重复试验，仍为弱阳性者，判为阳性）。

3）若被检血清孔（如图1-12中的⑤号孔）中心孔之间不出现沉淀线，且标准阳性血清沉淀线直向被检血清孔，则被检血清判为阴性。

4）被检血清孔（图1-12中的⑥号孔）与中心抗原孔之间沉淀线粗而混浊或标准阳性血清与抗原孔之间的沉淀线交叉并直伸，被检血清孔为非特异反应，应重做，若重做后仍出现非特异反应则判为阴性。

（三）间接酶联免疫吸附试验（间接ELISA）

1. 材料准备

（1）酶标板、加样品（带滴头），酶标测定仪。

（2）使用溶液的配制：方法见附录E。

（3）间接ELISA抗原，间接ELISA酶标抗体。

（4）抗原包被板制备。方法见附录F。

2. 操作步骤

（1）样品准备。将被检血清用稀释液（见附录E.5）做1：400稀释。

（2）加样。取出抗原包被板，倒掉孔内包被液，用洗液洗3次。除A1、B1、C1和

D1 孔不加样品，留做空白调零，阴性血清和阳性血清做对照各占 1 孔外，其余孔加 1∶400 稀释的被检血清，每孔 100μL，将加样位置做好记录，将反应板盖好盖子后置 37℃ 环境下作用 30min。

（3）洗涤。倒掉孔内液体，在吸水纸上控干，每孔加满洗液，静置 1～2min 后倒掉，控干，再重复洗 2 次。

（4）加酶标抗体。除 A1、B1、C1 和 D1 孔外，其他每孔加酶标抗体液 100μL，盖好盖子后，置 37℃ 温箱作用 30min。

（5）洗涤。洗涤方法同（3）。

（6）加底物。加底物使用液（见附录 E.6），每孔 90μL，置室温避光显色 2～3min。

（7）终止。加中止液（见附录 E.8），每孔 90μL，使其终止反应。

3. 结果判定

用酶标仪测定每个孔在 490nm 波长的光密度值（即 OD 值），OD≥0.2 者判为阳性，0.18≤OD<0.2 需重复测试 1 次，若仍在此范围则判为阳性，OD<0.18 者判定为阴性。

附录 A　高致病性禽流感病毒 IVPI 值测定计算方法

A.1　记录方法

根据每只鸡的症状用数字方法每天进行记录（表 1-13）：正常鸡记为 0，病鸡记为 1，重病鸡记为 2，死鸡记为 3（病鸡和重病鸡的判断主要依据临床症状表现。一般而言，“病鸡”表现有下述一种症状，而“重病鸡”则表现下述多个症状，如呼吸症状、沉郁、腹泻、鸡冠和/或肉髯发绀、脸和/或头部肿胀、神经症状。死亡鸡在其死后的每次观察都记为 3）。

A.2　IVPI 值计算

IVPI 值计算见下式：

$$\text{IVPI} = \text{每只鸡在 10d 内所有数字之和} / (10\ \text{只鸡} \times 10\text{d})$$

表 1-13　假设高致病性禽流感病毒致病性试验记录结果

鸡号	天数										
	1	2	3	4	5	6	7	8	9	10	合计
1	0	0	0	0	0	0	2	3	3	3	11
2	0	0	0	0	0	2	3	3	3	3	14
3	0	0	0	0	2	3	3	3	3	3	17
4	0	0	2	3	3	3	3	3	3	3	232
5	0	0	2	3	3	3	3	3	3	3	23
6	0	2	3	3	3	3	3	3	3	3	26
7	0	2	3	3	3	3	3	3	3	3	26
8	0	2	3	3	3	3	3	3	3	3	26
9	0	2	3	3	3	3	3	3	3	3	26
10	0	2	3	3	3	3	3	3	3	3	26
合计	0	10	19	21	23	26	29	30	30	30	218

注：标准中规定当 IVPI 值大于 1.2 时，判定分离株为高致病性禽流感病毒（HPAIV）。

本实验中 IVPI = 218/(10×10) = 2.18 > 1.2，因此本实验中的分离株为 HPAIV。

附录B HA和HI试验用溶液的配制

B.1 阿氏（Alsevers）液配制

葡萄糖	2.05g
柠檬酸钠	0.8g
柠檬酸	0.055g
氯化钠	0.42g

加蒸馏水至100mL，散热溶解后调pH值至6.1，69kPa、15min高压灭菌，4℃保存备用。

B.2 1%鸡红细胞悬液制备

采集至少3只SPF公鸡或无禽流感和新城疫等抗体的健康公鸡的血液与等体积阿氏混合，用pH值为7.2、0.01mol/L PBS液洗涤3次，每次均以1000r/min离心10min，洗涤后用PBS配成体积分数为1%红细胞悬液，4℃保存备用。

附录C AGP试验用溶液的配制

C.1 1%硫柳汞溶液的配制

硫柳汞	1.0g
加蒸馏水至	100mL

溶解后，置100mL瓶中盖塞存放备用。

C.2 pH值为7.2、0.01mol/L PBS的配制

（1）配制25×PB：称量2.74g磷酸氢二钠和0.79g磷酸二氢钠加蒸馏水至100mL。

（2）配制1×PBS：量取40mL 25×PB，加入8.5g氯化钠，加蒸馏水至1000mL。

（3）用氢氧化钠或盐酸调pH值至7.2。

（4）灭菌或过滤。

（5）PBS一经使用，于4℃保存不超过3周。

附录D 琼脂板的制备

称量琼脂糖1.0g，加入100mL的pH值为7.2、0.01mol/L PBS液中在水浴中煮沸充分融化，加入8g氯化钠，充分溶解后加入1%硫柳汞溶液1mL。降温至45～50℃，将洁净干热灭菌直径为90mm的平皿置于平台上，每个平皿加入18～20mL，加盖待凝固后，把平皿倒置以防水分蒸发，放普通冰箱中保存备用（时间不超过2周）。

附录E 高致病性禽流感间接ELISA使用溶液的配制

E.1 碳酸盐缓冲液（0.05mol/L、pH值为9.6，CBS）

碳酸钠	1.59g
碳酸氢钠	2.93g

用双蒸水溶解至1000mL，于4℃保存，不超过1个月。

E.2 磷酸盐缓冲液（0.01mol/L、pH值为7.4，PBS）

氯化钠	8g
磷酸二氢钠	0.2g
磷酸氢二钠（$Na_2HPO_4 \cdot 12H_2O$）	2.9g
氯化钾	0.2g
加蒸馏水至	1000mL

E.3 洗液（含0.05%Tween-20的0.01mol/L、pH值为7.4的PBS，即PBST）

Tween-20	0.5mL

加0.01mol/L、pH值为7.4的PBS至1000mL

E.4 封闭液（含0.5%BSA的PBST）

牛血清白蛋白（BSA）	0.5g
加洗液至	100mL

4℃避光存放。

E.5 稀释液（含0.1%BSA的PBST）

牛血清白蛋白（BSA）	0.1g
加洗液至	100mL

4℃避光存放。

E.6 间接ELISA底物缓冲液（磷酸氢二钠-柠檬酸，pH值为5.4）

0.2mol/L磷酸氢二钠（$Na_2HPO_4 \cdot 12H_2O$）	26.7mL
0.1mol/L柠檬酸	24.3mL
双蒸水	49mL

准确称量40mg邻苯二胺（OPD），溶解后置暗处保存，临用前加入30% H_2O_2 150mL用时现配，避光。

E.7 三羟甲基氨基甲烷-盐酸（Tris-HCl）缓冲液（0.05mol/L、pH值为7.6）

0.1mol/L Tris	250mL
0.1mol/L盐酸	192.5mL
双蒸水	57.5mL

E.8 间接ELISA终止液

浓硫酸	11.1mL
蒸馏水	88.9mL

附录F 高致病性禽流感间接ELISA抗原包被板制备

抗原包被板也称诊断板，将高致病性禽流感抗原用0.05mol/L、pH值为9.6碳酸盐缓冲液（见附录E.1）稀释成3mg/mL（全病毒抗原）或6mg/mL（重组核蛋白抗原）包被40孔聚苯乙烯微量板，每孔100μL，置4℃冰箱过夜，用洗液洗涤（见附录E.3）3次，用封闭液（见附录E.4）于37℃湿盒内封闭60min，用洗涤液洗涤3次，干燥后即为诊断板，置4℃冰箱备用。

实验10 狂犬病的实验室诊断

【目的】

掌握狂犬病的病理组织学和动物试验诊断技术。

【内容及方法】

一、病理组织学检查

（1）病料的采取。对疑为狂犬病而扑杀或死亡的小动物可送检完整的新鲜尸体，如为大动物，则送检未剖开的头或保存于30%甘油中的新鲜大脑。

采取病料时，按一般方法剖开头骨，术者须戴胶皮手套及防护眼镜，以免病料侵入皮肤或溅入眼内。头骨打开后小心地将脑取出，置于盘中。

做生物学试验时，可采取脑的任何部分，而检查内基氏小体时，则常采取脑海马角、小脑和延脑。摘除海马角最简单的方法是从脑底面采取，即将脑底朝上放，切除小脑，此时可在内面见到海马回。然后将海马回的边缘稍翻转，即可在它下面看到海马角（图1-13）。

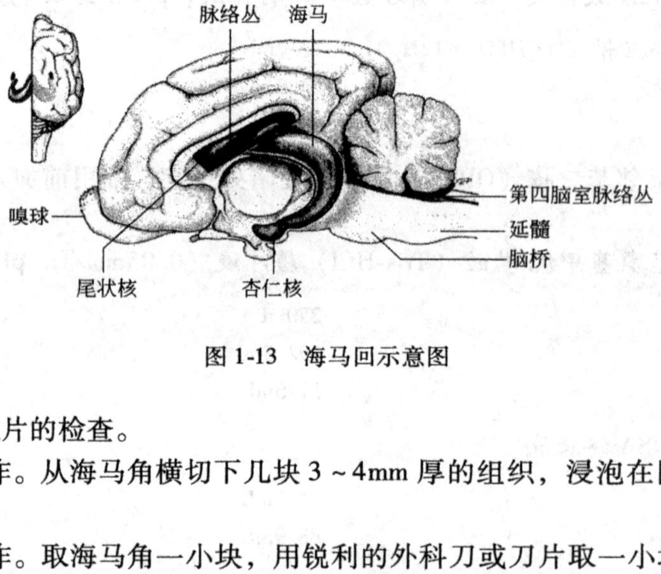

图1-13 海马回示意图

（2）切片及触片的检查。

1）切片的制作。从海马角横切下几块3~4mm厚的组织，浸泡在固定液中，按常规制作切片。

2）触片的制作。取海马角一小块，用锐利的外科刀或刀片取一小块组织，使断面向上贴于软木塞上或木片上，以清洁的载玻片细心地接触切面，按压2~3个捺印，一份病料做3~4张触片。

3）切片或触片的染色镜检。塞勒（Seller）氏染色法：标本不需事先固定，直接将玻片浸入塞勒氏染液中，染色3~5s。染色液配制法如下：

碱性复红饱和甲醇溶液2~4mL（100mL甲醇内加复红6~8g）；

美蓝饱和甲醇溶液15~20mL（100mL甲醇内加美蓝1.5g）；

甲醇（不含丙酮）25mL；

先将后两液混合，再加入前液。

经3～5s染色后用蒸馏水冲洗，干燥后镜检。内基氏小体染成樱桃红色，嗜碱性组织与细胞核呈深蓝色，细胞浆呈蓝紫色，间质呈粉红色，而神经鞘不着色，红细胞染成古铜色，杂菌为深蓝色。

曼（Mann）氏染色法：染液配制1%复红水溶液35mL，1%美蓝水溶液35mL，加蒸馏水100mL。

碱性纯酒精（1%苛性钠无水酒精溶液1mL，无水酒精30mL）。

微酸性水（蒸馏水100mL加纯醋酸2～3滴）。

染色法　将触片或脱脂的切片浸入前液中5min，染色后迅速在水中洗涤并用滤纸吸干，然后置于无水酒精中洗涤并置于碱性纯酒精中20s。再通过无水酒精中1min，置于微酸性水中2min，重新将玻片依次通过净水、95%酒精、无水酒精，以二甲苯透明。

镜检时，内基氏小体为鲜红色，细胞核为蓝色，红细胞为粉红色，背景为淡蓝色。

二、动物接种法

实验动物中，家兔、豚鼠、大鼠及小鼠均有易感性，但以家兔最易感，小鼠次之。

（1）家兔脑内接种。将家兔固定，在两耳至两眼交叉线的交点处稍靠左或右选一点作为接种部位。剪毛、消毒，纵向切开头部皮肤后，用穿颅针将头盖骨穿孔，注入1∶10稀释的脑组织乳剂0.2mL，注入后涂以碘酒，用火棉胶封固。

感染动物应不少于两头。当材料不新鲜时可进行肌肉注射（通常为股内侧）。当材料污染时，可先将病料置于0.5%石炭酸盐水中24h，此种处理对狂犬病病毒并无显著影响。

家兔脑内感染时，潜伏期一般为2～3周，动物常在16～20日发病；肌肉感染时，潜伏期有时可长达4～6周。

最初的症状为瞳孔扩张，数小时后呈呼吸困难及轻度瘫痪。瘫痪一旦出现，病变即已形成而且典型。当其四肢瘫痪并呈衰竭时，为了保证脑组织无菌，即应将其杀死。

如接种兔出现上述症状，并自死亡兔脑组织检查出内基氏小体时，即可确诊。

（2）小鼠脑内接种。取被检的脑组织制成1∶10乳剂，用30日龄的小鼠，经脑内接种0.1mL，每次感染需用6～8只小鼠。如为阳性，则小鼠于感染后1～2周内出现麻痹症状，死后检查内基氏小体。如果急于了解结果，亦可在接种后第5天先杀一只小鼠，检查内基氏小体，阴性时第6天再扑杀一只检查，如此类推，直到检查出阳性结果或阴性结果为止。

作　业

简述狂犬病实验室诊断的程序和方法。

实验11 鸡白痢的检疫

【目的】

学会掌握鸡白痢的血清学检疫方法。

【内容及方法】

一、快速全血平板凝集反应

(1) 主要材料。

1) 抗原。鸡白痢沙门氏杆菌培养物加甲醛溶液杀菌制成为每毫升含菌100亿的悬浮液，其中加枸橼酸钠和色素（也有不加的）。

2) 其他用具。玻璃板一块，不锈钢金属丝、环针（长约6.5cm，一端为环状，直径约为4.5mm，另一端为针尖状相当于22号针头，针尖端约1mm长作直角弯曲，供刺破翅静脉放血时使用。如无此金属丝环针，可用注射针头及铂环代替）、橡皮滴管（垂直时每滴液量为0.05mL）。

(2) 操作方法。先将抗原充分振荡均匀，用滴管吸取抗原垂直滴一滴（0.05mL）于玻板上，随即用针头刺破被检鸡的翅静脉，使之出血，以不锈钢丝环蘸取一满环（约0.02mL）血放于玻板上，与抗原搅拌均匀，并散开至直径约2cm。

(3) 结果判断。

1) 抗原和血液混合后，在2min内出现明显的颗粒凝集或块状凝集的为阳性反应。

2) 在2min内不出现凝集，或仅呈现均匀一致的微细颗粒，或在边缘处于临干前形成细絮状物等，均判为阴性。

3) 除上述反应之外，不易判定为阳性或阴性的，可判为可疑。

(4) 注意事项。

1) 抗原应保存于8～10℃冷暗干燥处，用时要充分振荡均匀。

2) 本抗原适用于产卵母鸡及一年以上的公鸡，幼龄鸡敏感度较差。

3) 反应应在20℃以上进行。

二、血清凝集反应

（一）血清试管凝集反应

(1) 主要材料。

鸡血清样品：以20或22号针头刺破鸡翅静脉，使之出血，用消过毒且清洁、干燥的试管收集血液约2mL，摆成斜面凝固析出血清，防止溶血，保存于4℃冰箱内待检。

抗原：作为试管凝集反应用的抗原，须具有各种代表性的鸡白痢沙门氏杆菌菌株的抗原成分，对阳性血清有高度的凝集力，但对阴性血清无凝集力。固体培养洗下的抗原须保存于0.25%～0.3%石炭酸生理盐水中，使用时将抗原稀释成每毫升含菌10亿，并把pH

值调至 8.2 ~ 8.5，稀释的抗原限当天使用。

（2）操作方法。在试管架上依次摆上试管 3 支，以吸管吸取稀释抗原 2mL 注入试管 1，往试管 2 及试管 3 中分别注入抗原 1mL。然后以另一吸管吸取被检血清 0.8mL 注入试管 1，反复吸吹数次使抗原与血清充分混合，然后从试管 1 吸出抗原血清混合液 1mL，注入试管 2，并反复吸吹试管内混合液使充分混合。自试管 2 吸取混合液 1mL 注入试管 3，依上法混合后吸出混合液 1mL 舍弃，最后将血清管振荡数次，使抗原与血清充分混合后，在 37℃ 温箱中放置至少 20h 后观察。

（3）结果判断。试管 1、2、3 的血清稀释倍数依次分别为 1∶25、1∶50、1∶100。凝集阳性者，抗原显著凝集于试管底，上清液透明；阴性者，试管仍均匀混浊；可疑者，介于阳性与阴性之间。鸡 1∶50 以上凝集者为阳性；火鸡 1∶25 以上凝集者为阳性。

（二）血清平板凝集反应

（1）主要材料。血样采取和血清析出同试管法。抗原与试管凝集反应者相同，但其浓度比试管法者大 50 倍，悬浮于含石炭酸 0.5% 的 12% 氯化钠溶液内。

（2）操作方法。用一块玻板以蜡笔按约 $3cm^2$ 画成若干方格，一个方格检查一只鸡的血清样品。每一方格加被检鸡血清 1 滴和抗原 1 滴，用牙签将抗原与血清充分混合。

（3）结果判断。观察 30 ~ 60s，凝集者为阳性，否则为阴性。此试验应在 10℃ 以上进行。

作 业

（1）试对鸡白痢的快速全血平板凝集反应与血清凝集反应作一比较。

（2）对一约有 500 只不安全母鸡的鸡场，应采取哪些措施，方可使其成为无鸡白痢的鸡场？

（3）我国绝大多数鸡群鸡白痢的阳性率比较高，试分析其原因并拟定相应的防制对策。

实验12 巴氏杆菌病的实验室诊断

【目的】

学会巴氏杆菌病的微生物学诊断步骤和方法。

【内容及方法】

一、实验材料

外科刀、外科剪、镊子、试管、美蓝染液、革兰染液、玻片、研磨器、一次性注射器、吉姆萨染液、显微镜、香柏油、酒精灯、酒精棉、无菌平皿和鲜血琼脂、血清琼脂、小鼠等。

二、内容及方法

（1）检验材料。大家畜采集新鲜的待检实质器官，肝、脾、肾、肺脏等器官和心血等材料，另做心血和实质器官的涂片数张；小动物或家禽可取完整的尸体。

（2）镜检。取病料涂数片，分别进行美蓝、革兰、吉姆萨等染色，然后镜检。多杀性巴氏杆菌呈卵圆形或球杆状，两极浓染。血液涂片用瑞氏或吉姆萨染色时，细菌被染成蓝色或淡青色，红细胞染成淡红色（家禽的红细胞含有紫色的核）。

（3）培养。将病料分别接种于鲜血琼脂、血清琼脂和普通肉汤中，于37℃进行培养。多杀性巴氏杆菌在鲜血琼脂上长出较平坦、半透明的水滴样菌落，不溶血；在血清琼脂上生长旺盛，在45°折射光线下镜检，可见不同色泽的荧光。如Fg型的菌落呈现蓝绿色而带金光，边缘有狭窄的红黄光带；Fo型的菌落较大，有水样湿润感，橘红色而带金光，边缘有乳白色光带。在普通肉汤中呈均匀混浊，之后产生沉淀，振摇时沉淀物呈辫状升起。

当分得纯培养后，可由培养物做涂片检查（在由培养基上的培养物所做的涂片中，大部分不表现两极染色特性，而常呈球杆状或双球状）。

本菌在血液琼脂平板上培养可长成湿润的水滴样小菌落，周围不溶血。可以分解葡萄糖、果糖、蔗糖和半乳糖，产酸，不产气。大多菌株可发酵甘露醇、鼠李糖和菊糖。本菌可产生硫化氧和氨，能形成靛基质。

（4）动物试验。无菌环境下取病料，将其研磨成糊状，用灭菌生理盐水稀释成1∶5～1∶10乳剂，接种于实验动物皮下或肌内，剂量为0.2～0.5mL。猪、牛、羊等家畜的病料可接种小鼠或家兔；家禽的病料可接种鸽、鸡或小鼠。

实验动物如于接种后18～24h死亡，则采取心血及实质脏器做涂片镜检和分离培养。根据病原菌的形态、染色、培养、生化等特性加以鉴定。在采取病料做培养、镜检完毕后，还需要对病死动物尸体进行剖检并观察病理变化。在接种局部可见肌肉及皮下组织发生水肿和发炎灶；胸腔和心包有浆液性纤维素性渗出物；心外膜有多数出血点；淋巴结水肿增大；肝脏淤血（如接种鸡，可见有密布的针尖至针头大灰白色小坏死灶）。

动物巴氏杆菌病常与其他疾病并发，或继发于其他疾病。所以，用微生物学方法鉴定出病料中有多杀性巴氏杆菌后，还应注意有无其他疾病存在，尤其是要注意检查猪瘟、鸡新城疫、小鹅瘟、兔病毒性出血症等严重危害相应动物的传染病。

作业

（1）简述动物巴氏杆菌病的微生物学诊断程序。

（2）当猪群中有猪肺疫和猪瘟同时存在的可疑时，从猪体分得巴氏杆菌是否可以确定猪肺疫的诊断，为什么？

实验13 布鲁菌病的检疫

【目的】

初步掌握布鲁菌病的细菌学、血清学诊断及变态反应等检疫方法。

【内容及方法】

家畜布鲁菌病的检疫，即通过流行病学调查、临诊检查、细菌学检查、血清学诊断及变态反应等方法，检出畜群中的患畜。实验诊断的材料可采取胎儿、胎衣、阴道分泌物、乳汁、血液、血清、动物尸体以及马的脓肿中的脓汁等。

一、细菌学检查

（一）染色检查

病料以绒毛叶渗出液、胎儿的胃内容物及肺脏、阴道分泌物及脓肿中的脓汁，以及培养物等制成抹片，除用革兰染色法染色外，应用鉴别染色法进行显微镜检查。布鲁菌为球杆菌，(0.5～0.7)μm×(0.6～1.5)μm，无鞭毛，不产生芽孢，不呈两极浓染，病料抹片呈密集菌丛，成对或单个排列，短链较少，革兰染色阴性。它虽然不是抗酸性细菌，但可抵抗脱色用的弱酸，例如0.5%乙酸。这种特性结合布鲁菌鉴别染色技术用于诊断有一定实际意义。下面列出两种较常用方法：

（1）改良 Ziehl-Neelsen 氏法。适于供胎膜和流产胎儿内容物染色时使用。流产数日内取阴道拭子制作抹片，也可用此法染色。

1）抹片晾干，在火焰上固定。

2）用 Ziehl-Neelsen 氏石炭酸复红原液的1∶10稀释液染10～15min（原液为碱性复红1g，溶于10mL无水乙醇中，加入5%石炭酸溶液90mL）。

3）水洗后，用0.5%乙酸脱色15～30s。

4）充分水洗后，用1%美蓝复染20～60s。

5）水洗、干燥、镜检。布鲁菌染成红色，背景为蓝色。在胎膜抹片中经常看到布鲁菌在染成蓝色的组织细胞中集结成团。此法对诊断绵羊地方流行性流产、胎儿弯杆菌及其他传染病也有价值。用此法染色时，胎儿弯杆菌和衣原体也染成红色，但可以从形态上区别。

（2）改良 Koster 氏法。

1）抹片自然干燥，用火焰固定。

2）用新配制的番红（Safranin）和氢氧化钾混合液（番红饱和水溶液2份与1mol氢氧化钾5份混合）染1min。

3）水洗后，用0.1%硫酸脱色10s（或在10～20s内用0.1%硫酸处理两次）。

4）水洗后，用1%美蓝复染（3s）。布鲁菌呈橘红色，背景为蓝色。

（二）培养

布鲁菌在普通培养基上虽可生长，但更适宜的是肝汤培养基，有些菌株需要有血清或 Tween-40 才能生长，所以血清葡萄糖琼脂或 Tween 葡萄糖琼脂被认为是较好的常规培养基。此外，有的以胰蛋白胨（tryptose）琼脂、胰蛋白酶消化大豆（trypticase-soy）琼脂及 Albimi Brucellaagar（ABA）为最常用的基础培养基。在这些常用培养基内每 100mL 中加入放线酮（cycloheximide）10mg，杆菌肽（bacitracin）2500 单位，乙种多粘菌素（polymyxinB）600 单位及乙基紫最终浓度八十万分之一。也可在常用培养基内加入结晶紫（最终浓度为二十万分之一至七十万分之一），或乙基紫八十万分之一制成选择培养基。

未经污染的材料接种于血清琼脂或肝汤琼脂上进行培养。同时接种两份，一份置于含有 10% CO_2 的密封容器中，以利于在初次分离时，需要 CO_2 的布鲁菌生长。

（三）动物试验

试验动物中，豚鼠用于布鲁菌的分离检查上最为适宜。将布鲁菌注射于豚鼠皮下或腹腔后，将发生慢性疾病，症状为脾肿、肝脏与肾脏出现炎性坏死小病灶。注射 3～4 周已能在脾脏和淋巴结中找到细菌。小鼠、家兔、大鼠也用作试验动物。病料内含菌量少而能检出的可靠方法就是接种豚鼠。如果病料污染较轻，可接种于豚鼠腹腔内，如果病料系乳汁或腐败组织，可做皮下或肌肉注射。接种乳汁时，取 20mL 乳样离心，将其沉淀物和乳皮层混合，接种两只豚鼠，每只接种一半混合物。每种病料至少接种豚鼠两只，一只在接种后 3 周剖杀，另一只在 6 周剖杀。剖杀前须采血作凝集反应，滴度 1：5 以上者为阳性。剖检豚鼠时，须注意肉眼可见病灶，如淋巴结肿大，肝的坏死灶，脾肿大或发生结节，睾丸及附睾脓肿，四肢关节肿胀等。脾和接种部位的淋巴结以及其他有病灶的组织均应剪碎，接种于不含抑菌染料或抗生素的固体培养基上。最好用血清葡萄糖琼脂。若剖杀前的血清凝集反应为阳性，即使剖检时的培养为阴性，也可诊断为布鲁菌病。

二、血清学诊断

应用血清学方法检出血清中有抗体存在，则说明被检动物为布鲁菌病患畜。动物感染布鲁菌以后首先出现的是凝集抗体，再过一段时间才出现补体结合抗体，最后产生变态反应性。补体结合反应是一种高度特异性的，其阳性反应与感染的符合率，比血清凝集试验与感染的符合率高。

我国的家畜布鲁菌病检疫应用的免疫生物学方法主要是凝集试验、补体结合试验及变态反应试验。

1. 试管凝集反应

按《家畜布鲁菌病试管凝集反应技术操作规程及判定标准》进行。

（1）材料准备。

抗原：由兽医生物药品厂生产供应。使用时用 0.5% 石炭酸生理盐水作 1：20 稀释，长霉或出现凝集块的抗原不能应用。

被检血清：必须新鲜，无明显蛋白凝固，无溶血现象和腐败气味。

阳性血清和阴性血清：由兽医生物药品厂生产供应。

稀释液：0.5%石炭酸生理盐水，用化学纯石炭酸与氯化钠配制，经高压灭菌后备用。检疫羊用稀释液用0.5%石炭酸10%氯化钠溶液。

（2）操作步骤。被检血清稀释度一般情况，牛、马和骆驼用1∶50、1∶100、1∶200和1∶400四个稀释度；猪、山羊、绵羊和狗用1∶25、1∶50、1∶100和1∶200四个稀释度。大规模检疫时也可用两个稀释度，即牛、马和骆驼用1∶50和1∶100；猪、羊、狗用1∶25和1∶50。

稀释血清和加入抗原的方法以羊、猪为例：每份被检血清用5支小试管（8~10mL），第1管加入稀释液2.3mL，第2管不加，第3、4和第5管各加入0.5mL，用1mL吸管取被检血清0.2mL，加入第1管中，混匀（一般吸吹3~4次）吸取混合液分别加入第2管和第3管各0.5mL，将第3管混匀，吸0.5mL加入第4管，第4管混匀吸取0.5mL加入第5管，第5管混匀后弃去0.5mL。如此稀释后从第2管起血清稀释度分别为1∶12.5、1∶25、1∶50和1∶100。然后将1∶20稀释的抗原由第2管起，每管加入0.5mL，血清最后稀释度由第2管起依次为1∶25、1∶50、1∶100和1∶200。

试管凝集试验也可用简便方式进行，即以0.2mL吸管将被检血清以0.08、0.04、0.02及0.01分别加入4支小试管内，然后每管加入1∶40稀释的抗原1mL，充分摇匀，这样4管血清的最后稀释度分别为1∶25、1∶50、1∶100、1∶200。

牛、马和骆驼的血清稀释和加抗原的方法与前述内容一致，不同的仅第1管加稀释液2.4mL及被检血清0.1mL。加抗原后从第2管到第5管血清稀释度依次为1∶50、1∶100、1∶200和1∶400。

每次试验须作三种对照，阴性血清对照须将血清稀释到其原有滴度，其他步骤同上。抗原对照即将当时使用的已稀释抗原0.5mL加稀释液0.5mL。

每次试验须制备比浊管，作为记录结果的依据，配制方法即以当时使用的已稀释抗原加等量稀释液，按表1-14中的比例配制。

表1-14 比浊管配制方法

管号	抗原稀释液/mL	试验用稀释液/mL	清亮度/%	标记
1	0.0	1.0	100	++++
2	0.25	0.75	75	+++
3	0.5	0.5	50	++
4	0.75	0.25	25	+
5	1.0	0.0	0	−

全部试管充分振荡后，置37~38℃温箱中，22~24h后用比浊管对照检查记录结果。出现50%以上凝集的最高稀释度就是这份血清的凝集价，因此50%亮度的比浊管很重要。

（3）结果判定。牛、马和骆驼血清凝集价为1∶100以上，猪、羊和狗1∶50以上，判为阳性。牛、马和骆驼血清凝集价为1∶50，猪、羊和狗为1∶25，判为可疑，可疑反应的家畜经3~4周重检，牛、羊重检时仍为可疑，判为阳性。猪和马重检时仍为可疑，但农场中未出现阳性反应及无临诊症状的家畜，判为阴性。

鉴于猪血清常有个别出现非特异性凝集反应，在试验时须结合流行病学判定结果。如果出现个别弱阳性（例如凝集价为1∶100~1∶200），但猪群中均无临诊症状（流产、关节炎、睾丸炎），可以考虑此种反应为非特异性，经 3 ~ 4 周可采血重检。

2. 平板凝集反应

按《家畜布鲁菌病平板凝集反应技术操作规程及判定标准》进行。

（1）操作步骤。最好用平板凝集试验箱。无此设备可用清洁玻璃板，划成 4cm^2 方格，横排 5 格，纵排可以数列，每一横排第 1 格写血清号码，用 0.2mL 吸管将血清以 0.08、0.04、0.02、0.01mL 分别依次加于每排 4 小方格内，吸管须稍倾斜并接触玻璃板，然后以抗原滴管垂直于每格血清上滴加 1 滴平板抗原（1 滴等于 0.03mL，如为自制滴管，须事先测定准确），或用 0.2mL 吸管每格加 0.03mL。用牙签或细金属棒将血清抗原混合均匀。一份血清用一根牙签，以 0.01、0.02、0.03 和 0.04 的顺序混合。混合完毕将玻板均匀加温约 30℃（无凝集反应箱可使用灯泡或酒精火焰），5 ~ 8min 按下列标准记录反应结果：

++++：出现大凝集片或小粒状物，液体完全透明，即 100% 凝集。

+++：有明显凝集片和颗粒，液体几乎完全透明，即 75% 凝集。

++：有可见凝集片和颗粒，液体不甚透明，即 50% 凝集。

+：仅仅可以看见颗粒，液体浑浊，即 25% 凝集。

-：液体均匀浑浊，无凝集现象。

平板凝集反应的血清量 0.08、0.04、0.02 和 0.01mL，加入抗原后，其效价相当于试管凝集价的 1 : 25、1 : 50、1 : 100 和 1 : 200。

每批次平板凝集试验须以阴、阳性血清作对照。

（2）结果判定。判定标准与试管凝集反应相同。结果通知单只是在血清凝集价的格内分别换成 0.08（1 : 25）、0.04（1 : 50）、0.02（1 : 100）和 0.01（1 : 200）。

3. 虎红平板凝集试验

这种试验是快速玻片凝集反应。抗原是布鲁菌加虎红制成。它可与试管凝集及补体结合反应效果相比，且在犊牛菌苗接种后不久，以此抗原做试验就呈现阴性反应，对区别菌苗接种与动物感染有帮助。

（1）材料准备。目前国内只有中国医学科学院流行病学微生物学研究所生产供应布鲁菌虎红平板试验抗原，可按说明书使用，阴、阳性血清与试管凝集反应的阴阳性血清相同。

（2）操作步骤。被检血清和布鲁菌虎红平板凝集抗原各 0.03mL 滴于玻璃板的方格内，每份血清各用一支火柴棒混合均匀。在室温（20℃）4 ~ 10min 内记录反应结果。同时以阳、阴性血清作对照。

（3）结果判定。在阳性血清及阴性血清试验结果正确的对照下，被检血清出现任何程度的凝集现象均判为阳性，完全不凝集的判为阴性，无可疑反应。

4. 全乳环状反应

这是用乳汁进行的凝集反应，命名为 ABR（Abortus Bang Ring）。环状反应用于乳牛及乳山羊布鲁菌病检疫，以监视无病畜群有无本病感染；也可用于个体动物的辅助诊断方法。可由畜群乳桶中取样，也可由个别动物乳头取样。按《乳牛布鲁菌病全乳环状反应技术操作规程及判定标准》进行。

（1）材料准备。

抗原：由兽医生物药品厂生产供应。全乳环状反应抗原有两种：一种为苏木紫染色抗原，呈蓝色；另一种是四氮唑染色抗原，呈红色。

被检乳汁：须为新鲜全脂乳，凡腐败、变酸和冻结的乳汁不适于本试验用（夏季采集的乳汁应于当天内检验，如保存于2℃时，7d内仍可使用）。患乳房炎及其他乳房疾病的乳汁、初乳，脱脂乳及煮沸乳汁也不能作环状反应用。

（2）操作步骤。取新鲜全乳1mL加入小试管中，加入抗原1滴（约0.05mL）充分振荡混合，置37~38℃水浴中60min，小心取出试管，勿使振荡，立即进行判定。

（3）判定标准。判定时不论哪种抗原，均按乳脂的颜色和乳柱的颜色进行判定。

强阳性反应（+++）：乳柱上层的乳脂形成明显红色或蓝色环带，乳柱呈白色，分界清楚。

阳性反应（++）：乳脂层的环带虽呈红色或蓝色，但不如“+++”显著，乳柱微红色或蓝色。

弱阳性反应（+）：乳脂层环带颜色较浅，但比乳柱颜色略深。

疑似反应（±）：乳脂层环带不甚明显，并与乳柱分界模糊，乳柱带有红色或蓝色。

阴性反应（-）：乳柱上层无任何变化，乳柱呈均匀浑浊的红色或蓝色。

5. 补体结合反应

按《家畜布鲁菌病补体结合反应技术操作规程及判定标准》进行。

（1）材料准备。溶血素、补体、绵羊红细胞（2.5%）来源同于一般补反试验。抗原和阴、阳性血清，由兽医生物药品厂生产供应，按说明书使用。试验所用稀释液用生理盐水。

被检血清以及阴、阳性血清在试验时用生理盐水1:10稀释按下列畜别血清灭能温度灭能30min；羊、马血清58~59℃，驴、骡血清63~64℃，牛、猪血清56~57℃，骆驼54℃。

溶血素及补体效价的滴定，与一般补反试验相同。溶血素使用两个工作量，补体使用1个工作量。布氏菌补反抗原滴定与鼻疽菌补反抗原滴定在术式上相同，而布氏菌补反抗原在实际使用的稀释度应比滴定的效价浓25%，例如滴定的效价为1:150，实际使用时应作1:112.5稀释，如滴定效价为1:100时，则作1:75稀释使用。

（2）被检血清的正式试验。正式试验的各种成分即所准备的灭能被检血清及对照阴阳性血清、生理盐水，稍浓于一个工作量抗原，一个工作量的补体，两个工作量的溶血素及2.5%红细胞。每种成分加入量为0.5mL，各反应成分的总量为2.5mL。

每份被检血清设置两支管，其中一支不加抗原作为对照。每批被检血清试验的对照管共7支，阳性血清2支，其中一支不加抗原，阴性血清2支，其中一支不加抗原；抗原对照管一支不加血清；溶血素对照管一支，不加血清、抗原及补体；补体对照管一支，只加补体及红细胞。不足2.5mL的对照管，均以生理盐水补足2.5mL。试验中的两次加温，均为37~38℃水浴20min。

各试验管加温完毕后，取出立即进行第一次判定。要求不加抗原的阳性血清对照管、阴性血清对照管及抗原对照管呈完全溶血反应。静置12h后作第二次判定，第二次判定时要求溶血素对照管，补体对照管呈完全不溶血反应。此时即可对被检血清进行判断。被检血清不加抗原管应是完全溶血，而加抗原管的判定按表1-15记录结果。

表1-15 标准比色管配置方法及反应判定标准

溶血程度/%	0	10	20	30	40	50	60	70	80	90	100
溶血溶液	0	0.25	0.5	0.75	1.0	1.25	1.5	1.75	2.0	2.25	2.5
2.5%红细胞	0.5	0.45	0.4	0.35	0.3	0.25	0.2	0.15	0.1	0.05	0
生理盐水	2.0	1.8	1.6	1.4	1.2	1.0	0.8	0.6	0.4	0.2	0
判定符号	++++	++++	+++	+++	+++	++	++	++	+	+	
判定标准	阳性					疑似					阴性

6. 变态反应试验

本试验是用不同类型的抗原进行布鲁菌病诊断的方法之一。布鲁菌水解素即变态反应试验的一种抗原，这种抗原专供绵羊和山羊检查布鲁菌病时使用。按《羊布鲁菌病变态反应技术操作规程及判定标准》进行。

（1）操作步骤。使用细针头，将水解素注射于绵羊或山羊的尾褶壁部或肘关节无毛处的皮内，注射剂量0.2mL。注射前应将注射部位用酒精棉消毒。如注射正确，在注射部形成绿豆大小的硬包。注射一只后，针头应用酒精棉消毒，然后再注射另一只。

（2）结果判定。注射后24h和48h各观察反应一次（肉眼观察和触诊检查），若两次观察反应结果不符时，以反应最强的一次作为判定的依据。判定标准是：

强阳性反应（+++）：注射部位有明显不同程度肿胀和发红（硬肿或水肿），一望而知。

阳性反应（++）：肿胀程度虽不如上述现象明显，但也容易看出。

弱阳性反应（+）：肿胀程度也不显著，有时须靠触诊才能发现。

疑似反应（±）：肿胀程度似不明显，通常须与另一侧皱褶相比较。

阴性反应（-）：注射部位无任何变化。

检疫后应将结果通知畜主，通知单样式如下：

布鲁菌病检疫结果通知单

<table>
<tr><td rowspan="2">畜 主</td><td rowspan="2"></td><td>送检日期</td><td colspan="3"></td><td colspan="2">检疫日期</td><td colspan="2"></td><td rowspan="2">编 号</td></tr>
<tr><td>送检人</td><td colspan="3"></td><td colspan="2">通知日期</td><td colspan="2"></td></tr>
<tr><td rowspan="2">畜 别</td><td rowspan="2">畜 号</td><td colspan="4">凝集试验</td><td colspan="2">补反</td><td rowspan="2">变态反应</td><td rowspan="2">判 定</td><td rowspan="2">备 注</td></tr>
<tr><td>1∶25</td><td>1∶50</td><td>1∶100</td><td>1∶200</td><td>1∶5</td><td>1∶10</td></tr>
<tr><td></td><td></td><td></td><td></td><td></td><td></td><td></td><td></td><td></td><td></td><td></td></tr>
<tr><td>检疫机关</td><td colspan="7"></td><td>检验人</td><td colspan="2"></td></tr>
</table>

阳性牲畜，应立即移入阳性畜群进行隔离，可疑性畜须于注射后30d进行第二次复检，如仍为疑似反应，则按阳性牲畜处理，如为阴性则视为健畜。

作 业

（1）疑似布鲁菌病绵羊流产胎儿一只，如何进行细菌学检查？

（2）布鲁菌病主要血清学诊断方法有几种，各自的优缺点如何？

实验14 结核病的检疫

【目的】

掌握牛结核菌素变态反应的诊断方法。

【内容及方法】

牛结核菌素变态反应诊断有三种方法，即皮内反应、点眼反应及皮下反应。我国现在主要采用前两种方法，而且前两法最好同时采用。1985年以来，我国逐渐推广改用提纯核素来诊断检疫结核病。

一、老结核菌素变态反应

（一）工作准备

在实验前先做好下列准备工作：

（1）老结核菌素（O.T）。

（2）所需的药品器械。卡尺、酒精、来苏尔、脱脂棉、纱布、注射器、针头、煮沸消毒锅、镊子、毛剪、消毒盘、鼻钳、点眼管、记录表、工作服、帽、口罩、线手套及胶靴等。

（3）将牛只编号，术部剪毛。

（二）操作方法

1. 牛结核菌素皮内反应

（1）注射部位。在颈侧中部上1/3处剪毛（3个月内犊牛可在肩胛部）直径约10cm，用卡尺测量术部中央皮皱厚度。

（2）注射剂量。用结核菌素原液，3个月以内的小牛0.1mL；3个月至1岁牛0.15mL；12个月以上的牛0.2mL，必须注射于皮内。

（3）观察反应。皮内注射后，应分别在72、120h进行两次观察，注意肩部有无热、痛、肿胀等炎性反应，并以卡尺测量术部肿胀面积及皮皱厚度。

在第72h观察后，对呈阴性及可疑反应的牛只，须在原注射部位，以同一剂量进行第二回注射。第二回注射后应于第48h（即120h）再观察一次。

（4）结果判定。

1）阳性反应。局部发热，有痛感，并呈现不明显的弥漫性水肿，质地如面团，肿胀面积在35mm×45mm以上，或上述反应较轻，而皱皮厚度在原测量基础上增加8mm以上者，为阳性反应，其记录符号为（+）。

2）疑似反应。局部炎性水肿不明显，肿胀面积在35mm×45mm以下者，皮厚增加在5~8mm之间，为疑似反应，其记录符号为（±）。

3）阴性反应。局部无炎性水肿，或仅有无热、坚实及界限明显的硬块，皮厚增加不超过 5mm 者，为阴性反应，其记录符号为（－）。

2. 结核菌素点眼反应

牛结核菌素点眼，每次进行两回，间隔 3～5d。

点眼前对两眼作详细检查，正常时方可点眼，有眼病或结膜不正常者，不可作点眼检疫。结核菌素一般点于左眼，左眼有眼病可点于右眼，但须在记录上说明。用量为 3～5 滴，约 0.2～0.3mL。点眼后，注意将牛拴好，防止风沙侵入眼内，避免阳光直射牛头部以及牛与周围物体摩擦。点眼后，于 3、6、9h 各观察一次，必要时可观察第 24h 的反应。应观察两眼的结膜与眼睑肿胀的状态，流泪及分泌物的性质和量的多少，由于结核菌素而引起的食欲减少或停止以及全身战栗、呻吟、不安等其他反应，均应详细记录。阴性和可疑的牛 72h 后，于同一眼内再滴一次结核菌素，观察记录同上。

结果判定如下：

（1）阳性反应。有两个大米粒大或 2mm×10mm 以上的呈黄白色的脓性分泌物自眼角流出，或散布在眼的周围，或积聚在结膜囊及其眼角内，或上述反应较轻，但有明显的结膜充血、水肿、流泪并有其他全身反应者，为阳性反应。

（2）疑似反应。有两个大米粒大或 2mm×10mm 以上的灰白色、半透明的黏液性分泌物积聚在结膜囊内或眼角处，并无明显的眼睑水肿及其他全身症状者，判为疑似反应。

（3）阴性反应。无反应或仅有结膜轻微充血，流出透明浆液性分泌物者，为阴性反应。

3. 综合判定

结核菌素皮内注射与点眼反应两种方法中的任何一种呈阳性反应者，即判定为结核菌素阳性反应牛；两种方法中有一种方法为疑似反应者，即判定为疑似反应牛。

4. 复检

在健康牛群中（即无一头变态反应阳性的牛群）经第二次检疫判定为可疑牛，要单独隔离饲养，1 个月后作第二次检疫，仍为可疑时，经半个月作第三次检疫，如仍为可疑，可继续观察一定时间后再进行检疫，根据检疫结果做出适当处理。

如果在牛群中发现有开放性结核牛，同群牛如有可疑反应的牛只，也应视为被感染。通过两回检疫均为可疑者，即可判为结核菌素阳性牛。

检疫结果可按表 1-16 记录。

二、提纯结核菌素（PPD）变态反应

（一）材料准备

牛型提纯结核菌素、酒精棉、卡尺、1～2.5mL 注射器、针头、工作服、帽、口罩、胶鞋、记录表、线手套等。如果为冻干菌素，还需准备稀释用注射用水或灭菌的生理盐水，带胶塞的灭菌小瓶。

（二）操作方法

（1）注射部位及术前处理。将牛只编号后在颈侧中部上 1/3 处剪毛（或提前一天剃

毛），3个月以内的犊牛，也可在肩胛部进行，直径约10cm，用卡尺测量术部中央皮皱厚度，做好记录。如术部有变化时，应另选部位或在对侧进行。

表1-16　牛结核病检疫记录表

地址＿＿＿＿＿＿　　＿＿＿年＿＿月＿＿日　　检疫员＿＿＿＿＿

牛号	年龄	结核菌素皮内注射反应									结核菌素点眼反应										综合判定	备注
		次数		注射时间	部位	原皮厚	48h	72h	120h	判定	次数		点眼时间	部位	点前检查	3h	6h	9h	24h	判定		
		第次	一回								第次	一回										
			二回									二回										
		第次	一回								第次	一回										
			二回									二回										
		第次	一回								第次	一回										
			二回									二回										
		第次	一回								第次	一回										
			二回									二回										
		第次	一回								第次	一回										
			二回									二回										

受检头数＿＿＿＿　阳性头数＿＿＿＿　疑似头数＿＿＿＿　阴性头数＿＿＿＿

（2）注射剂量。不论牛只大小，一律皮内注射1万国际单位。即将牛型提纯结核菌素稀释成每毫升含10万国际单位后，皮内注射0.1mL。如用2.5mL注射器，应再加等量注射用水皮内注射0.2mL。冻干提纯结核菌素稀释后应当天用完。

（3）注射方法。先以75%酒精消毒术部，然后皮内注入定量的牛型提纯结核菌素，注射后局部应出现小泡，如注射有疑问时，应另选15cm以外的部位或对侧重做。

（4）注射次数和观察反应。皮内注射后经72h判定，仔细观察局部有无热痛、肿胀等炎性反应，并以卡尺测量皮皱厚度，做好详细记录。对疑似反应牛，应即刻在另一侧以同一批菌素同一剂量进行第二回皮内注射，再经72h后观察反应。

如有可能，对阴性和疑似反应牛，于注射后96h、120h再分别观察一次，以防个别牛出现较迟的迟发型变态反应。

（5）结果判定。

1）阳性反应。局部有明显的炎性反应。皮厚差等于或大于4mm 以上者，其记录符号为（+）。对进出口牛的检疫，凡皮厚差大于2mm 者，均判为阳性。

2）疑似反应。局部炎性反应不明显，皮厚差在2.1~3.9mm 之间，其记录符号为（±）。

3）阴性反应。无炎性反应。皮厚差在2mm 以下，其记录符号为（-）。

（6）凡判定为疑似反应的牛只，于第一次检疫30d 后进行复检，其结果仍为可疑反应时，经30~45d 后再复检，如仍为疑似反应，应判为阳性。

附录 A　其他家畜结核病结核菌素诊断法

（1）马、绵羊、山羊和猪仅使用牛结核菌素（O.T）皮内注射法进行检疫。

（2）注射部位及剂量。马于左颈中部上1/3 处；猪和绵羊在左耳根外侧；山羊在肩胛部。剂量：成年家畜为0.2mL，3 个月至 1 年的幼畜为 0.15mL，3 个月以下的幼畜为0.1mL。除猪用结核菌素原液外，马、绵羊、山羊则用稀释的结核菌素（结核菌素 1 份，加灭菌0.5%石炭酸蒸馏水3 份）。

（3）观察反应时间及判定标准。于注射后48h、72h 进行再次观察。猪、绵羊或山羊，可按牛的判定标准进行判定。

（4）判定为疑似反应的马、绵羊、山羊和猪经25~30d 后于第一次注射后的对侧再作一次复检，如仍为疑似反应时，可参照对疑似反应牛只办法处理。

附录 B　感染禽型结核菌或副结核菌牛群的诊断方法

如果牛群有感染禽型结核菌或副结核菌病可疑时，可以应用牛、禽两型提纯结核菌素的比较试验进行诊断。其方法和判定如下：

（1）注射部位及术前处理。将牛只编号后在同一颈侧的中部选两个注射点。一点在上1/3 处，一点在下1/3 处。剪毛（或提前一天剃毛）直径约10cm，用卡尺测量术部中央皮皱厚度，做好记录。两个注射点之间的距离不得小于10cm，注射点距离颈项顶端和颈静脉沟也不得小于10cm。如术部皮肤有变化时，选对侧颈部进行。

（2）注射剂量。在上1/3 处皮内注射禽型提纯结核菌素0.1mL（每毫升含25000 国际单位），在下1/3 处皮内注射牛型提纯结核菌素0.1mL（每毫升含10 万国际单位）。不论大小牛只，注射剂量相同。如用2.5mL 注射器注射剂量（0.1mL）不易掌握，应加等量生理盐水或注射用水稀释后皮内注射0.2mL，冻干菌素稀释后应当天用完。

（3）注射方法。以75%酒精消毒术部，然后皮内注射定量的牛、禽两种提纯结核菌素。注射后局部应出现小泡，如注射有疑问时，可另选15cm 以外的部位或对侧颈部重做。

（4）观察反应。注射后72h 判定（可于48h 和96h 各进行一次判定）。详细观察和比较两种菌素炎性反应的程度。并用卡尺测量其皮厚，分别计算出牛、禽两种菌素皮内变态反应的皮厚差，然后比较二者之间的皮差（如果增加了48h 和96h 的判定时间，即可比较出两种菌素反应消失的快慢）。

（5）判定结果。

1）牛型提纯结核菌素反应大于禽型提纯结核菌素反应，两者皮差在2mm以上，判为牛型提纯结核菌素皮内反应阳性牛。其记录符号为（M+）。对已经定性的结核牛群，少数牛、即使牛、禽两型之间的皮差在2mm以下，或牛型提纯结核菌素反应略小于禽型提纯结核菌素的反应（不超过2mm），也应判牛结核菌素反应牛（但牛型提纯结核菌素本身反应的皮厚差应在2mm以上）。

2）禽型提纯结核菌素反应大于牛型提纯结核菌素的反应，两者的皮差在2mm以上，判为禽型提纯结核菌素皮内变态反应阳性牛。其记录符号为（A+）。对已经定性的副结核菌或禽结核菌感染的牛群：即使禽、牛两型提纯结核菌素之间的反应皮差小于2mm或禽型提纯结核菌素略小于牛型提纯结核菌素的反应（不超过2mm），也应判为禽结核菌素反应牛（但禽型提纯结核菌素本身反应的皮差应在2mm以上）。

（6）对进出口牛的检疫，任何一种菌素（牛、禽、副）皮差超过2mm以上（或局部有一定炎性反应），均认为是不合格的。

作 业

（1）在进行牛结核病的变态反应诊断时，为什么要同时用皮内和点眼两种方法？

（2）简述老结核菌素（O.T）和提纯结核菌素（PPD）的优缺点。

（3）结合临床实践，简述如何净化结核阳性牛群。

实验15 猪瘟的诊断

【目的】

了解和掌握猪瘟的现场诊断和实验室诊断方法。

【内容及方法】

一、临诊诊断和尸体剖检诊断

详细询问和调查发病猪群的发病情况和有关的其他情况，包括发病猪头数、发病经过、可能的原因或传染源、主要临诊症状、治疗措施及效果、病程和死亡情况、发病猪的来源及预防接种的时间、发病猪群附近其他猪群的情况等；详细检查病猪的临诊症状，包括步态及精神状态，大便形状和质地及是否带血或黏液，眼结膜和口腔黏膜是否有出血变化，体表可触摸淋巴结（鼠蹊淋巴结）肿大情况，体温变化情况等，写出病历。

病猪急宰或死亡后，应进行剖检，全面检查各系统内脏器官的眼观病理变化，特别注意淋巴结、咽喉部肾脏、膀胱、胆囊、心内外膜、肠道等脏器的出血性变化。写出剖检记录。

从临诊症状、流行病学和病理变化等方面进行综合分析，注意有无其他疾病（如弓形虫病、猪丹毒、猪肺疫、猪副伤寒等）的可能性，做出初步诊断。

二、细菌学检查

采取刚死不久的病猪或急宰猪的血液、淋巴结、脾脏等材料，接种于血液琼脂和麦康凯琼脂平板上，培养24~48h，检查有无疑似的病原细菌。如有，需进一步鉴定和做动物接种试验，将检查结果记入病历或剖检记录内，并提出诊断意见。猪瘟诊断中细菌学检查的目的是为了确定发病猪（群）是否存在并发或继发细菌感染，有时也为了排除猪瘟。

三、家兔接种试验

（一）试验原理

猪瘟强毒不引起家兔体温反应，但能使其产生免疫力，猪瘟兔化弱毒（HCLV）能使家兔产生定型热反应，但对已产生免疫力的家兔则不产生体温反应。利用这一原理，将病料无菌处理后接种健康家兔，同时设注射生理盐水对照组，根据试验兔的体温反应可做出诊断。

（二）试验方法

（1）选择体重1.5kg以上大小基本相等的清洁及健康家兔4只，分为2组；试验前3d测温，每天3次，间隔8h，体温应正常。

（2）采病猪淋巴结和脾脏等病料作成1∶10悬液，取上清液加青霉素、链霉素各1000单位处理后，以每只5mL的剂量肌肉内接种试验兔。如用血液需加抗凝剂，每头接种2mL。对照组不接种。

（3）继续测温，每隔6h 1次，连续3d。7d后用猪瘟兔化弱毒1∶（20～50）的清液静脉注射试验兔和对照兔，每只1mL。再每隔6h测温1次，连续3d。

（4）记录每只兔的体温变化，绘制体温曲线。根据试验组和对照组兔的热反应进行诊断。

1）如试验组接种病料后无热反应，后来接种猪瘟兔化弱毒后也无热反应，而对照组兔接种猪瘟兔化弱毒有定型热反应，则诊断为猪瘟。

2）如试验组接种病料后有定型热反应，后来接种猪瘟兔化弱毒不发生热反应，而对照组接种猪瘟兔化弱毒发生定型热反应，则表明病料内含有猪瘟兔化弱毒。

3）如试验组接种病料后无热反应，后来接种猪瘟兔化弱毒后发生定型热反应，或接种病料后发生热反应，后来接种猪瘟兔化弱毒后又发生定型热反应，而对照组接种猪瘟兔化弱毒后发生定型热反应，则不是猪瘟。

四、直接荧光抗体检查

（1）取急性高温期病猪的扁桃体、淋巴结、脾或其他组织一小片，用滤纸吸去外面液体。

（2）取洁净载玻片一块，稍微烘热，将组织小片的切面触压玻片，略加转动，作成压印片，置室温干燥，或将病理组织制成冰冻切片。

（3）滴加冷丙酮数滴，置－20℃冰箱固定15～20min；用磷酸盐缓冲液（PBS）洗，阴干。

（4）滴加标记荧光抗体（中国兽药监察所），置37℃饱和湿盒内作用30min；用pH值为7.2的PBS漂洗3次，每次5～10min。干后滴加甘油缓冲液，加盖玻片封闭，用荧光显微镜检查。

（5）如细胞浆内有弥漫性、絮状或点状亮黄绿色荧光为猪瘟；如仅见暗绿或灰蓝色，则不是猪瘟。

（6）试验设已知含猪瘟病毒材料压印片和无猪瘟病毒材料压印片，作为阳性和阴性对照。

（7）标本染色和漂洗后，浸泡于5% Tween80-PBS（pH值为7.2，0.01mol/L）中1h以上，除去非特异染色，晾干后用0.1%伊文思蓝复染15～30min，检查判定同上。

五、酶标抗体检查

（1）从高温期急性病猪采血2～5mL，注入装有1mL 3.8%枸橼酸钠的试管内，混匀后静置2h吸取上面含棕黄层的血浆部分（尽量避免吸取红细胞），以2000r/min离心10min，弃去上清液；将沉淀的白细胞用5～10倍量的0.83%氯化铵溶液（用pH值为7.4的0.0125mol/L Tris-HCl缓冲液配制）处理30min，使残留的红细胞溶解；以2000r/min离心10min，除去上清液；将沉淀白细胞用生理盐水洗3次，并用生理盐水配成合适浓度的悬液；最后制成白细胞涂片，晾干后以4℃丙酮固定10min，干后保存于冰箱内待检。

扁桃体、淋巴结、脾、肾等应去净外面结缔组织和脂肪，横切后在洁净玻片上作触片。经晾干，以4℃丙酮固定10min。干后置冰箱内保存待检。

（2）量取PBS（pH值为7.2，0.015mol/L）100mL置染色缸中，再加入1% H_2O_2 和1% NaN_3 各1mL，混匀；将制好的涂片或触片放入缸内，室温中作用30min；弃去缸内液体，加入PBS，浸泡1～2min后再倒去，如此反复泡洗5～6次，再用无离子水泡洗3次，最后取出玻片晾干。

（3）取冻干的猪瘟酶标抗体（中国兽药监察所）按说明书用PBS作适当稀释，然后滴加于涂片或触片上，留一小部分不加酶标抗体，放入湿盒内，37℃作用45min；取出玻片，在染缸内按上法用PBS泡洗6次，最后取出玻片晾干。

（4）取Tris-HCl缓冲液（pH值为8.0，0.0125mol/L）100mL，加入DAB(3,3-二氨基联苯胺四盐酸盐）76mg，避光搅拌溶解，加入1% H_2O_2 0.5mL；然后将溶液倒入染色缸中，将洗好未干的玻片放入，避光作用30min；最后用无离子水泡洗6次以上，取出晾干。

（5）将染好色的玻片加1小滴阿拉伯胶，加盖玻片后先以低倍镜找到染色细胞，然后用高倍镜或油镜检查。

（6）细胞浆呈棕黄色，细胞核不染色或呈淡黄色，则诊断为猪瘟。未用酶标抗体芽色的部分，细胞浆应五色或与背景呈同样颜色。试验应设阳性和阴性对照片。

作业

（1）写出猪瘟临诊病历和剖检记录，分析诊断结果。

（2）比较猪瘟的各种诊断方法的优缺点。

实验 16　伪狂犬病的实验室诊断

【目的】

熟悉伪狂犬病的实验室诊断方法。

【内容及方法】

一、病毒的分离培养

分离病毒的材料于发热期最好采取中脑、桥脑及延脑，或采取病患部的水肿液、侵入部神经干及脊髓。病料用培养液制成 1∶10 组织悬浮液，经离心沉淀，取上清液皮下、肌肉或脑内接种家兔、大鼠等实验动物。家兔接种后约 36～48h 在接种部发生典型的奇痒症状；这种症状仅维持几小时，一般常于夜间死亡，从死兔口内可见有接种部位咬下的被毛。大鼠接种后出现的症状与家兔相似；与其他实验动物不同的是，当将病料给大鼠经口喂服时，可出现奇痒、唇部自残症状，并归于死亡。

9～11 日龄鸡胚作绒毛尿囊膜接种，也是一种常用的病毒分离方法。感染鸡胚常可呈现特征性病变，如心、肝、脾增大；心包腔积液，液体混浊；肝、脾有大的坏死灶；皮肤和脑出血。在血管内皮细胞、脾基质细胞、肝的实质细胞和基质细胞内，镜检可见核内包涵体。

也可用细胞培养法来分离病毒。许多种哺乳动物细胞均能繁殖本病毒，但最常用的是猪肾传代细胞。兔、猪及牛肾原代细胞亦可用于分离病毒。病料接种细胞后，一般经 48h 出现病变，如病毒含量多，则可在 18h 出现病变，如病毒量低，要延迟到 96h 才出现病变。其典型的病变是出现巨细胞。部分病变细胞胞浆内颗粒增多，细胞肿大变圆，而不互相融合，渐渐萎缩坏死。此时将细胞培养物作苏木紫-伊红染色，镜检可发现嗜酸性核内包涵体。当细胞全面出现病变后渐自瓶壁脱落。从出现病变到整个细胞层破坏约经 24～48h。

分离获得病毒以后，即可对病毒进行鉴定。除病毒的形态结构、理化学和培养特性检查外，要重点做病毒中和试验。应用已知标准毒株的免疫血清对新分离病毒做中和试验。采用常规的病毒稀释法或血清稀释法均可。将病毒-血清混合液置于 37℃ 作用 1～1.5h 后，接种猪肾或兔肾细胞培养物，如能采用蚀斑减数法则更佳，不仅结果精确，而且还能根据蚀斑直径大小，了解新分离毒株的毒力强弱情况。

二、特异性免疫荧光诊断法

对可疑病畜或接种动物的中枢神经系统如中脑、桥脑、延脑或脊髓作冰冻切片或压片，用免疫荧光直接法检查。

取待检病猪的病理组织冰冻切片或已接种待检材料的细胞培养片，经丙酮固定后，滴加猪伪狂犬荧光抗体覆盖于切片或细胞片表面，置 37℃ 温箱作用 45～60min。然后用 PBS

液洗涤，用碳酸盐缓冲甘油（pH 值为 9.0 ~ 9.5，0.5mol/L）封片，置荧光显微镜下观察。必要时设立抑制试验染色片，以鉴定荧光的特异性。

在荧光显微镜下观察，冰冻切片或已接种待检材料的细胞培养片中的细胞胞浆内呈现散在的翠绿色荧光，出现荧光的细胞散见于视野中，不呈荧光斑。并由抑制试验证明为特异的荧光，判猪伪狂犬病毒阳性；无荧光，判为阴性。

三、特异性抗体的检测

自然条件下，除猪以外，感染本病的其他动物均难以幸存，因此特异性抗体的检测主要用于猪。病毒中和试验可用来检测可疑猪血清内的特异性抗体。其法为选用一株伪狂犬病细胞适应毒，以每 0.1mL 病毒溶液中含有 100$TCID_{50}$的稀释病毒与连续作 2 倍稀释的被检血清 0.1mL 混合，37℃培养 1.5h，再接种于细胞培养物上。每个血清稀释度至少要接种 4 个细胞培养物，每个培养物接种 0.2mL。试验时应设立阳性和阴性血清对照。病毒接种于细胞培养物后，37℃继续培养并观察细胞病变。判定结果：如果相应管不出现细胞病变，则血清就判为阳性，如果细胞病变不明显或比阴性血清对照管还少，或只在某些管中出现细胞病变应判为可疑（应重检一次）。如果用能使病毒的细胞病变被完全中和的血清最高稀释度的倒数来表示血清滴度，康复猪的血清常有 1∶8 到 1∶64 的中和能力。

作 业

在猪伪狂犬病的实验室诊断中，哪种方法最简便、可靠？

实验 17　猪繁殖与呼吸综合征的诊断

【目的】

掌握猪繁殖与呼吸综合征临床诊断要点及血清学检测方法，熟悉分子生物学诊断技术。

【内容及方法】

一、临床诊断

猪繁殖与呼吸综合征（PRRS）潜伏期长短不一，在自然感染条件下，一般为 14d，也可能更短。人工感染 6 日龄 SPF 猪，潜伏期为 2d，妊娠母猪为 4d。病程通常持续 3～4 周，少数可长达 6～12 周。感染本病的猪，临床症状不尽相同。但是，该病临床表现的共同点是所有发病猪均拒食，母猪流产，仔猪出生后呼吸困难。死胎率和哺乳仔猪的死亡率均极高。

初次暴发 PRRS 的地区往往呈急性经过，急性发病期过后，出现慢性和亚临床感染。所有年龄猪均易感染，繁殖猪群可出现各种症状。全身症状包括急性发病期厌食、发热、无乳症、昏睡、有时出现皮肤变色，呼吸道症状有呼吸困难、咳嗽，所有这些症状不是所有的猪同时出现，而是先后出现。母猪和仔猪皮肤损伤包括耳部、外阴变蓝，区域性、菱形块状皮肤变蓝，皮肤红疹斑，皮肤变色可能呈现一过性，仅持续几分钟，皮肤变色常发生于出现症状 5～7d 后。急性发病期可见繁殖猪 5%～50% 发病。

母猪发病出现繁殖障碍可持续 4～5 个月，流产发生于配种后 22～109d，也常出现早产和产期延迟。感染母猪产仔常出现一窝内有死胎、木乃伊胎儿、组织自溶胎儿、弱仔和健康仔的情况。母猪还可出现延迟发情、持续性不发情。

感染公猪除一般的临床症状外，还可出现性欲降低，暂时性精子数量和活力降低，也有病例表明，PRRS 对精液质量产生持续影响。

仔猪断乳前后发病率和死亡率升高，仔猪精神不振，经常出现“八”字腿站姿。大多数仔猪在出生后 1 周内死亡，死前呼吸困难，患有结膜炎，眼窝水肿。新生仔猪表现出血素质，往往导致脐带出血，注射补铁针剂部位淤血水肿。

二、病理学诊断

（一）病理剖检变化

本病的病理变化不太明显，外观偶尔可见个别母猪被毛粗乱，耳尖和耳边缘不同程度地发绀、外阴和腹部发绀，真皮内形成色斑、水肿和坏死。剖检母猪可见肺水肿、肾盂肾炎和膀胱炎。

母猪流产的死胎及出生后不久死亡的弱仔猪，可见头部水肿，特别是颌下、颈下和腋下，水肿部呈胶胨样，眼结膜水肿，鼻两侧皮下水肿并见有出血，之后内侧皮下水肿，并见有大面积出血性浸润。耳廓、头、颈部发绀，下颌淋巴结、肠淋巴结肿大，斑状出血，扁桃体水肿并呈弥漫性出血。胸腹腔积水，呈暗红色。喉头黏膜点状出血，一侧肺尖叶或心叶见有体积较大的暗红色肉变区，膈叶也散在大小不等的肉变区。心外膜水肿并有点状出血，心肌褪色，质度脆弱，脾蓝紫色，切面红髓增生；肝色调不均，轻度淤血，表面有少量点状（斑状）出血；肠系膜充血，小肠壁菲薄、内充满气体，胃底出血，黏膜脱落；肾质度脆弱，表面见有多量点状出血；后肢肌群煮肉样，背、颈、臀部肌肉褪色、水肿、出血；脑软膜轻度出血。

感染 PRRSV 的断奶仔猪，可见耳尖和耳边缘出现轻度发绀。肩前淋巴结、下颌淋巴结、肠淋巴结肿大。脾肿大，尤其脾头部，并有紫色的出血灶。肺表面散在许多灰黑色半透明粟粒大病灶，未见明显炎症。肝轻度肿大，色调不均，质度脆弱，胆汁黏稠，油黄色。小肠黏膜充血。脑软膜充血，侧脑室见有点状出血。

育肥猪和公猪除见有耳边缘和耳尖发绀外，育肥猪还见有肺水肿、胸膜炎和肺炎的病理变化。

（二）病理组织学变化

可见鼻甲骨黏膜上皮鳞状变性，纤毛脱落，细胞中长、变圆，出现小囊腔，嗜中性粒细胞增多，黏膜下层出现嗜中性粒细胞浸润。肺脏损伤主要在肺泡内。特征是肺泡间隔增厚，含有大量的巨噬细胞和少量的上皮细胞。有时还可见细胞肿胀，空泡化。细支气管上皮细胞变性，有的充满脱落的细胞。可见脑干、中脑和大脑的白质，尤其是髓质呈多灶单核细胞性脑炎，出现由巨噬细胞、淋巴细胞、浆细胞及核碎片组成的“血管套”。母猪可见脑内灶性血管炎，脑髓质可见单核淋巴细胞性血管套。脾可见非特异性脾炎，动脉周围淋巴鞘的淋巴细胞减少，细胞破裂和细胞空泡化。此外，在心、肾和胃等部位偶可见到血管周围炎和间质组织炎性浸润。胸腺皮质、扁桃体滤泡、肠系膜淋巴结淋巴细胞减少。肝窦扩大，内含大量嗜中性粒细胞，细胞变性坏死。

三、病原学诊断

（一）病料的采集和处理

采集病猪、疑似病猪、新鲜死胎或活产胎儿组织的病料，哺乳仔猪的肺、脾、脑、扁桃体、支气管淋巴结、血清和胸腔液等，木乃伊胎儿和组织自溶胎儿不宜用于病毒分离。用含抗生素的维持液（含 2% 胎牛血清的 MEM 营养液）做 1∶10 稀释，4500r/min 离心 30min，经 0.45nm 滤膜过滤，上清液用 MEM 做 1∶30 稀释，制成悬液，供分离病毒接种使用。

（二）病原的分离

（1）细胞培养。将用病料制备的上清液接种于猪肺巨噬细胞（PAIM）或 CL2621 和 MA104 细胞单层，于 35℃吸附 24h，加含 4% 胎牛血清的 MEM，培养 7d，观察 CPE。

每份样品可盲传一代，出现 CPE 并能被特异性的抗血清中和的样品即为 PRRSV。

(2) 动物试验。选取6日龄SPF猪或无PRRS血清中和抗体的仔猪，鼻内接种抗生素处理过的病料悬液，可于接种后1d于肺前叶尖部出现2cm×2cm的肺炎病灶，接种后3d肺有轻度肝样变，接种后6~8d病灶几乎覆盖整个肺前叶，同时，接种后2~3d可见腹膜及肾周围脂肪、肠系膜淋巴结及皮下脂肪和肌肉发生水肿。

(三) 病原的鉴定

1. 电子显微镜检查

将被检验品（病毒细胞培养物冻融后的离心上清液）悬浮液滴一滴（约20μL）在蜡盘上。将被覆Formvar膜的铜网，膜面朝下放到液滴上，吸附2~3min，取下铜网，用滤纸吸掉多余的液体。再将该铜网放到pH值为7.0、2%的磷钨酸染色液上染色1~2min，取下铜网，用滤纸吸掉多余的染色液，干燥后，放入电镜进行检查可见带有纤突，呈球形或卵圆形，具有囊膜，20面体对称。病毒粒子的直径30~35nm，纤突长为5nm。

2. RT-PCR方法

取病料（组织按10mg/mL加变性缓冲液制成匀浆，血清加16% PEG4000，4℃放置过夜，12000r/min离心10min，沉淀加变性缓冲液），加入1/10体积的2M NaAc，等体积的酚：氯仿：异戊醇（25：24：1），混匀，水浴15min，5000r/min 4℃离心20min，取水相，然后加入等体积的异丙醇，混匀。置-20℃冰箱1h，4℃ 5000r/min离心20min，弃上清液，沉淀加入1/10体积的变性缓冲液，加入等体积的异丙醇，轻轻混匀，-20℃放置1h，5000r/min离心20min（4℃），弃上清液，用75%冷乙醇冲洗沉淀，离心，真空抽干，沉淀溶解于适量DEPC处理水中，取RNA少量，加入dNTP，TR buffer，下游引物，70℃水浴10min，加反转录酶，RNAsin（鼠源），置37℃1h，94℃5min灭活反转录酶。取适量cDNA，加dNTP，$MgCl_2$，上下游引物，PCR buffer，Taq酶，DEPC处理水，矿物油。95℃，3min，94℃1min，60℃1min，72℃2min，共35个循环。最后72℃10min。取少量PCR产物，用1%琼脂糖凝胶电泳，紫外灯光观察，可见到与目的基因长度一致的片段。

四、血清学诊断

(一) 间接荧光抗体试验

1. 材料准备

待检样品稀释液：$Na_2HPO_4 \cdot 12H_2O$ 2.85g，KH_2PO_4 0.20g，NaCl 8.50g加无离子水或蒸馏水至1000mL。

洗液：同待检样品稀释液。

荧光抗体稀释液：$Na_2HPO_4 \cdot 12H_2O$ 2.85g，KH_2PO_4 0.20g，NaCl 8.50g，伊文思蓝0.10g加无离子水或蒸馏水至1000mL。

甘油缓冲液：取0.1M碳酸钠-碳酸氢钠缓冲液（pH值为9.5）1mL与9mL中性甘油混匀后即为缓冲甘油。取0.1M碳酸钠-碳酸氢钠缓冲液由0.1M碳酸钠溶液和碳酸氢钠溶液以4：6比例混合配制。

标准阳性血清：用已知纯化的PRRSV免疫血清抗体阴性猪制备。

标准阴性血清：无PRRSV中和抗体健康猪血清或SPF猪血清。

标准阴性抗原：用正常细胞培养物按抗原制备程序制备。

荧光抗体：生产厂家提供。

其他：荧光显微镜等。

2. 操作程序

分别将每份待检血清、阳性血清和阴性对照血清用样品稀释液在 1mL 离心管内以 1∶20 倍稀释。分别吸取 30～50μL 稀释后的待检血清、阳性血清和阴性血清加到阳性和阴性抗原涂片上，置湿盒内 37℃恒温箱感作 45min。然后用洗液将抗原片上的样品稀释液洗掉，将抗原片放入标本洗涤缸内用洗液洗涤 3 次，每次 5min，吹干。再将荧光抗体用荧光抗体稀释液适当稀释，取 30～50μL 滴加到抗原片上，在湿盒内 37℃感作 45min，然后，按上述冲洗方法处理，吹干的抗原片用缓冲甘油封片。

3. 结果判定

将染色后的抗原片置 6.3×40 倍荧光显微镜下观察。

判定标准：在荧光显微镜下，背景应为橘红色或褐色，视野内分布有单个或团块细胞浆呈黄绿荧光着染判为阳性，未见胞浆呈黄绿荧光着染判为阴性。阳性血清对阳性抗原涂片染色应为阳性，阳性血清对阴性对照抗原涂片染色和阴性血清对阳性、阴性抗原涂片染色应为阴性。

待检样品结果判定：在阳性和阴性血清分别对阳性和阴性抗原片结果成立的条件下，若样品对阴性抗原涂片染色细胞浆无黄绿荧光着染，对阳性抗原片染色细胞浆有黄绿荧光着染判为阳性，细胞浆无黄绿荧光着染判为阴性。

（二）免疫过氧化物酶单层试验

1. 材料准备

待检样品稀释液（同“间接荧光抗体试验”）。

洗液：$Na_2HPO_4 \cdot 12H_2O$ 2.85g，KH_2PO_4 0.20g，NaCl 8.50g，加无离子水或蒸馏水至 1000mL。

酶标抗体稀释液：与待检样品稀释液相同。

中性甘油：分析纯试剂。

标准阳性血清：同“间接荧光抗体试验”。

标准阴性血清：同“间接荧光抗体试验”。

标准阳性抗原：同“间接荧光抗体试验”。

标准阴性抗原：同“间接荧光抗体试验”。

酶标抗体：过氧化物酶标记兔抗猪 IgG 抗体或蛋白 A（由美国 SIGMA 公司生产）。

H_2O_2 溶液：30% H_2O_2 溶液。

底物：AEC（由美国 SIGMA 公司生产）。

衬染液：$Na_2HPO_4 \cdot 12H_2O$ 2.85g，KH_2PO_4 0.20g，NaCl 8.50g，伊文思蓝 0.10g，加无离子水或蒸馏水至 1000mL。

待检血清：同前。

器械：普通光学显微镜、1mL 吸管、1mL 离心管、橡皮吸头、50μL 微量取液器、标本洗涤缸、盖玻片、湿盒。

2. 操作程序

分别将待检血清、阳性血清和阴性照血清用样品稀释液在1mL离心管内以1∶20倍稀释。分别吸取30～50μL稀释后的待检血清、阳性血清和阴性血清加到阳性和阴性抗原涂片上，置湿盒内37℃恒温箱感作60min。然后用洗液将抗原片上的样品稀释液洗掉，将抗原片放入标本洗涤缸内用洗液洗涤3次，每次5min，吹干。再将酶标抗体用稀释液适当稀释后取30～50μL滴加到抗原片上，置湿盒内37℃恒温箱感作60min。然后，按上述方法用洗液洗涤吹干。取0.5mL 4% AEC二甲基甲酰胺溶液加9.5mL醋酸缓冲液和5μL 30% H_2O_2 配成底物溶液。取30～50μL底物溶液加到涂片上在室温下作用3～10min。然后用蒸馏水冲洗，再用衬染液衬染3～5min，用蒸馏水洗涤后用中性甘油封片。

3. 结果判定

用普通光学显微镜观察染色结果，将抗原片置10×10倍镜下观察。

在镜下，背景为蓝色，视野内分布有单个或团块细胞胞浆呈棕红色着染判为阳性，未见细胞胞浆呈棕红色着染判为阴性。

阳性血清对阳性抗原涂片染色应为阳性，阳性血清对阴性对照抗原涂片染色和阴性血清对阳性、阴性抗原涂片染色应为阴性。

待检样品结果判定：在阳性和阴性血清分别对阳性和阴性抗原片结果成立的条件下，若样品对阴性抗原涂片染色细胞浆无棕红色着染，对阳性抗原片染色细胞浆有棕红色着染判为阳性，细胞浆无棕红色着染为阴性。

4. 注意事项

被检血清应新鲜，污染细菌的血清易出现假性结果。染色过程中应避免样品染干，否则易出现假阳性结果。

（三）间接酶联免疫吸附试验

1. 材料准备

待检血清：耳静脉和颈静脉采集疑似发病猪血，分离血清，备用。

标准阳性血清：同前。

标准阴性血清：同前。

细胞：MACR-145细胞系。

酶标抗体：辣根过氧化物酶标记的兔抗猪IgG，商品化产品。

包被缓冲液：无水 Na_2CO_3 1.50g，$NaHCO_3$ 2.98g，加蒸馏水溶解后定容至1000mL（0.05mol/L，pH值为9.6）。

洗涤液：Tween-20 0.50mL，$NaH_2PO_4 \cdot 2H_2O$ 0.26g，$Na_2HPO_4 \cdot 12H_2O$ 2.90g，NaCl 8.77g，KCl 0.20g，加蒸馏水溶解后再定容至1000mL（pH值为7.4）。

磷酸盐-柠檬酸盐缓冲液：取19.20g/L柠檬酸28.00mL，加入71.39g/L $Na_2HPO_4 \cdot 12H_2O$ 22mL，再用蒸馏水定容至100mL（pH值为5.0）。

底物试剂：称取邻苯二胺4mg，溶于10mL的磷酸盐-柠檬酸盐缓冲液中，临用前再加体积分数为30%的 H_2O_2 2μL。

PRRSV抗原的制备：将MACR-145细胞接种于MEM（犊牛血清含量为100mL/L），37℃培养，长满单层后弃掉营养液，接种PRRSV美洲株，37℃感作1h，加入犊牛血清含量为 20mL/L 的 MEM 维持液继续培养，当 70% 出现细胞病变时收毒，-70℃冻融 3 次，经超声波裂解（1×10^4Hz，3min/次，3 次）。经 1000r/min 4℃离心 10min 除去沉淀，上清液再经 5000r/min 4℃离心 45min 除去沉淀，再经 1×10^5r/min 4℃离心 2h 除去上清液，将沉淀用少许 pH 值为 9.6 的包被液悬浮，测定蛋白浓度后分装，-20℃下保存。

阴性抗原：对未感 PRRSV 的细胞作同样的处理，作为细胞抗原。

终止液：2mol/L H_2SO_4。

封闭液：灭活马血清，含量为 100mL/L。

2. 操作程序

包被：用包被液将 PRRSV 抗原稀释成 2.2mg/L，在 96 孔酶标板 A、C、E、G 行各孔分别加 100μL，将正常细胞抗原加入 B、D，F、H 行，每孔 100μL，分别做好标记，4℃放置 18h 以上（最长不超过 2 周）。

洗涤：弃去孔中液体，用洗涤液洗涤 3 次，最后用吸水纸拍干。

封闭：各孔加入 200μL 的封闭液，37℃下封闭 1h。

洗涤：同上。

加入待检血清：将待检血清用稀释液作 1∶100 稀释，同份血清分别加入 PRRSV 抗原孔和细胞抗原孔中，每孔加 100μL，37℃作用 1h。

洗涤：同前。

加入酶标二抗：将酶标二抗用稀释液稀释至工作浓度，每孔加入 100μL 37℃作用 1h。

洗涤：同前。

加入底物试剂：每孔加入 100μL，避光 37℃放置 15min。

于每孔中加入 50μL 终止液，终止反应。

3. 结果判定

终止反应后尽快在酶联检测仪 492nm 波长读取结果。OD≥0.14 为阳性；OD<0.14 为阴性。

作 业

（1）PRRS 的临床诊断要点是什么？

（2）如何运用分子生物学手段诊断 PRRS？试述其操作步骤。

实验18 猪细小病毒病的实验室诊断

【目的】

结合临床病例，初步掌握猪细小病毒病的病理剖检、血凝抑制试验诊断方法，熟悉间接免疫荧光、Dot-ELISA等免疫学诊断技术。

【内容及方法】

一、病理学诊断

（一）病理剖检变化

妊娠初期（1～70日龄）是细小病毒增殖的最佳时期，因该病毒适于在增殖能力旺盛的、有丝分裂的细胞内繁殖，所以在此阶段一旦感染细小病毒，则病毒集中在胎盘和胎儿中增殖，故胎儿出现死亡、木乃伊化、骨质溶解、腐败、黑化等病理变化，母猪流产。肉眼可见母猪有轻度子宫内膜炎变化，胎盘部分钙化，胎儿在子宫内有被吸收和被溶解的现象。大多数死胎、死仔或弱仔皮肤和皮下充血或水肿，胸、腹腔积有淡红或淡黄色渗出液。肝、脾、肾有时肿大脆弱或萎缩发暗，个别死仔、死胎皮肤出血，弱仔出生后半小时先在耳尖，后在颈、胸、腹部及四肢上端内侧出现淤血、出血斑，半日内皮肤全部变紫而死亡。

（二）病理组织学变化

妊娠母猪黄体萎缩，子宫黏膜上皮和固有层有局灶性或弥漫性单核细胞浸润。死产的胎儿或仔猪取脑组织作组织学检查，可见非化脓性脑炎变化，血管外膜细胞增生，浆细胞浸润，在血管周围形成细胞性“管套”，主要见于大脑灰质、白质、脑软膜、脊髓和脉络膜。肺、肝、肾等的血管周围也可见炎性细胞浸润。还可见间质性肝炎、肾炎和伴有钙化的胎盘炎。

死于急性猪细小病毒感染的新生动物，心肌弥漫性变性。由于病毒在长骨、肋骨及肋软骨的结合处生长，导致骨质退化。病毒对颅骨和下颌骨膜有明显的亲和性，病毒的复制导致这些骨的生长，导致头骨畸形。病毒在小肠腺窝上复制可引起肠炎。病毒侵袭肝脏可引起肝炎。在上述这些组织中可以观察到特殊的细胞核内包涵体。

二、病原学诊断

（一）病料的采集和处理

取初产母猪的流产胎儿、死胎、木乃伊胎及弱仔的脑、肾、睾丸、肺、肝、肠系膜淋巴结或母猪的胎盘和阴道分泌物等，病料按1∶（5～10）比例，加入含青霉素（1000IU/mL）、链霉素（1000ug/mL）、卡那霉素（1000IU/mL）的0.5%水解乳蛋白溶液，研磨制成无菌乳剂，冰箱过夜，3000r/min 离心 10min，取上清液置 -20℃保存备用。

（二）病原的分离

细胞培养：按细胞培养液的 1/10，将上述病料乳剂的上清液接种于幼龄生长旺盛而又未形成单层的原代仔猪肾细胞，37℃吸附 90min，中途轻摇数次，倾去接种液，加入维持液（为 0.05% 水解乳蛋白 -199 溶液，内含 2% 犊牛血清，1% 的 1mM 丙酮酸钠，青霉素 100IU/mL，链霉素 100mg/mL，制霉菌素 50IU/mL），37℃静置培养，每天观察一次，连续培养 7 ~ 10d，盲传三代，同设对照组，观察细胞有无细胞病变（CPE）及血凝素出现，如病料有 PPV 时，在培养 16 ~ 36h 后，可观察到细胞核内出现包涵体，5 ~ 10d 后可见特征性 CPE，开始细胞中出现弥漫性颗粒，继而细胞变圆、丛集、固缩，崩解的细胞外形不整，最后脱离瓶壁。出现 CPE 的培养液再用已知的特异性血清进行血清学试验。

（三）病毒鉴定

（1）电镜检查。将被检验品用磷乌酸染色液进行负性染色后 1 ~ 2min，在电镜下进行检查，可见到病毒呈球形、椭圆形或六角形，直径 18 ~ 20nm，无囊膜，病毒的核心直径为 14 ~ 17nm。

（2）间接 Dot-ELISA。见血清学方法。

三、血清学诊断

（一）血凝抑制试验（HI）

1. 材料准备

抗原：用对红细胞凝集价高的毒株接种于胎猪肾或未吃初乳仔猪肾细胞单层制备。

阳性血清、阴性血清和被检血清：阴性、阳性血清由生产单位提供。被检血清按常规方法采自被检猪的前腔静脉或耳静脉采血并分离血清，各种血清在使用前 56℃ 灭活 30min。

红细胞：按实验室常规方法自 HA 效价高的青年成鸡或豚鼠的心脏采血，收取沉淀的红细胞配成 0.4% 红细胞悬液备用。

稀释液：为灭菌的 pH 值为 7.2 磷酸盐缓冲液或巴比妥缓冲液。

25% 白陶土溶液：取白陶土 25g 加适量 IM 盐酸溶液搅匀，2000r/min 离心 10min，弃上清液，再加 1M 盐酸，如此离心 3 次。取沉淀白陶土用 0.85% 生理盐水 100mL 配成 25% 溶液（呈糊状），然后用 5M 氢氧化钠溶液调整 pH 值为 7.2，高压灭菌，4℃保存备用。保存不得超过 4 个月。

被检血清处理：吸取 0.1mL 血清加稀释液 0.4mL，再加白陶土溶液 0.5mL，置室温充分摇动 20min，以 2000r/min 离心 20min，以除去血清中非特异性抑制物质。然后向上清液加入 0.1mL（1 滴）洗过的豚鼠红细胞泥，轻轻摇动，于室温下吸附 20min，2000r/min 离心 10min，以除去血清中可能存在的血凝素。

2. 操作程序

试验采用 96 孔 V 形微量反应板滴定法。

（1）HA试验。用移液器从第1孔至试验所需稀释倍数孔，每孔滴加稀释液25μL，于第1孔滴加抗原25μL，用稀释液从第1孔开始，依次稀释后，每孔补加稀释液25μL，置微量振荡器上振荡15s，最后滴加0.4%红细胞悬液25μL，振荡30s，室温作用1h判定结果。如果HA效价为128倍，则进行HI使用的8个单位抗原，应把抗原稀释为128/8=16（倍）。

（2）HI试验。用移液器从第1孔至试验所需稀释倍数孔，每孔滴加稀释液25μL，于第1孔滴加被检血清或滤纸片浸出液25μL，用移液器从第1孔开始依次倍比稀释，然后每孔加8单位抗原25μL，振荡15s，置4℃18h或室温4h，每孔滴加0.4%红细胞悬液25μL，振荡30s，置室温1h判定结果。

在进行HI实验时，应设已知阳性血清、阴性血清、不加抗原的被检血清及抗原、红细胞对照。在进行结果判定时，在对照各孔准确无误的条件下，以完全抑制的最高血清稀释倍数作为HI效价。应用本法检查被检血清的红细胞凝集抑制价在1∶40以上者判为阳性。

（二）抗原免疫荧光检测法

运用中国兽药检查所生产的猪细小病毒荧光抗体诊断试剂盒检测。

将待检材料的相应样本片（组织切片、组织触片、细胞培养玻片），室温下丙酮固定5~10min；滴加荧光抗体，并覆盖整个样本，37℃作用45~60min；用pH值为7.2、0.01mol/L的PBS洗涤3次，再用pH值为9.0~9.5、0.5mol/L的碳酸盐缓冲甘油封片，置荧光显微镜下观察。

已感染PPV的细胞核呈现明亮的翠绿色荧光，病毒细胞培养样本中，病毒感染细胞不呈斑状，亮核细胞散见于视野中。该特异性荧光可被细小病毒抗体抑制。未感染PPV的阴性样本片不应出现特异性荧光。

（三）间接免疫荧光法

1. 材料准备

病毒抗原的制备：将PPV细胞培养液冻融4次，3000r/min离心30min，弃去细胞碎片，以冻干法浓缩12倍。血凝效价（HA）达1∶1024，加双抗（400μg/mL），-20℃保存备用。

PPV高免血清的制备：选用4月龄的健康仔猪，经血检HI效价1∶20以下，首免用PPV浓缩病毒，口服和滴鼻分别为20mL和10mL，第二次免疫肌肉注射20mL，三免后海穴位注射5mL；四免，耳静脉注射10mL。在末次免疫后1周采血，HI效价达1∶1024，由颈静脉放血，分离血清，过滤除菌、分装，-20℃保存备用。

兔抗猪IgG荧光抗体（商品化试剂）。

阳性对照：已知的PPV感染细胞培养盖玻片，加PPV高免血清（1∶40）感作后，经洗涤，再加兔抗猪IgG染色、观察。

阴性对照：无PPV感染细胞培养盖玻片，加PPV高免血清（1∶40）感作后，经洗涤，再加兔抗猪IgG染色、观察。

标本自发荧光对照片：空白细胞培养盖玻片。封表后镜检。

荧光抗体对照：空白细胞培养盖玻片，再加兔抗猪 IgG 染色、观察。

病料的采集及冰冻切片的制备：采取死胎、胎儿的肝、肺、肾组织制成冰冻切片，丙酮固定，供观察用。

2. 操作程序

将细胞盖玻片或 4μm 厚的组织冰冻切片，用冷丙酮固定 10min，每个样品取 2 张片，分别滴加 PPV 高免血清（1∶40），置 37℃恒湿恒温箱中，感作 30min 后，缓冲液（0.01M pH 值为 7.2 PBS）洗 3 次。每次 15min，无离子水冲洗、风干，再加兔抗猪 IgG-FA 染色，置 37℃恒湿恒温箱中，感作 30min 后，缓冲液（0.01M pH 值为 7.2 PBS）洗 3 次，每次时间为 3min、5min、8min，风干，加碳酸盐缓冲甘油封片，用荧光显微镜在放大 250 ~ 500 倍下镜检。

3. 结果判定

当阴性和阳性对照均成立的条件下，被检样品的判定结果有效。

阳性：在加 PPV 高免血清的标本上，细胞核或细胞浆内呈闪亮苹果绿荧光为 + + +，明亮荧光为 + +，较弱而鲜明的绿色颗粒型荧光为 +。

阴性：在加 PPV 高免血清和阴性血清的（同一样品）两个标本片，镜下观察相同，其细胞和核细胞浆内均无苹果绿色颗粒荧光时，本检验样品判为阴性。

（四）间接 Dot-ELISA

1. 材料准备

PPV 抗原：PPV 大量繁殖后，离心纯化制备。

兔抗 PPV 血清 IgG：抗原样本即将所有的待检样本分别制成匀浆，加少量双抗，室温作用 2h，-20℃反复冻融 3 ~ 4 次，室温下 5000r/min 离心 30min，取上清分别加入终浓度为 0.5M 的 NaCl 和 8% ~ 10%（*W/V*）的 PEG-6000（聚乙二醇），4℃过夜，次日 4℃下 8000r/min 离心 1.5h，弃上清液，沉淀物用少量 PBS 溶解，加等量的氯仿充分振荡后，10000r/min 离心 20min，小心吸取上清液，-30℃保存备用。

酶标抗体：羊抗兔的酶标抗体，辣根过氧化物酶标记。

稀释液 TBS：0.02M Tris-HCl，0.5M NaCl pH 值为 7.5。

TTBS：含 0.05% Tween-20 的 TBS。

TTGBS：含 1% 白明胶的 TTBS。

底物溶液：DBA 10mg，TBS 20mL，30% H_2O_2 19μL。

硝酸纤维素膜（NC 膜）：NC 膜剪成适当大小，用笔尖圆尾在其正面压成直径 3mm，间距 5mm 的圆形痕迹。置蒸馏水中浸泡 10min，取出晾干备用。

2. 操作程序

将受检抗原样品点在 NC 膜圆迹内，点样 1 ~ 2μL，置室温或 37℃下晾干。把 NC 膜浸入含 0.3% H_2O_2 TBS 中约 30min，然后将 NC 膜在 TBS 中洗 3 次，共 5min。将 NC 膜置于含 3% 明胶的 TTBS 中室温下封闭 30 ~ 40min，其间人工振荡 2 ~ 3 次。用 TBS 浸洗 3 次，每次 3min。将 NC 膜置于 TTBS 稀释的兔抗 PPV 血清 IgG 中，37℃作用 1h，其间人工振荡 3 ~ 5 次，用 TTBS 浸洗 3 次，每次 5min。将 NC 膜置于 TTGBS（含 1% 白明胶的 TTBS）酶标羊抗兔 IgG 中，37℃作用 1h，其间人工振荡 3 ~ 5 次，用 TTBS 浸洗 3 次，每次 5min，再用TBS洗3次，每次3min。然后，将NC膜浸入新鲜的底物溶液中显色15～30min，然后，将NC膜置蒸馏水中浸泡2～3min终止显色。室温下自然干燥，观察结果。

3. 结果判定

阴阳性抗原对照均成立的条件下判断结果。

阳性：呈现均匀的深棕色或浅棕色斑点，且与背景对比度清晰者判为阳性（+）。

阴性：与阴性对照相同不呈现斑点者判为阴性（-）。

疑似：介于上述两者之间者判为疑似。

作业

（1）不同生长阶段的猪感染猪细小病毒后临床特征有何不同？

（2）试叙述一种猪细小病毒感染的血清学诊断程序。

实验 19　牛病毒性腹泻-黏膜病的实验室诊断

【目的】

掌握牛病毒性腹泻/黏膜病的实验室诊断方法。

【内容及方法】

本病的实验室诊断主要内容是病毒分离、鉴定和血清学诊断。但有些动物虽已感染牛病毒性腹泻/黏膜病病毒（BVD/MDV），但不产生抗体，这是因为患病动物无免疫活性，所以分离病毒显得更重要。

一、病毒的分离和鉴定

（1）病料采取。在病毒血症期间，采集有损害的组织、血液、尿液及鼻眼分泌物；在尸体剖检时，取脾脏、骨髓或肠系膜淋巴结。全血凝块是分离 BVD-MD 病毒较理想的材料，一次采血，即可分离血清，检查其抗体，血凝块又可用于分离病毒。

（2）病料处理。将病料按 1∶2 加入灭菌生理盐水研磨碎，并经反复冻融后加入青霉素 1000U/mL、链霉素 1mg/mL，以 3000r/min 离心 20min，取上清液作为病毒分离。也可以将病料制成 1∶10 悬浮液，经 1000～2000r/min 离心 20～30min，取上清液，按每毫升加入青霉素、链霉素各 1000 单位，置 4℃冰箱或 37℃中 1～2h，经无菌检查后备用。

（3）直接镜检。用新鲜病料制作超薄切片或细胞培养物用负染法，在电子显微镜下观察病毒颗粒的形态。也可以用铬投影的电子显微镜照相测量病毒的大小和形态。BVD/MD 病毒颗粒呈球形，直径 35～55nm，有囊膜（无突起）和一个直径约 24～30nm 的病毒髓核。病毒在牛胎肾细胞培养中，有三种大小不一的颗粒状实体，最大的一类直径约 80～100nm，有囊膜，多形性；其次大小为 30～35nm；还有一类直径只有 15～20nm。病毒颗粒存在于细胞浆、空泡和扩张的内质网池内，形态规整，有囊膜。

（4）分离培养。取上述处理的病料上清液接种于牛睾丸细胞，犊牛肾细胞、牛鼻甲细胞等细胞培养中，接种后 72h 观察细胞病变（CPE）。不同毒株所产生 CPE 各不相同，典型的 CPE 见细胞变圆，细胞间距增大，胞浆内出现大小不等、边缘整齐的空泡，细胞逐渐脱落，并出现细长或网状的胞质性突起物，核变致密，核位置靠边，最后细胞完全脱离瓶壁，出现空斑。在进行不产生 CPE 的毒株分离时，可用新城疫病毒激发，使之在细胞培养中产生 CPE，即所谓 END 强化试验，也可以取上述病料悬浮液分别接种于 9～11 日龄鸡胚绒毛尿囊膜和 7～9 日龄鸡胚卵黄囊内，每胚接种 0.1～0.2mL，接种后置 37℃培养 3～5d 观察结果。有些毒株可在鸡胚绒毛尿囊膜上生长，并在绒毛尿囊膜上形成痘斑；有些毒株可在鸡胚卵黄囊中生长繁殖。

（5）动物接种。从无本病的牛群中选择 6 月龄公牛 2 头，营养良好。接种前先采血作本病和牛传染性鼻气管炎病毒血清中和试验，抗体均为阴性者，经 7d 临诊观察，无任何异常症状方可用于动物接种。然后将分离的病毒接种于公犊牛，每头静脉注射 40mL 和滴鼻 10mL。接种后每天测温和临诊观察，并定期采血做血清中和试验和回收病毒。也可取病牛血液或上述病料悬浮液经口服或注射 6～8 月龄易感牛，经 2～3d 后，感染牛体温升高，白细胞数减少后又增多，并发生腹泻，有时齿龈和舌出现溃疡。

二、血清学诊断

本病的血清学诊断有中和试验、免疫琼脂扩散试验、补体结合试验、荧光抗体检查等。

但目前应用最多、最广的是中和试验和免疫琼脂扩散试验，前者准确性高、重复性好，并逐渐以微量法替代全量法（试管法），同样是具有可靠的诊断方法，现被国家列为常规检疫方法。

（一）BVD/MDV 血清中和试验

本试验适用于牛、羊的 BVD/MD 血清病毒中和抗体的检测。

1. 材料准备

（1）细胞制备。本试验所用细胞为犊牛原代或次代肾细胞（不超过五代），按常规胰酶消化方法制备，分装在链霉素瓶中培养。当细胞形成单层，形状正常者方可供使用。使用前先用 pH 值为 7.1～7.2 的 Hank's 液洗 1～2 次，加入细胞维持液（含 3% 犊牛血清的乳欧液或 E-MEM），每毫升加青霉素 100 单位和链霉素 100/μg。

（2）抗原。为 BVD/MD Oregon G24v 冻干抗原，使用时按使用说明书。用乳欧液或 E-MEM 稀释成每 0.1mL 含 100$TCID_{50}$的工作抗原，然后将工作抗原再做 10^{-1}、10^{-2}、10^{-3}递增稀释。

（3）标准阳性、阴性血清。由中国兽药监察所制备供应。

（4）被检血清。以无菌采血并分离血清，置普通冰箱保存。试验前与阳性、阴性对照血清一起置 56℃水浴灭能 30min。

2. 操作方法

（1）取经灭能的被检血清。阳性和阴性对照血清各 0.1mL 分别置于灭菌小试管中。然后加入等量的工作抗原，将血清与抗原混合均匀，置 37℃温箱中和 1h，其间轻轻振摇数次。

（2）取出血清-抗原混合物，每份样品接种细胞 4 瓶，每瓶 0.2mL。

（3）每份被检血清同时接种细胞 2 瓶，每瓶 0.1mL，分别做血清毒性试验。

（4）将工作抗原原液，10^{-1}、10^{-2}、10^{-3}稀释液，分别接种细胞 4 瓶。每瓶 0.1mL，做工作抗原含量回归试验。

以上（2）、(3)、(4）三项各样品加好后，置 37℃吸附 2h。

（5）加细胞维持液(2)项中各样品，每瓶加 0.8mL；(3)、(4)项中各样品加 0.9mL。

（6）取 4 瓶细胞换成维持液，做细胞健康对照。

3. 结果判定

在培养 6d 内，当各项对照完全符合设计要求。即病毒抗原使用含量在 50～500$TCID_{50}$范围内，阴性对照血清，全部出现细胞病变，阳性对照血清无细胞病变，被检血清无细胞毒性，对照细胞正常时，判读结果。其标准是，被检血清不经稀释能中和 50% 或 50% 以上细胞培养物不出现细胞病变者判为阳性。

4. 附则

(1) 牛病毒性腹泻/黏膜病引起细胞的典型病变是细胞核固缩，胞浆中规律地形成大大小小空泡，空泡直径有些大于细胞直径的 1～2 倍以上，一般情况下多见细胞碎裂、崩解。

(2) 为确定动物是否近期感染，可采用血清配对试验方法，即第一次采血间隔 21d 进行第二次采血。采集两次血清样品，用倍比稀释，同时测定两次血清样品的抗体滴度，如果第二次样品的抗体滴度高于第一次样品的 4 倍以上即判为阳性。

(二) 免疫琼脂扩散试验

此种试验可以用以检验牛病毒性腹泻/黏膜病抗体，也可以检测其抗原（可检测各种含毒组织内的抗原）。

1. 主要材料

(1) 抗原制备和标化。制备的抗原所用种毒为 Oregon $C_{24}V$ 弱毒株，将种毒（10^4TCID_{50}）按培养液 10% 的量接种于细胞单层（牛肾细胞或牛鼻甲骨细胞），在 37℃ 吸附 1h 加维持液继续培养，当细胞呈现 70%～90% 病变时，将细胞刮下、收集，反复冻融 3 次。

低温 10000r/min 离心 30min 或 3500r/min 离心 30min。上清液为可溶性细胞外抗原。沉下的细胞用上清液适量浮悬，以超声波处理 1min 再离心，上清液即为可溶性细胞内抗原，将两种抗原合并，10000r/min 离心 30min，上清液用超滤器（滤膜的相对分子质量截止为 80000）浓缩至原容量的 1% 左右。

将浓缩的抗原作不同倍数的稀释，在相同条件下对标准阳性血清的各种稀释度进行棋盘扩散，能与标准阳性血清最高稀释出现清晰沉淀线的抗原浓度即为最适抗原浓度。根据测定结果，将抗原作适当稀释或用聚乙二醇作进一步浓缩，分装小瓶低温保存或冻干保存。

用同样方法处理未接毒的细胞，制备细胞对照抗原。用可溶性抗原与细胞对照抗原与阳性血清及阴性血清做琼扩试验，可溶性抗原与阳性血清出现沉淀线，其他均不出现时，即证明可溶性抗原是特异的。

(2) 阳性血清。在检查自然发病动物中收集阳性反应滴度高而无非特异性的血清。或用标准病毒制备，即将标准病毒静注青年公牛，间隔 3 周，共注 4 次，每次适量（30mL），末次注射 2 周后采集血清，此时抗体浓度常可高达 1∶8000 多。阴性血清要证明无黏膜病抗体。

猪瘟血清与标准抗原可出现沉淀线，这与阳性血清与标准抗原出现沉淀线完全融合，所以也可用猪瘟血清替代阳性血清。

(3) 琼脂糖平板。琼脂糖 4g，加缓冲液 Tris（三羟甲基氨基甲烷）0.6g，EDTA（乙二胺四乙酸）0.3g，NaCl 2.9g，NaN_3（叠氮钠）0.2g，蒸馏水 1000mL，加热至 100℃ 融化 10min，分装胶塞试管，4℃ 保存；试验前融化后倒入玻璃平板或平皿，厚度 2mm。凝后打孔，孔径 6mm，孔距 2mm，一般中央孔周排列 6 孔（打孔后需以琼脂补底）。

2. 操作方法

（1）用已知抗原检测动物血清。以微量移液器加样，中央孔加入抗原，周围每相隔两孔加阳性血清，其余各孔加被检血清，每孔加入量为50μL，也可用其他玻管加样以每孔恰好加满为宜。置30℃水浴箱或室温，让其扩散。

（2）用已知阳性血清检查含毒组织，在中央孔滴加阳性血清，周围孔每隔两孔滴加已知抗原，其余孔滴加被检含毒组织浸出液。

（3）判定结果。扩散后每隔12h判定一次，48h作最后判定，其标准如下：

抗原与被检血清孔之间出现明显的沉淀线，而且与阳性血清的沉淀线完全融合，判为阳性。

阳性血清的沉淀线向被检血清孔偏移，但不能在抗原孔与被检血清之间形成完整的沉淀线或沉淀线很微弱者，判为弱阳性；被检血清与抗原之间不出现任何沉淀线者，判为阴性。

被检血清与抗原之间虽然出现沉淀线，但与标准血清的沉淀线不融合，这种沉淀线为非特异性，应判为阴性。

被检血清与抗原之间出现两条（或多条）沉淀线，其中只有一条能与标准血清的沉淀线完全融合，应判为阳性。

作业

（1）分离牛病毒性腹泻/黏膜病病毒应注意哪些事项？

（2）血清学方法在牛病毒性腹泻/黏膜病诊断中价值如何？

实验20　牛传染性鼻气管炎的实验室诊断

【目的】

掌握牛传染性鼻气管炎的实验室诊断方法。

【内容及方法】

对本病的诊断结合流行病学和临诊诊断，即可作出初步诊断。为了确诊，尤其在新发病区，必须依靠病毒的分离鉴定或特异的血清学诊断。

一、病毒的分离与鉴定

牛传染性鼻气管炎（IBR）是牛的一种呼吸道传染病，患牛康复后仍长期带毒。隐性感染的公牛，精液中含有病毒。病毒的分离可确诊本病或检验牛体带毒情况。

1. 材料准备

（1）病料的采取。用灭菌棉拭子伸入鼻道采集其分泌物，放入含青霉素每毫升1000单位，链霉素1000μg/mL，pH值为7.2的Earle's液中，也可刮取眼分泌物，处理方法相同；或用棉拭子采取脓疱性外阴阴道炎（早期病变）的阴道黏液，处理方法与上述相同；刚死亡的胎儿，立即以无菌采集肺、肾、脾等组织放入每毫升含青霉素1000单位，链霉素1000μg/mL pH值为7.2的Earle's液中，或取胸水。采集的病料置4℃冰箱保存，并在24h内送到实验室供病毒分离。

（2）病料的处理。棉拭子样品，先冻融两次，并充分摇动，挤干拭子，将样品经10000r/min离心10min，取上清液作为细胞培养的接种材料。若是组织样品，经玻璃砂研磨碎后，用Hank's液制成20%悬浮液，经10000r/min离心10min取上清液供病毒分离。胸水直接经10000r/min离心10min，取上清液供病毒分离。

2. 病毒的分离

取经过处理的样品0.2mL，接种于已长好单层的犊牛肾或牛睾丸原代或次代细胞培养瓶中，每份样品接种4瓶，37℃吸附1h后，倾去接种液，用Hank's液洗3次，最后加入含3%犊牛血清（不含IBR抗体）的细胞培养维持液1mL，于37℃培养，逐日观察细胞病变。若接种后第7d仍不出现细胞病变，则收取其培养物接种于新制备的细胞培养上，盲传3代，观察细胞病变。出现细胞病变者，收取培养物供作病毒鉴定。细胞病变的特征是细胞变圆，聚合呈葡萄串状，拉网，最后脱落。

3. 病毒的鉴定

取上述有细胞病变的培养物，经冻融裂解两次后，以10000r/min离心10min，取上清液做中和试验进行鉴定。其方法，用IBR阳性血清（效价1∶32）和阴性血清分别与该分离物等量混合（固定血清、稀释病毒法），37℃作用60min后，接种于细胞培养，按Reed-Muench法计算分离物$TCID_{50}$的终点。若分离物能引起典型的IBR细胞病变，但经细胞中和试验，其阴性血清和阳性血清组的$TCID_{50}$的对数之差不小于2.5者，则判该分离物为牛传染性鼻气管炎病毒。

二、常量血清中和试验

本试验是用一定量的已知牛传染性鼻气管炎病毒，检查被检血清中的中和抗体。

1. 材料准备

（1）细胞制备。用原代或次代犊牛肾细胞或牛睾丸细胞，一般不超过5代，按常规胰酶消化法制备。原代细胞的培养液为10%犊牛血清，90%的0.5%水解乳蛋白-Earle's液，每毫升200单位青霉素，200μg/mL链霉素，用7.5% $NaHCO_3$ 调pH值至7.0。次代细胞的营养液为含10%犊牛血清，40%的Earle's液（MEM），50%的Earle's液，每毫升200单位青霉素，200μg/mL链霉素，用7.5% $NaHCO_3$ 调pH值至7.0。将细胞分装在扁瓶（15mL装）供继代培养，或小瓶内（1mL装，供中和试验用）培养。细胞中和试验时，应选择生长良好，90%以上形成单层的细胞。接种前，细胞先用内含每毫升200单位青霉素，200μg/mL链霉素，pH值为7.1～7.2的Earle's液洗1～2次。

（2）抗原制备。种毒繁殖是用牛传染性鼻气管炎Baitha-Nu/67弱毒株，接种于原代或次代犊牛肾细胞上培养繁殖，当80%～90%细胞产生典型细胞病变时，收获细胞培养物，冻融2次，经3000r/min离心10min，取上清液冻结或冻干保存，并测定病毒滴度（$TCID_{50}$），一般不低于10^{-3}/0.1mL，即为抗原。病毒$TCID_{50}$的测定法是，首先将病毒按10倍递增稀释即$10^{-1}\cdots10^{-8}$。每个滴度病毒稀释液接种4瓶细胞培养瓶，每瓶接毒0.1mL（接种前将瓶中原营养液弃去），在37℃吸附1h，然后加入含3%犊牛血清的Earle's细胞维持液0.9mL，37℃继续培养，每天定时观察两次，按细胞出现病变的情况做好记录，一般需观察一周。$TCID_{50}$终点测定按Reed-Muench方法计算。

（3）标准阳性血清。效价不低于1∶32。

（4）标准阴性血清。不含牛传染性鼻气管炎抗体的健康牛血清。

（5）血清处理。被检血清，阳性、阴性血清，不经稀释，用前均于56℃灭能30min。

2. 操作方法

（1）将已知病毒滴度的新鲜抗原，用含每毫升200单位青霉素，200μg/mL链霉素的Earle's液稀释成100$TCID_{50}$/0.1mL工作抗原。例如，抗原滴度为$TCID_{50}=10^{-6}$/0.1mL，则工作抗原稀释成$TCID_{50}=10^{-4}$/0.1mL。

（2）取灭能的被检血清原液0.5mL（用于检疫）或经对倍稀释后各种稀释度的被检血清0.5mL（测定抗体效价）加入0.5mL 100$TCID_{50}$/0.1mL工作病毒抗原。

（3）将抗原-血清混合物充分混匀，37℃中和1h，其间轻微振荡数次，作用后取出抗原-血清混合物，接种于原代或次代细胞瓶中，每份被检血清样品（或每个血清稀释度样品）接种4瓶，每瓶接种0.2mL，37℃吸附1h后，每瓶加入内含3%犊牛血清，每毫升200单位青霉素，200μg/mL链霉素，pH值为7.1～7.2的Earle's维持液0.8mL，37℃继续培养，72h后观察细胞病变。

（4）对照。试验时应设正常细胞，阴性血清加抗原，阳性血清加抗原对照，操作方法同试验组。被检血清毒性对照，每份血清样品原液0.1mL接种两瓶细胞，吸附1h后加维持液0.9mL。实际使用工作病毒抗原含量测定，将工作病毒抗原做10倍递增稀释至10^{-2}，每个稀释度接种4瓶细胞，每瓶接种0.1mL，吸附1h后，加0.9mL细胞维持液，计算每次试验中每 0.1mL 中 $TCID_{50}$的实际用量。

3. 判定结果

接种后，于 72h 判定结果。当病毒抗原对照、阴性血清加抗原对照均出现细胞病变，阳性血清加抗原对照无细胞病变，被检血清对细胞无毒性，对照细胞正常，抗原实际用量在 100～300$TCID_{50}$/0.1mL 范围内时方能判定。其判定标准是，未经稀释的被检血清能使 50% 以上的细胞管不出现细胞病变者判为阳性。

作业

如何确诊牛传染性鼻气管炎？

实验21 蓝舌病的实验室诊断

【目的】

初步掌握本病的病原学检查和琼脂凝胶免疫扩散试验方法。

【内容及方法】

一、病原学检查

蓝舌病病毒属于呼肠孤病毒科环状病毒属的成员，它与马瘟病毒和茨城病毒很相似，为双股RNA病毒。目前已确认本病毒至少有24个血清型，但大多数地区病例由一个或几个血清型的蓝舌病病毒所致。

（1）病料采取。取发热早期病羊的血液，或取新鲜尸体的淋巴结、脾脏作为样品，组织经研磨制成悬液或血液（抗凝的）进行实验动物接种，或接种于细胞培养。然后将分离到的病毒用于蓝舌病血清做琼脂凝胶免疫扩散试验或补体结合试验，鉴定病毒的种；再用分型血清做中和试验，鉴定病毒的型。也可以采取发热期和病后1个月的双份血清，用中和试验测定抗体滴度的增高情况。用血液进行病毒分离，其病毒量取决于血液样品的超声波型裂解程度。

（2）直接镜检。取病畜尸体的脾、细胞培养物或鸡胚组织制成超薄切片，负染后在电镜下观察病毒颗粒。本病毒颗粒呈球形，直径55~70nm，有双层蛋白外膜。

（3）分离培养。本病毒可在鸡胚卵黄囊中生长繁殖，但必须在33.6℃中培养才能成功。也能在鸡胚绒毛尿囊膜上生长，培养4~8d，引起鸡胚全身广泛出血。以鸡胚静脉注射培养则更为敏感。本病毒可在羊胎肾、牛胎肾、乳鼠肾和乳仓鼠肾原代或传代细胞中生长。适应鸡胚的毒株可在犊牛肾、牛睾丸单代细胞和Hela细胞及乳仓鼠肾原代细胞中生长，引起细胞病变。病毒在绵羊肾单层细胞培养24~72h出现细胞病变，几天内感染全部细胞，使细胞脱落。在非洲绿猴细胞（Vero）中能形成空斑，抗蓝舌病血清可抑制空斑形成。

（4）动物试验。人工脑内接种吮乳小鼠或仓鼠，约5~7d发生致死性脑炎。脑内接种成年小鼠不表现症状，但病毒可在成年小鼠脑内短期繁殖。将发热期病羊（或病牛）血液或脾、淋巴结悬液，静脉或皮内接种易感羊和经蓝舌病疫苗免疫的绵羊各3~5只，观察3~10d，易感羊出现与自然病例相同的症状，而免疫羊不出现任何症状。

二、血清学诊断——琼脂凝胶免疫扩散试验

（一）材料准备

（1）抗原、标准阳性血清。均由指定单位供应，按说明书使用。

（2）被检血清。应无溶血，无杂菌污染，4℃保存，不超过三周。

（3）器材。直径6cm平皿，微量移液器及微量滴头，三角烧瓶，4mm打孔器、观察灯、水浴箱。

（4）琼脂板的制作。取琼脂糖0.8～0.9g加入100mL生理盐水中，按1∶10000比例加入叠氮钠或硫柳汞，调整pH值为7.4～7.6，3.629kg高压灭菌10min，待冷至45～50℃时，倒入平皿中，每皿约7mL（厚度约为2.5mm）。凝固后置冰箱4℃保存备用。

（二）操作方法

（1）琼脂板打孔。用打孔器在琼脂板上打孔，孔径4mm，孔距3mm，打孔后挑出孔内琼脂块，并在酒精灯上稍稍加热使底部琼脂融化以封住底孔。

（2）加样。用微量移液器吸取被检血清滴加于周边孔，每隔1孔滴入1份。中心孔滴加抗原，空的周边孔内滴加标准阳性血清。每孔均以加满不溢出为度。

（3）反应。加样完毕，静止10min，放入20～22℃水浴箱中或放入湿盒置37℃温箱中反应，分别在24h、48h和72h观察并记录结果。

（三）结果判定

（1）判定方法。将琼脂板置暗背景或侧强光照射下观察。标准阳性血清与抗原孔之间出现一条清晰的白色沉淀线，则试验成立。若没有沉淀线或不明显，则试验不能成立，应重做。

（2）判定标准。

1）被检血清与抗原孔之间出现明显清晰的白色沉淀线，并与标准阳性血清孔的沉淀线相接者，判为阳性，记作“+”。

2）抗原与标准阳性血清孔之间的沉淀线端部向被检血清孔的内侧弯曲，而被检血清孔与抗原之间不形成完整的沉淀线，则为弱阳性。凡弱阳性者应重复试验，仍为弱阳性反应者，判为阳性，记作“+”。

3）被检血清孔与抗原孔之间无沉淀线，标准阳性血清与抗原孔之间沉淀线直伸延到被检血清孔边缘无弯曲者，判为阴性，记作“-”。

4）抗原孔与被检血清孔之间沉淀线粗面混浊，或与标准阳性血清和抗原孔间的沉淀线交叉并直伸被检血清孔边缘者，则为非特异反应应重试，若仍出现非特异反应则判为阴性。

作业

（1）写出蓝舌病病原学检查的方法与步骤。

（2）试述蓝舌病琼脂凝胶免疫扩散试验诊断方法的操作过程。

实验22 副结核病的实验室诊断

【目的】

熟悉和掌握副结核病的细菌学、变态反应和补体结合反应诊断的操作方法。

【内容及方法】

一、细菌学诊断

细菌学诊断包括细菌镜检和细菌培养两种方法，其中有一种是阳性时，即可判为病畜。

（一）病料采集

（1）粪便。选取混有黏液、血液、黏膜等粪便，盛于小瓶中送检，也可从病畜直肠深部（约30cm），用刮匙取少量粪便黏液。也可将上述材料直接制成涂片数张，自然干燥，用防水纸包扎送检。

（2）肠及肠淋巴结。选取明显病变肠段，用自来水冲去肠内粪便，并采取病肠邻近相应的肠淋巴结和回盲瓣，盛于塑料袋中，冻结后送检。需做病理组织学检查时，可将肠及淋巴结浸泡于10%福尔马林溶液中送检。

（二）细菌镜检

取适量粪便（混有黏液、血液）加4~5倍蒸馏水，充分混匀，用4层纱布过滤，将滤液以5000r/min离心30min，取沉淀制作涂片2~4张，用萋-尼氏抗酸染色法染色、镜检。直肠刮取物或粪中黏液、血液，可直接制成涂片，火焰固定，萋-尼氏抗酸染色后镜检。

副结核杆菌在显微镜下呈红色球杆状，成丛成团存在，背景呈蓝色。

（三）细菌培养

取粪便1~2g，加入生理盐水40mL充分混匀，用4层纱布过滤，滤液中加等体积的含10%草酸和0.02%孔雀绿水溶液混匀，37℃水浴30min，3500~5000r/min离心30min，弃上清液，将沉淀物接种到马铃薯汤培养基上，置37℃温箱培养。同时制一涂片镜检。

如被检病料为病肠段，则将肠剪开，用自来水轻轻冲洗肠内容物，将肠管在玻璃板上摊开，使黏膜面向上，用载玻片或外科刀刮取黏膜约10~20g，置于灭菌的带有铜纱网的乳钵中研磨，边研磨边添加0.5%胰酶水溶液40mL使呈悬液，用1N氢氧化钠调pH值至9.0，放在烧杯中，在磁力搅拌器上于室温搅拌1h，再以5000r/min离心30min，弃上清液，沉淀物重新悬浮于20mL灭菌生理盐水中，加入等量的含有10%草酸和0.02%孔雀绿水溶液充分混匀，37℃水浴30min，并不断振摇，再用5000r/min离心30min，弃上清液，取沉淀物接种于马铃薯汤培养基上，放入 37℃温箱培养。同时制一涂片镜检。

如被检病料为肠淋巴结，各称取 10～20g，剔除外面脂肪后剪碎，放在灭菌的带有铜纱网的乳钵中研磨，以后的操作与病肠段的相同。

每份病料接种 3～5 管培养基，第二天将露在试管外的棉塞剪去，用蜡封管口，37℃培养，一般经 1～2 个月出现肉眼可见的、针尖大的、灰黄色隆起的、不透明、边缘不甚整齐的细小菌落，镜检可见到细小抗酸杆菌。未长出菌落的培养管，须培养到 6 个月，若仍未见生长，方可弃去。

分离出的细菌培养物，分别接种 1 管加有分枝杆菌素和 1 管不加分枝杆菌素的改良 Dubos 培养基上，37℃培养 20～30d 后，若是副结核杆菌，则在加入分枝杆菌素的培养基上生长，而在不加分枝杆菌素的培养基上不生长。

马铃薯汤培养基的制备方法如下：取红皮马铃薯，洗净去皮，切成小方块，按 1∶50 加入蒸馏水，煮 30min，补足水分，纱布过滤后，将制成的马铃薯汤置 4℃冰箱备用。取天门冬素 1g，KH_2PO_4 1g，$MgSO_4 \cdot 7H_2O$ 0.05g，柠檬酸铁 0.12g，甘油 6mL，Tween-80 1.5mL，草分枝菌素 0.1g（放入 10mL 无水酒精加温溶解），加入 100mL 马铃薯汤中，放入水浴中加热溶解，冷至 56℃时，加入卵黄 200mL，2% 孔雀绿液 4mL，充分搅匀，纱布过滤，分装试管，80～85℃灭菌 1h，隔一天再灭菌一次，置 4℃冰箱备用。

改良 Dubos 培养基的制备方法如下：取胰蛋白胨 25g，天门冬素 0.3g，无水 Na_2HPO_4 2.5g，KH_2PO_4 1g，柠檬酸铁铵 0.05g，$MgSO_4 \cdot 7H_2O$ 0.6g，甘油 25mL，Tween-80 溶液 50mL，琼脂 15g，逐一加入蒸馏水中，轻轻加热，令其溶解，加蒸馏水至 800mL，115.5℃灭菌 15min，pH 值为 7.2，此即为基础培养基，置 4～6℃冰箱保存备用。使用时，将基础培养基溶化，冷至 56℃，加入草分枝菌素 20mL，青霉素 10 万单位，氯霉素 0.05g，放线酮 0.1g，无菌牛血清 200mL，充分混匀，分装试管，摆成斜面，令其凝固。

二、变态反应诊断

（一）药品器材

提纯副结核菌素或禽型提纯结核菌素、游标卡尺、注射器等。

（二）注射部位和术前处理

在牛颈左侧中部上 1/3 处，剪毛约 10～15cm（在与牛型提纯结核菌素同时注射时，则在同侧颈中部距离提纯副结核菌素注射部位下方 20cm 处注射牛型提纯结核菌素）。用游标卡尺测量皮肤厚度。若该部位有硬结、创伤或化脓时，应另选部位或在对侧进行。羊在尾根皱褶部注射，亦可在颈部注射。

（三）注射剂量和方法

用灭菌的生理盐水或注射用水将提纯副结核菌素稀释成 0.5mg/mL，禽型提纯结核菌素为每毫升 25000 单位。皮内注射 0.1mL（不分性别、年龄）。注射部位应出现小包，若无小包，应另选部位或在对侧重新注射。

（四）判定标准

注射后72h观察反应，检查注射部位有无热、肿、痛等炎性反应，用游标卡尺测量注射部位皮肤厚度，作出判定。

阳性反应（+）局部有炎性反应，皮厚差不小于4mm。

疑似反应（±）局部炎性反应不明显，皮厚差2.1~3.9mm（进口动物检疫时皮厚差大于2mm判为阳性）。

羊在尾褶部位无任何反应的判为阴性，有反应（不论皮厚差大小和炎性反应轻重）均判为阳性。

疑似反应，在3个月后于对侧颈部相应部位再注射判定一次，若仍为疑似则判为阳性。

（五）提纯副结核菌素与牛型提纯结核菌素皮内变态反应比较判定标准

（1）牛型提纯结核菌素阳性反应牛。牛型提纯结核菌素反应大于提纯副结核菌素反应，两者皮厚差在2mm以上，即判为牛结核菌素阳性反应。

对已定性结核牛群，即使两者皮厚差在2mm以下或相等，或牛型提纯结核菌素小于提纯副结核菌素皮厚差（不超过2mm），也应判为牛结核菌素反应牛（但牛型提纯结核菌素本身反应皮厚差应在2mm以上）。

（2）提纯副结核菌素阳性反应牛。副结核菌素反应大于牛型提纯结核菌素反应，两者皮厚差在2mm以上，即判为副结核菌素阳性反应。

对已定性副结核牛群，即使两者皮厚差小于2mm或相等，或提纯副结核菌素略小于牛型提纯结核菌素皮厚差（不超过2mm），也应判为副结核菌素反应牛（但副结核菌素本身反应的皮厚差应在2mm以上）。

三、血清学诊断（补体结合试验）

（一）试验材料

（1）抗原。用从禽结核菌提取的菌体脂多糖作为抗原，其为冻干制品，每安瓿装2mg，使用时用生理盐水1mL稀释为原液。

（2）标准阴、阳性血清。

（3）其他。补体（豚鼠血清或其冻干制品）、绵羊红细胞（3%）、溶血素、被检血清等。

（二）预备试验

（1）溶血素效价测定。先用生理盐水将溶血素作成1：1000、1：2000、1：3000、1：4000、1：5000、1：6000、1：7000、1：8000、1：9000九个稀释度，然后取小试管9支，依次加入上述各稀释度的溶血素，每管0.1mL，再向每管内加入1：40补体0.2mL，生理盐水0.2mL，3%红细胞0.1mL，混合，37℃水浴10min，以完全溶血的最高稀释度为1个溶血单位，正式试验用4个单位（如第5管即1：5000完全溶血，而且溶血素稀释倍数最高，则 5000/4 = 1250 倍，又除去溶血素中倍量甘油，故 1250/2 = 625 倍，即正式试验使用溶血素应作 625 倍稀释）。测定时，尚须同时作溶血素对照、补体对照和盐水对照，均不应溶血。

（2）补体效价测定。先将补体作 1∶40 稀释，然后取小试管 7 支，第 1 管加 1∶40 补体 0.05mL，第 2 管至第 7 管每管所加量各比其前一管增加 0.03mL，每管用生理盐水补足至 0.3mL，再向每管加入两个单位抗原（一个工作量）0.1mL，致敏红细胞液（3% 红细胞加等量 4 个单位溶血素于室温或 37℃作用 15min 即成致敏红细胞液）0.2mL，同时作盐水对照 1 支，37℃水浴 20min。在对照不溶血的情况下，以能完全溶血的补体最小量为 1 个补体单位，正式试验用两个补体单位（其换算方法与其他疫病的补体结合反应相同）。

（3）抗原效价测定。与最高稀释度的阳性血清不呈现溶血现象的抗原最大稀释度为 1 个抗原单位，正式试验时用两个单位（一个工作量）。具体操作按表 1-17 进行。

表 1-17　抗原效价测定表　（mL）

试管号		1	2	3	4	5	6
Ag 稀释倍数 成分		25	50	100	200	400	对照
抗原		0.1	0.1	0.1	0.1	0.1	生理盐水 0.1
阳性血清	1∶5	0.1	0.1	0.1	0.1	0.1	0.1
	1∶10	0.1	0.1	0.1	0.1	0.1	0.1
	1∶20	0.1	0.1	0.1	0.1	0.1	0.1
	1∶40	0.1	0.1	0.1	0.1	0.1	0.1
1∶5 阴性血清		0.1	0.1	0.1	0.1	0.1	0.1
2 单位补体		0.2	0.2	0.2	0.2	0.2	0.2
4℃过夜							
致敏红细胞		0.2	0.2	0.2	0.2	0.2	0.2
37℃水浴 20min，取出后室温静置 2～3h 判定							

（三）正式试验

被检血清用生理盐水作 5 倍稀释后，于 58℃水浴中灭能 30min；或先用生理盐水 2 倍稀释后于 58℃水浴中灭能 30min，然后用万分之一 $MgSO_4$ 生理盐水 2.5 倍稀释，最终也是 5 倍稀释。具体操作按表 1-18 进行。

（四）结果判定

反应管从水浴中取出后，放在室温静置 3h 后判定。先看各对照管：阳性血清管必须 100% 抑制溶血（＋＋＋＋），阴性血清管、抗原管、补体管、致敏红细胞管，都必须 100% 溶血（－），方可认为试验正确。记录符号如下：

“＋＋＋＋”90% 抑制溶血；上清液无色透明，红细胞全沉于管底。

“＋＋＋”75% 抑制溶血；上清液稍带红色，红细胞全沉于管底。

“＋＋”50% 抑制溶血；上清液呈浅红色，红细胞半数沉于管底。

“+” 25% 抑制溶血；上清液深红色透明，红细胞少量沉于管底。

“-” 全溶血；上清液深红透明，管底无红细胞。

表 1-18 正式试验表 （mL）

试管号	1	2	3	4	5	6	7	8
类别	被检血清			阳性血清对照管	阴性血清对照管	抗原对照管	补体对照管	红细胞对照管
成分	1∶5 试验管	1∶10 试验管	1∶5 对照管					
1∶5 被检血清	0.1	—	0.1	—	—	—	—	—
1∶10 被检血清	—	0.1	—	—	—	—	—	—
1∶10 阳性血清	—	—	—	0.1	—	—	—	—
1∶10 阴性血清	—	—	—	—	0.1	—	—	—
2 单位抗原	0.1	0.1	—	0.1	0.1	0.1	—	—
2 单位补体	0.2	0.2	0.2	0.2	0.2	0.2	0.2	—
生理盐水	—	—	0.1	—	—	0.1	0.2	0.4
4℃过夜								
致敏红细胞	0.2	0.2	0.2	0.2	0.2			0.2
37℃水浴 20min								

判定标准为：被检血清 1∶5 稀释时，“+++”以上判为阳性，“++”或“+”为可疑，“-”判为阴性；被检血清 1∶10 稀释时，“++”以上判为阳性。

以上两种稀释倍数的被检血清，只要其中一种出现阳性反应，即判为阳性。当出现可疑反应时，应重做试验，仍为可疑反应时，则判为阳性。

作 业

（1）试述副结核病实验室诊断的应用价值。

（2）简述副结核病的细菌学检查、变态反应和补体结合反应的操作程序。

实验23　鸡新城疫的诊断和免疫监测

【目的】

（1）掌握鸡新城疫的临诊诊断要点。

（2）系统地了解和掌握鸡新城疫的实验室诊断和免疫监测技术。

【内容及方法】

一、鸡新城疫的临诊诊断要点

由新城疫病毒（NDV）引起的临诊症状，依宿主和病毒毒力两方面的因素而定。对于鸡，不同的毒株引起疾病的严重程度不同，有的造成急性死亡，死亡率可高达100%，有的仅表现为亚临床型。不同的宿主感染同一毒株的后果也不同。例如，某些毒株可引起鸡和火鸡发生严重疾病，但它们对鸭和鹅仅引起隐性感染。此外，我国的商业鸡群绝大多数为新城疫（ND）的免疫鸡群，发生ND流行主要是由于各种原因造成群体对ND的免疫保护水平下降或免疫失败所致，在临诊症状上大多不典型。与ND有关的临诊症状有：呼吸困难、腹泻、产蛋下降或停止、精神抑郁、神经症状和死亡。这些症状在有的病例可全部出现，但大多数病例仅部分出现。对不同的鸡群来说，出现临诊症状的鸡所占的比例及发病鸡的严重程度可能有很大差异。典型的ND的特征性病变是全身呈出血性败血变化；腺胃乳头出血或溃疡；肠道，特别是盲肠扁桃体和直肠-泄殖腔黏膜呈条纹状出血，间有纤维素性坏死点；腺胃和肌胃的浆膜以及全身脂肪组织多见针尖样出血点。非典型ND的出血性变化大多不明显，剖检时需仔细辨认，盲肠扁桃体和直肠-泄殖腔黏膜出血变化发生的频率通常较高。

必须指出的是，ND的临诊症状，无论是消化道、呼吸道或神经系统，都不是ND所特有的。因此，ND的临诊诊断只能是初步的诊断。ND的确诊还需进一步进行流行病学调查，血清学试验等综合判定。但最后确诊需要对感染鸡进行病原分离、鉴定。

二、实验室诊断

（一）NDV的分离鉴定

1. 样品采集

泄殖腔拭子和气管拭子是用于NDV分离的最好样品来源，而不论其临诊症状和剖检变化如何。其他样品可从病死的禽或扑杀的病禽采集，这时应考虑临诊症状和器官病变，例如出现神经症状可采集脑样品。在实际工作中常将脑、肝、脾、肺、肾等器官组织混合，而对泄殖腔拭子和气管拭子则分开处理。

拭子样品应浸没于加抗生素的培养基中，抗生素的含量通常为每毫升青霉素10000单位，链霉素10mg/mL。以无菌采集的脏器样品，可制成1：5悬液，培养基中抗生素浓度可比处理拭子样品的低些。

2. 病毒分离培养

分离 NDV 最敏感的方法仍是鸡胚接种。接种前样品在含抗生素培养基中应在室温作用 2h（如加抗生素培养基中的样品已在 4℃过夜，此步可省去）。组织悬液或拭子的冲洗液在 1000 ~ 2000r/min，离心 10min，取上清液接种 4 ~ 5 个 9 ~ 10 日龄的 SPF 鸡胚，以尿囊腔接种每胚 0.2mL。如果没有 SPF 鸡胚，也可以用非免疫鸡胚。抗体阳性鸡胚会降低病毒分离的成功率。

接种后的鸡胚在 37℃继续孵育，并定时照蛋。将死胚或垂死胚取出置 4℃冷却，接种 5 ~ 7d 后将所有鸡胚取出置 4℃冷却，然后取尿囊液和羊水做 HA 试验。为了不漏检，应将第一次试验阴性的胚液不经稀释再盲传两代。对所有 HA 阳性胚液做无菌检查，如有细菌污染，可用 0.22μm 微孔滤膜过滤除菌，加入抗生素后再接种 9 ~ 10 日龄的鸡胚。

如要分离其他副粘病毒，则除尿囊腔接种外，应考虑接种 6 ~ 7 日龄鸡胚的卵黄囊。

NDV 和大多数其他禽副粘病毒可在多种禽类细胞和哺乳类细胞中生长，但对于 NDV 弱毒，通常需要加胰蛋白酶以促进其生长，否则不产生明显细胞病变。所以在 NDV 的日常分离中细胞培养很少使用。

3. 病毒的鉴定

鸡胚液 HA 阳性，表明分离到了红细胞凝集性病毒，是不是 NDV，还需要鉴定。用特异性抗血清进行血凝抑制试验（HI），可证实或排除 NDV。其他禽副粘病毒的鉴定也是使用各血清型的特异抗血清进行 HI 试验。

（二）NDV 的毒力型鉴定

由于致病性弱的 NDV 在野禽中广泛存在，而且这一类 NDV 弱毒株作为弱毒活疫苗在家禽中广泛使用，因此在发病鸡群分离鉴定出 NDV 还不能作出 ND 的确诊，只有鉴定分离到的 NDV 是强毒，才能确诊。但是 NDV 的毒力鉴定需要进行复杂的活体内生物学试验，此项实验要严格符合要求才能获得可靠试验数据，主要采用下列 3 个生物学试验。

1. 鸡胚最小致死量平均死亡时间（MDT）

用灭菌生理盐水连续 10 倍递增稀释病毒（$10^{-1} \cdots 10^{-9}$），每个稀释度至少接种 5 个 9 ~ 10日龄 SPF 鸡胚，每个胚尿囊腔接种 0.1mL。接种后的鸡胚在 37℃孵育 7d，每天早晚各照胚一次，记录每组鸡胚中各胚死亡的时间。使所有鸡胚死亡的最高稀释度就是最小致死量（MLD）。MDT 是 MLD 致死鸡胚的平均时间，强毒株为 40 ~ 60h，中毒株为 60 ~ 90h，弱毒株为 90h 以上。MDT 可按下列公式计算：

$$MDT = [(\text{在 } x \text{ 小时死亡胚数}) \times x \text{ 小时} + (\text{在 } y \text{ 小时死亡胚数}) \times y \text{ 小时}] / \text{死亡胚胎总数}$$

2. 1 日龄鸡脑内接种致病指数（ICPI）

测定 ICPI 时用灭菌生理盐水（必须无抗生素）将具有感染性的无菌尿囊液作 1∶10 稀释，接种 10 只 1 日龄 SPF 鸡，每只脑内接种 0.05mL。接种鸡连续观察 8d。每天观察时正常鸡得 0 分，患病鸡得 1 分，死亡鸡得 2 分。

致病指数按下列公式计算：

$$\text{ICPI} = [\text{8d 累计发病数} \times 1 + \text{8d 累计死亡鸡数} \times 2] / (\text{8d} \times \text{试验鸡数})$$

$$(\text{强毒株} \geqslant 1.6, \text{中等毒力为} 0.8 \sim 1.5, \text{弱毒为} 0.0 \sim 0.5)$$

3. 6周龄鸡静脉内接种致病指数（IVPI）

测定IVPI时用灭菌生理盐水将新鲜的、具有感染性的无菌尿囊液作1∶10稀释，接种10只6周龄SPF鸡，每只静脉注射0.1mL。接种鸡每日观察，连续10d，每次观察时，正常鸡得0分，患病鸡得1分，瘫痪鸡得2分，死亡鸡得3分。IVPI值是观察8d时间内每只鸡的平均得分。大多数中毒株和所有弱毒株IVPI值为0，而强毒株IVPI值接近3。

（三）新城疫的免疫监测

ND免疫监测最常用的方法是采血清做血凝抑制试验（HI）。

1. 微量HA和HI试验（β-微量法）

试验原理：

HA试验 NDV纤突上含有血凝素，能不同程度地凝集某些动物的红细胞。

HI试验 NDV＋红细胞→红细胞凝集，NDV＋抗体→抗原抗体复合物＋红细胞→红细胞不凝集

2. 材料与试剂

V形血凝板、加液枪、刻度吸管；新城疫抗原、阳性血清、阴性血清、待检血清、生理盐水、1%的红细胞。

（1）微量血凝试验（HA）。在进行HI试验之前必须先进行HA试验，以确定HI试验中所用抗原的HA滴度。取96孔板，按以下步骤操作：

1）第1排1～12孔各加生理盐水50μL，第2排1～12孔加生理盐水50μL为红细胞对照；

2）吸50μL病毒液于第1排第1孔，混匀后取50μL至第2孔，依次稀释至第12孔，弃去50μL，各孔经倍比稀释后稀释度依次为$2^{-1} \sim 2^{-12}$。

3）第1排1～12孔及第2排1～12孔各加1%鸡红细胞50μL，微型震荡器震荡2min混匀。

4）室温静置10～30min，观察结果。

5）结果判定：红细胞对照组红细胞完全沉降，以试验排中能使等量红细胞发生完全凝集的病毒最高稀释倍数，作为病毒的血凝价，即HA效价，用2^n表示。

以红细胞完全凝集（＋＋＋＋）的抗原最大稀释度为该抗原的血凝效价，表示一个HA单位（HAU）。每次4排重复，以几何均值表示结果。只有阴性对照孔血清滴度不大于2lg2，阳性对照孔血清误差不超过1个滴度，试验结果才有效。

注意：由于新城疫病毒含有神经氨酸酶，它能破坏红细胞表面的血凝素受体，使凝集的病毒从红细胞上解脱下来，所以要及时观察结果。

（2）微量血凝抑制试验（HI）。在完成HA试验后，以4个HA单位的抗原（HA试验中出现完全凝集的抗原最大稀释度向左退两孔的抗原稀释度）进行HI试验。4单位抗原的制备：计算出含4个血凝单位的抗原浓度，按如下公式进行计算：

$$\text{抗原应稀释倍数} = \text{血凝滴度} / 4$$

取一96孔板，按以下步骤操作：先取生理盐水50μL加入第1孔，再取4单位抗原加入3~12孔，每孔50μL，再取8单位抗原加入第2孔。用加液枪吸取被检血清50μL加入第1孔，混合均匀后吸取50μL加入第2孔，依次倍比稀释至第12孔，吸取50μL弃去；置室温（18~20℃）下作用20min。用加液枪向所有孔中加入1%鸡红细胞50μL/孔，振荡混匀后在室温下静置30~40min，判定结果。每次测定应设已知滴度的标准阳性血清对照。β-微量法HI试验操作术式见表1-19。

表1-19　β-微量法HI试验操作术式　（μL）

孔号 / 滴度（lg2） / 材料	1	2	3	4	5	6	7	8	9	10	11	12
滴度（lg2）	对照	2	3	4	5	6	7	8	9	10	11	12
生理盐水	50↓											
8HA单位抗原		50↓										
4HA单位抗原			50	50	50	50	50	50	50	50	50	50
被检血清	50→	50→	50→	50→	50→	50→	50→	50→	50→	50→	50→	50 弃去50
1%鸡红细胞	50	50	50	50	50	50	50	50	50	50	50	50
作用时间及温度	18~20℃　静置30~40min											
判定举例	–	–	–	–	–	–	+	++	+++	#	#	#

结果判定：以完全抑制红细胞凝集的最大稀释度为该血清的血凝抑制（HI）滴度。

鸡群HI滴度的高低在一定程度上反映了免疫保护水平的高低。HI滴度在1：24的鸡群保护率约为50%；在1：24以下的非免疫鸡群约为10%，免疫鸡群约为40%；HI滴度在1：（26~10）的鸡群保护率达90%以上。若鸡群出现1：2^{11}或以上的HI滴度，说明鸡群已发生新城疫野毒的感染。

作　业

（1）结合生产实际，谈一谈为什么现阶段ND容易出现免疫失败。

（2）免疫鸡群发生ND流行时有什么特点？

（3）简述ND实验室诊断程序。

（4）临床上进行ND诊断时，HA和HI试验各有何作用？

实验24　鸡马立克氏病的诊断和免疫接种

【目的】

熟悉鸡马立克氏病的诊断方法和免疫接种要点。

【内容及方法】

一、马立克氏病（MD）的诊断

（一）MD的诊断依据

本病的诊断主要依据临诊症状和病理变化。血清学和病毒学方法可用于鸡群感染情况的监测，但不能作为发生MD的诊断依据。因为感染MDV与发生MD是两回事。几乎所有鸡群都存在MDV感染，但仅有部分鸡群发生MD；免疫鸡群可以防止MD发生，但不能阻止MDV强毒感染。

神经型可根据病鸡特征性麻痹症状以及病理变化即可确诊。表现受害神经增粗，横纹消失，有时呈水肿样外观。因受害的坐骨神经丛和臂神经丛常为单侧，与另一侧对比容易发现明显差别。内脏型应与鸡淋巴细胞性白血病区别，区别要点见《兽医传染病学》（第5版，陈溥言主编）的两病鉴别诊断表。肿瘤组织的组织学检查对MD的诊断与淋巴白血病的鉴别诊断特别有意义。MD肿瘤由大小不一的大、中、小淋巴细胞、成淋巴细胞、浆细胞和MD细胞组成，而淋巴白血病肿瘤由大小均一的成淋巴细胞组成。

（二）鸡群MDV感染情况的监测

一般采用琼脂扩散的血清学方法，检测鸡血清中的MDV特异抗体或鸡羽髓中的MDV抗原。其操作方法如下：

（1）1%琼脂糖平板制备。用含8%氯化钠的PBS（0.01mol，pH值为7.4）配制1%琼脂糖溶液，水浴加温使充分溶化后，加入培养皿，每皿约20mL；平置在室温下凝固冷却后，将琼脂板放在预先印好的7孔形图案上，用打孔器按图形准确位置打孔，中央孔孔径为4mm，周边孔孔径为3mm，孔距均为3mm。

（2）检测血清抗体（被检鸡血清）。向中央孔滴加标准琼扩抗原，向周边孔滴加待检血清和至少有一孔加阳性血清，均以加满而不溢出为度；将加样后的琼脂平皿加盖后平放于加盖的湿盒内，置37℃温箱中孵育，8～24h内观察并记录结果。

（3）检测羽髓中MDV抗原。向中央孔加MD阻性血清，向周边1、4孔加标准MD琼扩抗原，向周边2、5、6孔加待检羽髓浸液（加1～2滴蒸馏水在试管内挤压），或直接插羽髓。加样后将琼脂平皿置湿盒内，于37℃温箱孵育，8～24h内观察结果。

上述方法可用于20日龄以上鸡羽髓MDV抗原检测和1月龄以上鸡的血清抗体检测，试验需用标准的MD琼扩抗原和抗血清。

判定标准：被检样品孔与中心孔之间形成清晰的沉淀线，并与周边已知抗原或阳性血清孔的沉淀线互相融合者，判为阳性，不出现沉淀性的判为阴性；已知抗原与阳性血清之间所产生的沉淀线末端弯向被检样品孔内侧时，则该被检样品判为弱阳性。有的被检材料可能会出现两条以上沉淀线，其中一条与已知抗原-阳性血清的沉淀线融合者，仍判为阳性。

二、MD 的免疫接种

MD 疫苗以火鸡疱疹病毒（HVT）疫苗使用最广泛，因为该苗是冻干制剂，可在 4℃ 保存。由于近年来因 MDV 超强毒株出现和早期感染很难防止，使用 HVT 的鸡群常发生免疫失败，不少鸡场特别是祖代和父母代种鸡场已采用双价疫苗或单价的细胞结合疫苗，这两种疫苗都需要液氮保存。MD 疫苗的免疫接种应注意如下几点：

（1）接种鸡为 1 日龄雏鸡，一定要在孵化厅的接种室进行，出雏前应认真做好孵化厅设施及有关用具的清洁消毒，防止孵化厅早期感染。

（2）无论是 HVT 冻干苗还是液氮冻存苗都应按规定的头份稀释到规定量的专用稀释液中去，稀释液中不能添加其他任何药品，疫苗稀释后需在 1h 内用完，因此应根据接种的速度确定一次稀释的疫苗量。液氮苗在取出后应在 37 ~ 40℃ 水浴中迅速融化，在安瓿中尚有一小块未融化完时将疫苗加入稀释液。

（3）MD 疫苗必须腹腔内或颈部皮下接种，口服无效。育雏舍在进免疫雏鸡前应做好清洗消毒（福尔马林熏蒸），防止接种后发生育雏舍早期感染。1 日龄免疫后一般在 7 ~ 10 日龄产生免疫力。

（4）免疫鸡一周龄内避免使用氯霉素类产生高度免疫抑制的药物和中等偏强毒力的法氏囊病疫苗。

作 业

（1）鸡马立克氏病的诊断依据是什么，检测鸡羽髓抗原和血清抗体的意义何在？

（2）MD 疫苗免疫接种时应注意哪些问题，为什么？

实验25 鸡传染性法氏囊病的诊断

【目的】

熟悉和掌握鸡传染性法氏囊病的诊断方法。

【内容及方法】

一、临诊要点

鸡传染性法氏囊病（IBD）是由称为法氏囊病病毒的双股RNA病毒引起鸡的一种急性接触性传染病。根据本病的流行特点、临床症状和剖检变化可作出诊断，其诊断要点如下：

（1）流行特点。IBD仅发生于鸡，多见于雏鸡和幼龄鸡，以3~6周龄鸡最易感。成年鸡感染后一般呈隐性经过。在易感鸡群中，往往是突然发病，头2天死亡不多，第3~5天死亡达到高峰，第7天后死亡减少或停止死亡。

（2）临床症状。本病在初发生的鸡群多呈急性经过，早期症状表现为有的鸡啄肛门和羽毛现象，随着病鸡出现下痢、食欲减退、精神委顿、畏寒、消瘦、羽毛无光泽，病鸡脱水虚弱而死亡。死亡率一般为5%~25%，如毒力强的毒株侵害，其死亡率可达60%以上。

（3）病变。剖检时特征性病变，见胸肌、腿肌出血，腺胃和肌胃交界处有带状出血。法氏囊水肿比正常大2~3倍。法氏囊明显出血，黏膜皱褶上有出血点，里面黏液较多，如出血严重者法氏囊像红色葡萄。病程长的法氏囊内有干酪样物质，整个囊变硬。有的病例法氏囊萎缩。肾肿大并有尿酸盐沉积，盲肠扁桃体肿大、出血。

二、实验室诊断

IBD的实验室诊断，取决于病毒的特异性抗体的检测，或组织中病毒的血清学检查，通常不把病原分离和鉴定作为常规诊断的目的。

（一）琼脂凝胶沉淀试验

本法是检测血清中特异性抗体或法氏囊组织中病毒抗原的最常用诊断方法。

（1）病料采集。采集发病早期的血液样品，3周后再采血样，并分离血清。为了检出法氏囊中的抗原，无菌采取10只鸡左右的法氏囊，用组织搅拌器制成匀浆，以3000r/min离心10min，取上清液备用。

（2）IBD的标准阳性血清和阴性血清。

（3）琼脂板制备。取1g优质琼脂溶化于100mL含有0.1%石炭酸的8%氯化钠溶液，经多层纱布脱脂棉过滤，置冰箱备用。有时放在水浴中融化并趁热浇在玻片上，每片4mL，厚约2.5~3mm。也可以吸15mL倒入90mm平皿内。

（4）打孔和加样。事先制好打孔的图案（中央1个孔和外周6个孔），放在琼脂板下面，用批孔器打孔，并剔去孔内琼脂。孔径为6mm，孔距为3mm。检测IBDV的抗体时，中央孔和已知的IBDV的抗原，若测法氏囊中的病毒抗原，中央孔加已知标准阳性血清。现以检测抗原为例进行加样。中央孔加IBD的阳性血清，1、4孔加入已知抗原，2、3、5、6孔加入被检抗原，添加到孔满为止，将平皿倒置放在湿盒内，置37℃温箱内经24~48h观察结果。

（5）结果判定。在标准阳性血清与被检的抗原孔之间，有明显沉淀线者判为阳性，相反，如果不出现沉淀线者判为阴性。标准阳性血清和已知抗原孔之间一定要出现明显沉淀线者，本试验方可确认。

（二）免疫荧光抗体检查

（1）荧光抗体。成都兽医生物药品厂生产。

（2）被检材料。采取病死鸡的法氏囊、盲肠扁桃体、肾和脾，用冰冻切片制片后，用丙酮固定10min。

（3）染色方法。在切片上滴加IBD的荧光抗体，置湿盒内，37℃感作30min后取出，先用pH值为7.2 PBS液冲洗，继而用蒸馏水冲洗，自然干燥后滴加甘油缓冲液封片（甘油9份，pH值为7.2 PBS 1份）镜检。

（4）结果判定。镜检时见片上有特异性的荧光细胞时判为阳性，不出现荧光或出现非特异性荧光则判为阴性。

（5）注意事项。滴加标记荧光抗体于已知阳性标本上，应呈现明显的特异荧光。滴加标记荧光抗体于已知阴性标本片上，应不出现特异荧光。本法在感染12h后就可在法氏囊和盲肠扁桃体检出。

（三）病毒中和试验

本试验可用细胞培养或幼龄鸡进行，它比琼脂凝胶沉淀试验检测抗体更敏感，对估价疫苗的免疫应答是有用的。

（1）细胞培养中和试验。在微量滴定板的每孔中，加入0.5mL含100$TCID_{50}$的病毒稀释液。被检血清经56℃灭能30min，然后以滴定板上的病毒稀释液将被检血清作连续倍比稀释。滴定板在室温放30min后，每孔加入0.2mL制备好的鸡胚细胞悬液，置37℃培养4~5d，每天在倒置显微镜下观察细胞病变产生的情况，并以不出现细胞病变的最终稀释度的倒数（$\log_2$）判定终点。

（2）易感鸡中和试验。将被检血清在56℃灭能30min。取1mL被检血清与1mL已知阳性IBD抗原（可用细胞培养毒，1mL含200$TCID_{50}$/0.05mL，或用清亮的10%法氏囊匀浆）混合，37℃孵育30~60min。将上述混合物滴入7只易感鸡眼内（易感鸡不含有IBD抗体），每只鸡滴0.5mL，3d后将鸡宰杀，检查其法氏囊有无病变。同时设立IBD阳性血清和阴性血清作对照。若被检血清采于非免疫鸡群，其阳性血清和被检血清鸡的法氏囊无病变，而阴性血清对照鸡的法氏囊出现病变时，表明被检血清的鸡已感染IBDV；如果被检血清采于免疫鸡群，出现这种情况，说明IBD疫苗免疫应答较好。相反，阳性血清鸡的法氏囊无病变，而阴性血清和被检血清鸡的法氏囊出现病变，表明IBD疫苗免疫应答差。

（四）间接ELISA检测IBDV抗体

（1）材料准备。聚苯乙烯微量反应板、酶标测定仪；抗原、兔抗鸡IgG酶标记抗体、阳性血清和阴性血清（自备或购买）。

（2）操作方法。

1）抗原包被。IBDV 抗原用0.05mol/L pH 值为9.6 碳酸盐缓冲液稀释至5μg/mL，每孔加100μL，置37℃温箱1h后，再置4℃冰箱过夜。取出后倾去包被液，用PBS-T 冲洗液洗涤3次，每次3～5min。加含10% BSA 的 PBS-T 封闭液，每孔加 100μL，置37℃温箱1h，倾去封闭液，洗涤同前。包被好的抗原板用塑料封装，放在－20℃冰箱保存。

2）加被检血清。用血清稀释液按 1∶400 稀释，加入 ELISA 反应板中，每孔加100μL。A_1 孔加稀释液，A_2、A_3 孔加阴性血清，A_4、A_5 孔加阳性血清。阳性和阴性血清不稀释，加入量同被检血清。然后将反应板放在湿盒中，置37℃温箱1h。

3）冲洗。倾去反应板中液体，用冲洗液洗涤3次，每次3～5min。

4）加兔抗鸡 IgG 酶标记抗体。取酶标记抗体1mL加100mL 酶标稀释液混匀后，再加100mL 灭菌甘油即成试验用兔抗鸡 IgG 酶标记抗体，用安瓿分装每支1mL（可放－20℃冰箱保存）。用时取出1支加入9mL稀释液，每孔加入100μL，置37℃温箱1h。

5）冲洗。方法同3）。

6）加底物液。将底物液甲液加入乙液中，再加入30%过氧化氢液10μL，混匀后立即加入反应板上，每孔100μL，37℃避光作用20min。

7）加终止液。每孔加入50μL。

8）用酶标测定仪在波长492nm下，测定每孔降解物的吸收值。测定时 A_1 孔调零。

（3）结果判定。被检血清两孔 OD 值平均值与阴性血清两孔 OD 值平均值之比，若被检血清 OD 值不小于2则判为阳性。

（4）试验溶液配制。

1）冲洗液、0.01mol pH 值为 7.4 PBS 液配制。取 KH_2PO_4 1g，$Na_2HPO_4 \cdot 12H_2O$ 14.5g；KCl 1.0g，NaCl 42g，无离子水加至250mL溶解。

2）酶标抗体和血清稀释液配制。0.01mol pH 值为7.4 PBS 250mL，Tween-20 2.5mL，硫柳汞0.1g。混匀后，按10mL/瓶分装，室温保存。

3）封闭液配制。取2）液250mL，BSA 1g 混匀按10mL/瓶分装，－20℃保存。

4）底物液配制。

甲液：取 $Na_2HPO_4 \cdot 12H_2O$ 35.8g，加无离子水1000mL按6mL/瓶分装，室温保存。

乙液：取柠檬酸21g，加无离子水1000mL，再加邻苯二胺1.2g，按3mL/瓶分装，－20℃避光保存。

5）终止液、2mol/L 硫酸。取浓 H_2SO_4（纯度95%～98%）4mL加入32mL无离子水中混匀即成。

作业

（1）传染性法氏囊病的流行病学、临床症状和病理变化特点是什么？

（2）传染性法氏囊病的实验室诊断方法有几种？比较其优缺点。

实验26 鸭瘟的诊断

【目的】

掌握鸭瘟的诊断程序和方法。

【内容及方法】

一、临诊诊断要点

（1）流行病学诊断。不同品种和年龄的鸭均可感染鸭瘟。在自然流行中成年鸭发病和死亡较为严重，1月龄以下鸭发病较少，但人工感染雏鸭时也易感，死亡率也很高。鹅也能自然感染发病。本病流行多发生在低洼水网地区。本病一年四季都可发生，一般以春、秋流行较严重。

（2）临床症状和病理学诊断。本病的潜伏期一般为3~4d，人工感染为2~4d。病初体温升至43℃以上，呈稽留热。随着病鸭渴欲增加，精神委顿，不久两腿麻痹，行走困难，趴伏地上，强行驱赶时，则两翅扑地而行，走不了几步又蹲伏在地上。另一特征是病鸭流泪、眼睑水肿，部分病鸭头颈肿胀，俗称“大头瘟”，并排出草绿色稀粪。泄殖腔黏膜水肿、充血、出血，严重者外翻，翻开肛门可见泄殖腔黏膜有黄绿色假膜，不易剥离。具有诊断意义的病变是食道黏膜上呈纵行排列的灰黄色假膜，假膜易剥离，剥离后黏膜留有溃疡。泄殖腔黏膜的病变与食道相同，但假膜不易剥离，剥离后黏膜上有出血斑和水肿。头颈肿大的病例，皮下组织有黄色胶样浸润。肝、胃肠制成组织切片检查，可见肝细胞和胃肠黏膜上皮细胞有核内包涵体。

二、鸭瘟的实验室诊断

（一）病毒的分离和鉴定

（1）病料采集和处理。取病鸭或刚死亡鸭的肝脏或脾脏，研磨碎后用磷酸缓冲液或灭菌生理盐水作1∶10稀释，经3000r/min离心20min，取上清液，加入青霉素和链霉素各1000U/mL，置室温60min。

（2）病料的接种。将上述处理好的病料接种于10~14日龄鸭胚，每胚尿囊腔内接种0.2mL，置37℃温箱继续孵育。鸭胚接种后3~6d有部分鸭胚死亡，见胚体全身出血，一般盲代2~3代后鸭胚死亡较规律。

（3）病毒的鉴定。鸭胚死亡后收取其鸭胚液，采用血清中和试验进行病毒的鉴定。其方法是：取上述分离病毒的鸭胚液（1∶100稀释）0.5mL与已知抗鸭瘟血清0.5mL混合，室温感作30min后，将混合液接种入已长好鸭胚成纤维细胞培养管内，每管滴入2滴（0.05mL），置37℃作用60min，然后将混合液吸出加入维持液，37℃继续培养。并设立阴性血清和空白对照。结果判定，接种后观察4d，若阳性血清与分离的病毒不出现细胞病变，即认为是鸭瘟病毒，如果出现细胞病变则不是鸭瘟病毒。阴性血清对照组应出现细胞病变；空白对照不应出现细胞病变。病毒鉴定也可用雏鸭做中和试验，将分离的病毒与已知抗鸭瘟血清等量混合，37℃感作 60min 后，接种于健康雏鸭（无鸭瘟抗体），每只鸭肌肉注射 0.1mL，观察 10d，如试验组鸭均健活，对照组鸭死亡，也证明分离的病毒是鸭瘟病毒。

（二）荧光抗体的检查

（1）抗鸭瘟血清及荧光标记。将鸭瘟致弱病毒与弗氏完全佐剂按 1∶1 混合，皮下注射成年鸭，6 周后采血分离血清，用 50% 硫酸铵沉淀提取 IgG，并标记上异硫氰酸荧光素，再通过葡聚糖柱提纯，用肝粉吸收。最后在 pH 值为 7.2，0.01mol PBS 4℃透析过夜。

（2）鸭胚成纤维细胞。将细胞培养瓶内放入盖玻片，待盖玻片上细胞长成单层后，倾出培养液，接种入病鸭肝悬液（1∶10），37℃作用 60min 后，倾出接种物，并用 Hank's 液洗一次后，加入维持液，37℃继续孵育。

（3）荧光染色。将感染病毒 24h 的细胞培养物取出，干燥后浸入丙酮固定 5min，取出立即浸入 PBS 洗去残留丙酮。待干后将培养物的盖玻片放在清洁的玻片上，取标记的荧光抗体 2～3 滴，覆盖于细胞培养物上，平放在湿盒内 37℃作用 30min，然后在 3 杯 PBS 中荡洗，每杯 3～5min，将多余荧光抗体洗掉。

（4）镜检。在玻片细胞培养物上滴加缓冲甘油封片，在荧光显微镜下观察。若阳性者在细胞培养物上见有特异性荧光。应设立阴性材料作对照。

作业

（1）简述鸭瘟临床症状和剖检变化的特征。

（2）在鸭瘟的诊断中应注意哪些问题？

实验27 小鹅瘟的诊断

【目的】

掌握小鹅瘟的病理诊断和琼脂扩散试验技术，熟悉鹅细小病毒分离鉴定技术。

【内容及方法】

一、临床诊断

本病为败血性病毒病，其症状和病程长短同雏鹅日龄有关：1周龄内雏鹅感染时，常突然发病死亡，当发现雏鹅精神发呆时，数小时内即衰竭倒地，两腿乱划，随即死亡，喙端和蹼色泽发暗，数日内即扩散至全群。

1~2周龄雏鹅发病时，食欲减少或丧失，行动迟缓、无力，站立不稳，喜卧地，打瞌睡，饮水量增加，排黄白色或黄绿色稀便并夹有气泡，张口呼吸，鼻孔有棕褐或绿褐色浆性分泌物，口腔中有相同色泽的液体流出。喙发绀，蹼色泽变暗。嗉囊松软并含有液体和气体。眼结膜干燥，全身有脱水症象，病程为2d左右，死前出现腿麻痹或抽搐。

2周龄以上雏鹅则表现无神、消瘦，行动迟缓，站立不稳、喜蹲卧、排稀便并夹有未消化饲料和气泡，肛门周围绒毛被粪便沾污，食欲减少或无食欲，鼻孔周围有分泌物。病程一般为3~7d或更长些，许多病鹅可以恢复。

本病的病理变化同雏鹅日龄有关，以消化道炎症为主。1周龄内雏鹅发病急、病程短、病变不明显，小肠黏膜肿胀充血，肠内有黄色黏稠液体。心脏变圆，心房扩张，心肌松软呈苍白色，肝、脾和胰脏肿大并充血。1周龄以上雏鹅的病程较长，特征性的变化是小肠发生急性卡他性和纤维素性坏死性肠炎，小肠中下段的肠黏膜整片脱落，凝固的纤维素性渗出物形成栓子，阻塞肠腔，外观膨大，质地坚实，如同香肠，切开时可见栓中心为深褐色干燥的肠内容物。有些病例形成扁平袋状纤维素性凝固物。浆液性纤维素性肝周炎、心包炎、气囊炎和腹膜炎及腹腔积水，肺充血水肿，皮下、胸部与腿部肌肉有出血。2周龄以上雏鹅的肠道栓塞更为明显和严重。

病理组织学变化主要有：心肌纤维有不同程度的颗粒变性和脂肪变性。肌纹减少，肌间血管充血并有小出血区，肌纤维间有淋巴细胞和单核细胞弥漫性浸润，心肌纤维和心肌间质细胞中有核内包涵体。肝脏的病变为肝细胞颗粒变性和脂肪变性，并且出现空泡化，有时在空泡的肝细胞胞浆内可见嗜伊红类包涵体。脾、法氏囊和胸腺淋巴细胞破碎，法氏囊的上皮中可见有包涵体。肾小管上皮颗粒变性，间质中炎性细胞弥漫性浸润。小肠病变为纤维素性坏死性肠炎。胰脏病变为腺管坏死，细胞内脂肪浸润。神经细胞变性，胶质细胞增生。

二、病原学诊断

（1）病料的采集和处理。用无菌手术采取病死雏鹅的肝、脾、肾、胸腺和脑等器官，用生理盐水作10%~20%乳剂，3000r/min离心30min，取上清液加适量的青霉素、链霉素后，即可作为病毒分离液。

（2）病毒分离。取 5 ~8 个 12 ~14 日龄的易感鹅胚，每胚尿囊腔内接种上述的病毒分离液 0. 2mL。每日观察一次，共计观察 8d。3d 前死亡者丢弃，一般在 5 ~7d 时大部分死亡。死胚的绒毛尿囊膜增厚，全身皮肤充血，翅尖、趾、胸部毛孔、颈和喙旁均有出血点，胚胎充血并有边缘出血，心脏和后脑出血，头部皮下及肋部皮下水肿，7d 后可见死亡胚发育受阻，胚体小。取尿囊液作为待检病毒液。

（3）病毒鉴定。

1）被动免疫试验　首先测定待检病毒液对易感雏鹅的半数致死剂量（LD_{50}）。取 10 只 5 日龄的易感雏鹅，其中 5 只皮下注射 0. 5mL 鹅细小病毒高免血清，另 5 只皮下注射 0. 5mL 生理盐水作为对照组，注射后 6 ~12h 内，均皮下或肌肉注射待检病毒液 $100LD_{50}$ 剂量，观察 10d；如果血清组雏鹅无死亡，而对照组雏鹅死亡，即可判定为鹅细小病毒。

2）中和试验　将待检病毒液分成相等的两份，一份中加入 4 倍量的鹅细小病毒高免血清（或康复血清）作为血清组，另一份加入 4 倍量的生理盐水作为对照组，混匀后，放 37℃作用 60min，然后各分别接种 5 个 12 ~14 日龄易感鹅胚，每胚绒毛尿囊膜腔内接种 0. 2mL，37 ~38℃继续孵化，每日观察一次，共计观察 7d。如果血清组鹅胚健活，而对照组大部分或全部死亡且胚胎病变典型，即可判定为鹅细小病毒，也可用易感雏鹅代替鹅胚进行中和试验，方法和结果判定基本相同。

3）牛精子凝集抑制试验　鹅细小病毒可以凝集黄牛精子，利用此特性可作病毒鉴定。将待检病毒液与生理盐水作 1∶5 稀释，分别加入 2 只小试管中，每管 0. 25mL，第 1 管中加入鹅细小病毒阳性血清 0. 25mL，第 2 管中加入生理盐水 0. 25mL 作为对照管，混匀后，放 37℃感作 50min，然后每管内加入黄牛精液 0. 25mL（1 粒冻精加入 1mL 42℃的 2. 9% 柠檬酸三钠溶液中速溶而成），充分混匀，室温 6h 后观察结果。如第 1 管不凝集而第 2 管凝集，则待检病毒可判定为鹅细小病毒。

4）血清学鉴定　见血清学诊断中所述方法。

三、血清学诊断

鹅细小病毒只有 1 个血清型。

（一）中和试验

本试验可用于检测鹅血清中的抗体，也可用于检测病死鹅体内的抗原。

将待检血清与阴性对照血清 56℃灭活 30min，然后将 5 倍稀释的血清与等量连续 10 倍稀释的鹅细小病毒液混合，摇匀后 37℃作用 1h，取 12 ~14 日龄易感鹅胚，每一稀释管混合液尿囊腔接种 5 个鹅胚，剂量为 0. 2mL。37℃继续孵化，每日照蛋一次，连续 7d。前 3d 死亡者不计算，根据第 4 日后死亡和出现鹅细小病毒典型病灶来计算 ELD_{50}，对照血清组的 ELD_{50} 减去被检血清组的 ELD_{50}，所获得数值的反对数即为中和指数。中和指数大于 50，表示被检血清中有中和抗体，中和指数等于 10 ~49 为可疑，小于 10 时表示血清中无中和抗体。

本试验也可用适于鸭胚的鹅细小病毒在鸭胚中进行。中和试验的重复性好，敏感性高，易于操作，但较费时间，不适用于大批血清的抗体检测。

反之，若将上述试验中的待检血清改为鹅细小病毒阳性血清，将病死鹅体内的脏器乳剂离心后的上清液作为待检病毒，即可用于检查脏器中的抗原。

（二）琼脂扩散试验

本试验可用于检测血清中的抗体，也可用于检测病死鹅脏器中的抗原。

1. 诊断抗原制备

用鹅胚细小病毒尿液作 10^{-2} 稀释接种 12～14 日龄易感鹅胚，每胚尿囊腔内接种 0.2mL，收取 72～144h 的死胚放于 4℃ 冰箱内 4h 以上，然后收取有典型病灶胚的胚体、尿囊膜和尿液，将胚体与尿囊膜细细研磨，用尿液稀释成 1∶1 乳剂，或在组织捣碎机内将其制成匀浆，冻融 2 次，经 3000r/min 离心 30min，取上清液加入等量氯仿后振摇 30min，再经 3000r/min 离心 30min，最后取上清液装入透析袋内，置于有干燥硅胶的密闭玻璃缸内，数小时后达原量 1/5 时取出，与 1∶8 以上阳性血清做琼扩试验，出现一条明显沉淀线即为诊断抗原。如果沉淀线不明显，可继续浓缩至明显为止。

2. 被检抗原制备

取病死雏鹅的肝、脾，脑、胸腺和肠道病料，磨细后用生理盐水作 1∶2～1∶3 稀释，冻融 2 次，经 3000r/min 离心 30min，取上清液加入等量氯仿，与上述抗原制备法同样处理，即为被检抗原。

3. 琼脂平板制备

琼脂粉 1g，8% 氯化钠溶液 100mL，加热使其完全溶解后，再加入 1% 硫柳汞溶液 1mL，向平皿内倒入 20mL，冷却后打孔备用。

4. 试验操作

（1）检测抗体。用已知琼扩诊断抗原可以检测主动免疫鹅血清中的抗体，检测病愈鹅血清中的抗体、检测制备的小鹅瘟高免血清或作小鹅瘟的流行病学调查。在中央孔加抗原，周边孔加备检血清。方法简单易行，可以检测大批量的血清。

（2）检测抗原。取病死鹅的肝、脾、脑、胸腺或肠道病料，按前述方法制备待检抗原，同已知的小鹅瘟阳性血清做琼扩试验。中央孔加阳性血清，周边孔加待检抗原。

5. 结果判定

将加完抗原与血清的平皿于室温（20～25℃）放置，24～48h 观察结果和判定，在抗原与血清孔之间出现沉淀线时，即判定为阳性反应。

若检测血清中的抗体效价，可在中央孔加抗原，周边孔加倍比稀释的血清（1∶2、1∶4、1∶8、…），能同抗原出现沉淀线的最高稀释倍数的血清即为该血清的效价。

检测病死鹅体内的抗原时，用单一脏器的检出率不能达 100%，如果对同一只鹅的多个脏器作检测，有一个脏器出现阳性反应即判为阳性，则对小鹅瘟的检出率可达 100%。

作业

（1）简述小鹅瘟的临床症状和剖检变化特征。

（2）以一种诊断方法为例简述小鹅瘟的诊断过程。

实验 28 兔病毒性出血症的诊断

【目的】

掌握兔病毒性出血症的实验室诊断方法。

【内容及方法】

一、临床诊断

临床表现因发病过程的不同而不同。感染初期多呈最急性、急性经过，感染后期为亚急性经过。最急性期，病兔无任何症状而突然倒地死亡。死前抽搐，尖叫数声，两鼻孔流出血样泡沫或鲜血。急性期病兔表现为体温升高（41℃以上），呼吸急促（140 次/min），心跳加快（120 次/min），精神沉郁，厌食。死前突然兴奋、狂奔、打滚、尖叫、抽搐、全身颤抖、体温下降后死亡，有时病死兔鼻孔流出泡沫样血液。亚急性期，多见于 3 月龄以内的幼兔及疫苗免疫兔，病兔表现为精神沉郁、食欲减退、体温升高、消瘦。多预后不良。

病理剖检变化，眼观以实质器官淤血、出血为主要特征。兔尸营养良好，齿龈黏膜及皮肤可能有出血斑点。鼻孔发绀并有含血的鼻液。鼻腔、喉头和气管黏膜淤血或弥漫性出血，并有泡沫状血色分泌物，一侧或两侧肺水肿，有数量不等、大小不一的、散在或成片的出血斑点。少数病兔肺无明显病变，而气管的出血和渗出物普遍存在。肝变性肿大，呈淡黄色或土黄色，质脆，切面多呈槟榔样花纹。有的肝淤血而呈紫红色，并有出血斑点。肾淤血、肿大，呈暗紫色，表面有散在针尖状出血点。心脏扩张淤血，心内、外膜有出血点。部分兔脾脏淤血肿大。肠系膜淋巴结、腘淋巴结及圆小囊多数肿大出血。胸腺肿大，有出血点。胃壁树枝状充血，胃肠充盈，小肠黏膜充血和出血。脑和脑膜血管淤血。

病理组织学变化可见：肺充血、严重淤血、出血和Ⅱ型肺细胞增生。肝脏表现为脂肪变性和水疱变性。脾脏细胞间质水肿，淋巴细胞数量减少，并发生坏死。脑和脊髓血管充血，血管周围水肿；神经元细胞肿胀，神经纤维轴索变性，脱去髓鞘；脊髓白质呈泡沫状外观，髓神经纤维结构消失。

电镜下最明显的病理变化是：肝和肾的线粒体肿胀，粗面内质网扩张，核糖体自内质网上脱落（脱颗粒）和多聚核糖体失凝集。此外，在肝、脾、血管壁内皮细胞、循环的中性粒细胞及淋巴细胞的核内见有大量的病毒颗粒。

二、病原学诊断

（一）病料的采集和处理

无菌采集病、死兔肝、脾、肾等实质脏器，放置于灭菌容器中，冰冻保存。用于病毒的分离，动物回归试验及血凝和血凝抑制试验。

将采集的病料放入无菌的玻璃研磨器中，一边研磨，一边按10%～20%（*W/V*）比例加入无菌生理盐水制成匀浆。冻融1次后，加入青霉素、链霉素各1000IU，37℃温箱温育1h。3000r/min离心20min，吸取上清液，分装小瓶或小管，低温冰箱（－20～－40℃）保存。

（二）动物回归试验

按每千克体重0.3～0.5mL的剂量，肌肉接种体重约2kg易感兔。发病兔表现典型兔病毒性出血症症状，可以见到以实质器官淤血、出血为主要特征的病理变化。无菌采取肝、脾、肾材料，提纯病毒，进行电镜检查。

（三）电子显微镜检查

1. 病料处理

将无菌采集的死亡兔的肝脏或脾脏，用生理盐水制成10%的组织匀浆液，3000r/min离心20min；弃沉淀，将上清液40000r/min离心90min；弃去上液，用生理盐水悬浮沉淀物，即为电镜观察样品。

2. 电镜观察

将样品悬液一滴（约20μL）滴于蜡盘上。取被覆Formvar膜的铜网，膜面向下放到液滴上，吸附2～3min，取下铜网，用滤纸吸去多余的液体。稍干后，将该铜网放到2%磷钨酸染色液上染色1～2min。用滤纸吸去染液，晾干，立即进行电镜检查。

兔出血症病毒粒子呈球形，直径32～36nm，为二十面体对称，无囊膜。病毒粒子的衣壳由32个高5～6nm的圆柱状壳粒组成。但嵌杯状的结构不典型，核心直径为17～23nm。电镜下还可见少数没有核心的病毒空衣壳。

三、血清学诊断

血凝和血凝抑制试验是兔出血症病毒鉴定最简单易行的方法。

（一）血凝试验（HA）

（1）玻片法（定性试验）。

稀释液：生理盐水或PBS（pH值为7.2）。

被检材料：采集病兔的肝脏或脾脏，用生理盐水或磷酸盐缓冲液制成20%的组织匀浆液，冻融1次，经3000r/min离心20min，收集上清液作为被检材料。

2%人“O”型红细胞悬液（红细胞液）：取在阿氏液中4℃保存2周以内或在血浆中4℃保存4周内的红细胞，加3～5倍量稀释液，1500r/min离心10min，洗涤3次，最后用稀释液将红细胞配成2%悬液。

试验方法：用滴管吸取被检材料和生理盐水各1滴，滴于玻片两端，再用另一滴管吸取2%红细胞各1滴与被检材料和生理盐水混合，轻轻转动玻片，于室温下3～5min内观察结果。

结果判定：如生理盐水中红细胞均匀混浊，而被检材料中红细胞呈块状或颗粒状凝集者判为阳性；否则，判为阴性。该方法可用于兔病毒性出血症的快速鉴别诊断。

（2）血凝板法。稀释液、被检材料以及2%红细胞液同“玻片法（定性试验）”所述。

试验方法：用微量加样器吸取稀释液100μL于血凝板各孔中。在每排的第1孔中分别加入等量被检材料，并作2倍系列稀释，直至第11孔，弃去100μL，第12孔为生理盐水红细胞对照。稀释完毕后，吸取2%红细胞悬液100μL加入各孔中，轻轻摇动血凝板以便将各孔中的液体混合均匀。置37℃温箱作用30min后，观察试验结果。

结果判定与结果解释：红细胞完全凝集（#）的最高样品稀释倍数为病毒的血凝价或1个血凝单位。多数病兔肝组织悬液的病毒血凝价在10×8～10×16之间，在兔病毒性出血症流行初期，病兔肝HA价可达10×(128～256)，个别血凝价较高者可达10×512以上。一般血凝滴度在10以上，才可判为RHDV阳性。

影响试验的因素比较多，如红细胞的浓度、微量板的类型、反应的环境、进行HI时血清是否灭活等，所以在做HA及HⅡ试验时一定要固定反应条件，并要设立标准对照，以增强反应的准确性。虽然4℃保存的红细胞7d内均可使用，但最好采用新鲜的红细胞，现用现配。各种脏器HA效价，以肝、脾最高，肺脏和肾脏次之，心肌最低。对于出口肉RHDV检疫，可将兔肉匀浆冻融后，用聚乙二醇浓缩50～100倍，再用此法测出兔肉中是否带RHDV。

（二）血凝抑制试验（HI）

HI主要用于检测抗体，在U形微量反应板上进行。

1. 兔病毒性出血症的诊断

（1）材料准备。

稀释液，被检材料以及2%红细胞液同“玻片法（定性试验）”所述。

阳性血清：取兔瘟（兔病毒性出血症）疫苗免疫兔或人工感染康复兔，冰冻保存，血凝价要求在10～32以上，用前作10倍稀释。

阴性血清：取自非疫区、未经免疫的正常健康兔，冰冻保存。血凝抑制价应在5倍以下，用前作10倍稀释。

（2）试验方法。

1）用微量移液器吸取100μL作10倍稀释的阳性和阴性血清，分别加入血凝板的孔中，阳性及阴性血清各1列（11个孔，每列的第12孔为10倍稀释病毒对照）；

2）取被检材料100μL加入阳性及阴性血清列的第1孔中，并作2倍系列稀释，直至第10孔，弃去100μL；第11孔为阳（阴）性血清对照，第12孔为10倍稀释病毒对照；

3）用微量加样器吸取2%红细胞100μL加入各孔中，轻轻摇动混匀；

4）37℃温箱作用30min后观察结果。

（3）结果判定。当10倍稀释病毒对照及阴性血清对照表现红细胞凝集，而阳性血清表现抑制红细胞凝集者判为阳性。

2. 兔病毒性出血症抗体的测定

（1）材料准备。

稀释液、2%红细胞液和阴性血清等如“兔病毒性出血症的诊断”所述。

被检血清：取兔出血症病毒接种兔或欲检测抗体效价的兔。

含4个血凝单位病毒抗原：用人工感染典型发病死亡的家兔肝组织悬液进行血凝试验，根据血凝价对肝组织进行稀释（如：当血凝价为160时，则将肝组织作40倍稀释），即得含4个血凝单位的病毒抗原。每毫升加入1000单位的双抗，冰冻保存不超过2个月（最好在试验前配制4个血凝单位抗原，或在每次检测前重新校正血凝价）。

（2）试验方法。

1）用微量移液器吸取50μL稀释液，加到血凝板的第2～12孔中；

2）吸取5倍稀释的被检血清于第1孔和第2孔中，并从第2孔起，作2倍系列稀释，直至第10孔，弃去50μL（第11孔为阴性血清对照，第12孔为病毒对照）；

3）吸取含4个血凝单位病毒抗原50μL加到各孔中；

4）混匀后，置37℃温箱作用30min，观察试验结果。

结果判定：以出现完全抑制的血清最高稀释倍数为该被检血清的血凝抑制效价。

（三）琼脂（糖）免疫扩散试验

此法简便易行，特异性强，很适合于现场使用。

1. 材料准备

免疫扩散抗原：人工感染RHDV 72h内死亡兔的肝脏，经无菌检验后，按1∶5比例加入灭菌PBS（pH值为7.2）研磨，制成混悬液，置－20℃冻融3次，以1150g低速离心30min，收集上清液即为低速离心抗原。

阳性血清：用接种兔出血症病毒死亡的兔的肝脏乳剂1mL，经肌肉注射健康兔，分别于耐过后13d和21d再接毒一次，于末次接毒后12d，自颈动脉放血，分离高免血清。

阴性血清：用健康兔肝脏乳剂5mL，肌肉接种兔，方法与阳性血清相同。

琼脂（糖）板的准备：取琼脂糖1g，加入0.01mol/L Tris缓冲液（pH值为8.6）100mL，再加入10mL甲基橙液，融化后制成2mm厚的橘红色琼脂板。

2. 试验方法

按六角形打孔，孔距为4mm；中间孔径为5mm，加抗原；周围孔径为4mm，加被检血清，室温下放置24～72h判定结果。

3. 判定方法

当出现乳白色沉淀线，并与阳性对照血清的沉淀线相融合者为阳性。

（四）免疫酶组织化学染色

此法主要用于发病机理研究，分析病毒感染主要靶器官和靶细胞，以及阳性细胞在组织中的分布位置，印压片则主要用于病毒复制部位和释放规律研究。

1. 材料准备

兔病毒性出血症阴阳性血清：如“HI试验”部分所述。

被检材料：被检兔的肝脏。

稀释液和洗涤液：0.01mol/L、pH值为7.4 PBS（0.2mol/L NaH_2PO_4溶液95mL、0.2mol/L Na_2HPO_4溶液405mL、NaCl 8.77g，加无离子水至1000mL）。

底物缓冲液：0.05mol/L Tris-HCl缓冲液（0.02mol/L Tris溶液50mL、0.2mol/L HCl 38.4mL，加无离子水至200mL）。

底物溶液：3,3-二氨基联苯胺（DAB）50mg，0.05mol/L Tris-HCl 缓冲液 100mL，过滤，4℃冰箱避光保存，临用前加终浓度为 0.03% 的 H_2O_2。

2. 免疫酶组织化学染色方法

（1）病理组织压片的制备。

1）在制备组织压印片前，先将玻片在酒精灯上加温，以利于组织黏着。

2）将新鲜的被检兔的肝脏材料用手术刀切出一个新鲜切面，用吸水纸吸出血液，以其切面在玻片上压印，并进行编号。

3）压印片用吹风机吹干或自然干燥后，置于玻片架上一起放入 1% H_2O_2-甲醇液中处理及固定 5min。

4）取出用 PBS 冲洗、甩干。

（2）包被。

1）将阳性血清用 PBS 稀释 80 倍。

2）取制备好的标本片以编号的次序搭列在湿盒的支架上，每个压印片上分别滴加稀释的阳性血清，进行包被。

3）37℃温箱湿盒中孵育 10min。

4）取出，在流水中洗 1 次，并集中于玻片架上，放在 PBS 中洗 3 次，甩干。

（3）加 HRP-Protein A 试剂。取包被好的标本放在湿盒支架上，分别滴加工作浓度的 HRP-Protein A。于 37℃温箱中作用 10min。取出，用流水冲洗 1 次，再用 PBS 浸洗 3 次，甩干。

（4）加底物溶液。每块标本上滴加底物溶液，在室温中显色 5min。用流水冲洗 2 次，甩干。

（5）结果判定。

1）肉眼观察。凡压印片中的组织细胞被染成肉眼可见的浅棕色或棕黄色者，判为阳性；阴性材料无此现象。

2）光学显微镜观察。凡涂片中的组织细胞被染成棕色或棕黄色者判为阳性。根据阳性材料在视野中阳性细胞的多少评价阳性价。“＋＋＋＋”，整个视野中 90% 以上是阳性细胞，呈片状；“＋＋＋”，整个视野中 75% 左右是阳性细胞，呈岛屿状；“＋＋”，整个视野中有 50% 左右为阳性细胞；“＋”，整个视野中只有 25% 左右是阳性细胞；“±”，整个视野中只有零星的几个阳性细胞。“－”，整个视野中无阳性细胞。凡出现“＋”以上的被检材料，均判为阳性；“±”的材料，需用 HA 试验加以证实。

（五）免疫金染色

各种病变组织用冷冻包埋法进行冰冻切片，固定后与兔 RHDV 血清 IgG 作用后，用胶体金 SPA 代替第二抗体，作免疫金染色，常规 HE 复染。有胶体金颗粒沉着的部位即为病毒抗原存在之处，呈黑色。如作超薄切片，染色后作电镜观察，可在亚细胞水平上作抗原定位。

（六）免疫印迹

提纯的病毒经 SDS-PAGE 电泳后，转印于硝酸纤维素膜上，ABC 免疫酶复合法染色，可见病毒多肽按分子量大小形成区带。此法主要用于测定病毒多肽组成和分子量，结合单克隆抗体技术，可进一步分析病毒的保护性肽，作病毒功能抗原定位。

（七）对流免疫电泳

按琼脂扩散法制备低速离心抗原，与标准阳性血清作对流免疫电泳。

对流免疫电泳具体方法如下：在已制备好的琼脂糖平板上打平行的三列孔，中间一列孔加抗原，两侧孔加标准阳性血清。电泳后放置4h，在正负两极均可出现沉淀线（正极的沉淀线由可溶性抗原与阳性血清中的沉淀抗体形成，负极沉淀线为病毒粒子与阳性血清形成）。

（八）协同凝集试验

用RHDV抗体致敏产A蛋白标准金黄色葡萄球菌，与用组织制备的低速离心抗原在玻片上作协同凝集反应，可测出组织中的病毒抗原，此法简易快速，可用于现场诊断。

（九）酶联免疫吸附试验

SPA-ELISA、ELISA、双抗体夹心ELISA等方法可用于单抗的筛选、病毒抗原的检测和进出口检疫时的带毒测定。

（十）间接血凝试验（IHA）

间接血凝抗原制备的最适条件：抗原浓度115μg/mL，37℃致敏1h。

采用纯化的病毒致敏以戊二醛醛化的绵羊红细胞，用于检测RHDV抗体，其敏感性比HI高32倍、比AGP高1024倍。

作业

兔病毒性出血症的血清学诊断方法有哪些？

第2部分　实习指导

兽医传染病学实习是实验教学工作重要的组成部分之一，是全面检验课堂教学质量、培养学生实践操作技能的良好途径。通过实习，将理论与实践紧密结合，在实践中发现问题、解决问题，不仅能进一步巩固理论知识，而且能提高学生实践动手能力和专业技能，培养社会需要的复合型人才。

在实习中，不仅要注重实习效果，达到实习目的，还要注意实习人员的人身安全和公共卫生安全，因此，在实习中应注意以下事项：

（1）明确实习目的。了解和熟悉实习单位动物传染病防控工作基本情况，学习和初步掌握实际操作的技巧，培养和锻炼动物疫病防控工作的独立工作能力、基本技能。注重理论联系实际，要学会归纳推理，通过现象看到本质，知其所以然，不能只看“热闹”。

（2）实习地点的选择。实习地点应有稳定的病料来源和配套的微生物学实验条件，也可以与科研院所联合，例如，地区畜牧局、县级兽医站、大规模的养殖基地等。

（3）做好实习准备。学生应结合实习场所的具体条件，做好实习教材、教学资料、参考资料、实习报告的准备工作。

（4）端正实习态度。应当谦虚好学，多学多问，多听听基层技术人员和指导老师的见解，切莫急于“秀”自己，对问题没有全面了解、考虑周密之前，不要信口开河、“指点江山、激扬文字”。

（5）发扬良好作风。兽医传染病诊断的一手资料来源于临床实践，实习期间，学生应发扬不怕苦、不怕脏、不怕累的良好作风，敢于动手、勤于动手，抓住每一次实践动手的机会，积累尽可能多的临床诊断素材；要胆大心细，不放过任何细节，争取全面掌握疾病的临床表现和特征。

（6）要有团队精神。实习期间，同学之间必须相互帮助，对于同一个病例，解剖人员和记录人员、辅助人员要默契配合，不可单兵作战。

（7）做好自我防护。在尽可能帮助实习单位解决生产困难的同时，实习生还应该时刻保持警惕，要有自我保护意识，尤其是在遇到烈性或A类人兽共患传染病的时候更应该有充分的防护措施。整个实习期间必须确保安全，提高警惕，注意人身和财产的安全。

（8）认真、如实地撰写实习报告，客观反映生产实践中遇到的问题。

实训1　患病动物个体的临床表现

动物发病后会表现出一系列临床症状，有些是普遍性症状，有些则是具有明显诊断意义的特征性症状。对于那些具有典型症状的疾病如破伤风、马腺疫、猪气喘病等，通过仔细的临床检查，一般不难做出诊断。临床诊断就是利用人的感觉器官或借助一些简单的器械（如体温计、听诊器等）直接对动物进行检查，有时也包括血、尿、粪的常规检验，从而做出初步诊断。临床诊断简便易行，也是最基本的诊断方法。当然，临床诊断有一定的局限性，特别是尚未表现特征性症状的发病初期、无症状隐性感染的非典型病例以及类似疾病，仅仅依靠临床很难确诊，需综合分析动物群体表现并借助其他检测手段加以判定。

一、发热

由病理性因素造成的体温升高称为发热。所有恒温动物均能在不同环境条件下保持机体恒定的体温。健康动物的体温受生理因素（年龄、性别、品种、神经类型、生产阶段、营养状况等）、运动状态（剧烈运动、兴奋、使役、采食、咀嚼等）、环境气候条件（地域、季节、气温、湿度、风力等）等方面的影响而呈现一定的生理性波动，但一般在稳定的范围内变动。一般来说，小型动物比大型动物的体温高，母畜、孕畜及幼畜的体温相对较高，一日之中，清晨体温较低，午后6时最高（但结核病马有时早晨体温比傍晚高）。健康动物的正常体温范围如表2-1所示。

表2-1 常用动物生理参数

动物种类	体温/℃	呼吸/次·min^{-1}	脉搏/次·min^{-1}	动物种类	体温/℃	呼吸/次·min^{-1}	脉搏/次·min^{-1}
马	37.5~38.5	8~16	26~42	鹿	38.0~39.0	15~25	36~78
骡	38.0~39.0	8~16	26~42	兔	38.0~39.5	50~60	80~140
驴	36.0~38.0	8~16	42~54	狗	37.5~39.0	10~30	70~120
黄牛	37.5~39.5	10~30	50~80	猫	38.5~39.5	10~30	110~130
奶牛	37.5~39.5	10~30	50~80	貂	36.5~38.5		115~200
水牛	36.0~38.5	10~50	30~50	银狐	38.9~41.0		
绵羊	38.0~40.0	12~30	70~80	绒鼠	37.0~38.4		
山羊	38.0~40.0	12~30	70~80	豚鼠	37.5~39.4	100~150	230~350
猪	38.0~39.5	18~30	60~80	大鼠	38.5~39.5	100~150	200~360
骆驼	36.0~38.5	6~15	30~60	禽类	40.0~42.0	15~30	鸡120~200①

①指鸡的心跳次数。

临床测定体温时，四肢动物以直肠温度为准，禽类则测其翼下温度。一般用水银式体温计进行测定。方法是先将体温计水银柱甩至35℃以下，用消毒棉球擦拭后涂上润滑剂，一手将动物尾根提起并推向对侧，另一手持体温计徐徐插入肛门中，放下尾部，用夹子将温度计固定于尾毛上，3~5min后取出读数。排除生理性因素和其他正常因素影响后，体温的增减即属异常。

发热是动物机体对病原微生物及其毒素、代谢产物或组织细胞的分解产物的刺激以及某些有毒物质被吸收后所引发的一种反应。另外，直肠和肛门如有局限性炎症、某些物理因素刺激体温调节中枢也可引起发热（如日射病）。发热的主要临床指标是体温升高，其他综合征候群有：全身不适、精神沉郁、食欲减少、皮温不整、末梢冷感、恶寒、战栗、多汗、呼吸增数、脉搏加快、尿液黄浓、粪便硬固以及代谢紊乱等。某些传染病（如猪瘟、猪丹毒、马传染性贫血等）在症状显现前就有发热症候，通过定期测温可以捕捉疫情苗头。

（1）发热期。根据发热经过分为三期。

1）上升期或初期。机体内部温度上升，动物有寒冷的感觉，皮肤的毛细血管收缩，血流迟缓，结果皮温低下、血压升高，造成恶寒战栗，脉搏数随体温升高而加快，心搏出量降低。

2）极期。皮肤毛细血管扩张，发汗，皮温上升，心搏出量增加，体温升高到顶峰，恶寒停止。

3）减退期或解热期。分为两种情形，即热骤退（高温短时间恢复至常温）和热渐退（高热徐徐降低而恢复常温）。

（2）发热经过。根据发热经过特点，分为一过热、稽留热、间歇热、弛张热、回归热、双相热和不定型热。根据热型可判定疾病的预后。

1）一过热。突发高热，日温差在1℃以内，持续数日后，动物陷于虚脱或于死亡之前体温恢复，如牛流行热（暂时热），多在发热后的1～2d内下降。

2）稽留热。特点是高热持续数天或更长时间，且日温差在1℃以下。这是由于致热源在血液中长期存在并不断刺激中枢的结果。可见于炭疽、猪瘟、流行性感冒、猪丹毒、猪急性痢疾、急性马传染性贫血、牛瘟、牛肺疫、犬瘟热、传染性胸膜肺炎、胸膜肺炎、大叶性肺炎等。

3）间歇热。以发热与正常体温交替出现为特征，表现为发热持续数天后出现2～3d的无热期，几天后又重新升高，如此反复交替出现，常见于马传染性贫血、马媾疫、支气管炎、局灶性化脓感染等。

4）弛张热。特点是昼夜间温差有较大的升降变动，其变动范围在1.0～2.0℃或以上，且不降至正常。见于败血症、胸膜炎、小叶性肺炎、灶性化脓性疾病、马副伤寒以及某些非典型传染病（如腺疫）等。

5）回归热。发热反复发作，高热持续期为2～3d或数日以上，发作期和间歇期不定，如马传染性贫血。

6）双相热。是一种特殊发热的过程，主要表现为发热持续数天后，经一至数天解热期，然后又发热数天再次退热，每次发热持续时间为2～3d，两次发热最高温度和持续时间都类似，发热间期为1～6d不等，体温可以正常。常见于脊髓灰质炎、狂犬病、犬瘟热等，有一定的鉴别意义。

7）不定型热。是动物最常见的一种热型，表现为发热持续时间不定，体温变化无规律，体温曲线呈不规则变化，可见于许多非典型经过的疾病，如马鼻疽、腺疫、牛结核病、布鲁菌病、慢性猪瘟、猪丹毒、猪肺疫、副伤寒、羊跳跃病、犬瘟热等。

此外，根据体温升高程度可分为：微热（体温升高1℃）、中等热（体温升高2℃）、高热（体温升高3℃）和最高热（体温升高3℃以上）。

根据发热病程长短可分为一过性热（1日内短暂性发热）、急性发热（发热持续1周至半月）和慢性发热（发热延续数月至 1 年以上）。

二、循环系统障碍

（1）脉搏。心室每次收缩时向主动脉输送一定量的血液，同时引起动脉的搏动，可通过触诊感知，称为脉搏。对大动物宜在下颌动脉或尾动脉处检查，羊、猪可在股内动脉进行触诊。

若浅表动脉脉搏难以感知时，可检查心脏的搏动或心音的频率代之。健康动物的脉搏频率变动范围比较恒定，见表 2-1。

引起脉搏异常的因素有：发热、中毒造成的中枢性或末梢性循环障碍、病原体及其毒素所致的心脏损害。脉搏病理性变化表现为脉搏次数的增加和减少，而以增多居多。

脉搏次数的异常增多是心动过速的结果，见于下列情况：热性传染性疾病，呼吸器官疾病（如各型肺炎或胸膜炎），各种贫血或失血性疾病，严重脱水，伴有剧痛的疾病，促进交感神经兴奋的毒物（或药物）中毒，等等。有些疾病情况下脉搏次数增多是多种因素综合作用造成的，如马传染性贫血时脉搏次数增多是贫血、发热、心肌病变等多种因素引起的。通常当脉搏次数增加一倍以上时，预示病情告危。

脉搏次数的病理性减少是心动徐缓的指征，见于引起颅内压增高的脑病（如流行性脑脊髓炎等），肝实变或胆管阻塞所致的胆血症，心肌传导机能障碍，高度衰竭，某些促进迷走神经兴奋的毒物或药物中毒等。脉搏次数减少提示预后不良。

（2）心搏动。心搏动是心室收缩时冲击左侧心区的胸壁而引起的震动。一般通过触诊左侧肘区后上方的心区来检查心搏动。心搏动频率异常变化的原因和意义基本与脉搏相同。病理性心搏动表现为心搏动位置、频率、强度的异常，分为心搏动增强和心搏动减弱。

心搏动增强见于心机能亢进时，如发热病初期、轻度贫血、剧痛性疾病、心脏病的代偿期、病理性心肥大等。过度的心搏动增强可使患病动物随心搏动而发生全身震颤，称为心悸。阵发性心悸见于敏感易兴奋的动物，慢性心机能衰弱的病畜使役过重或马急性过劳时等。

心搏动减弱见于心脏病的代偿障碍期、纤维素性胸膜炎或胸壁浮肿、渗出性胸膜炎、胸腔积水、肺气肿、渗出性或纤维素性心包炎、牛创伤性心包炎等。

（3）心音。心音是随同心室的收缩和舒张而产生的相互交替的声音。在心室收缩过程中产生的心音称为收缩期心音或第一心音，心室舒张过程中产生的心音称为舒张期心音或第二心音。听诊心音一般借助于听诊器，先将动物的左前肢向前推伸半步，以充分暴露心区，于左侧肘头后上方心区以听头紧密接触体壁听诊，必要时再听诊右侧心区。

病理性心音表现为心音的频率和强度的异常。心音频率的增多或减少与脉搏次数变化的意义相同。心音的强弱变化可表现为第一心音或第二心音的同时增强或减弱，有时也表现为某一心音的增强或减弱。两个心音的同时增强或减弱可见于心肥大或某些心脏病的初期，伴有剧烈疼痛性的疾病，发热性疾病的初期，轻度贫血或失血等。由猪丹毒等引起的败血性心内膜炎引起瓣膜疣状肥厚时则发生瓣膜闭锁不全，心音听诊时出现心内杂音。

（4）弥漫性血管内凝血（DIC）及心肌炎。消化道发生感染时，随着发汗、下痢、呕吐（如猪传染性胃肠炎、猪瘟）、胃肠道内水分的停滞，则导致末梢循环衰竭。在革兰氏阴性菌内毒素等引起的败血性休克时，可发生弥漫性血管内凝血。

气肿疽、口蹄疫及马传染性贫血时，可见有心肌炎，马腺疫也可发展为败血性心包炎或心内膜炎。有时病原体可直接造成毛细血管损害或末梢血管麻痹。临床上，对这种循环障碍程度的判定对于确定感染预后具有重要价值。

三、呼吸系统障碍

（1）呼吸次数。连续的吸气和呼气两个过程构成一次呼吸。呼吸次数在兴奋状态、运动后、高温高湿、过度肥胖的情况下，可发生显著的改变。兽类一般可观察其胸壁、腹壁的起伏动作或鼻翼的开合来测定呼吸次数，禽类可观察其肛门部位羽毛的蠕动进行计数。一般测其2min内的平均值。健康动物的呼吸次数变动范围见表2-1。

呼吸次数的病理性改变包括呼吸次数增多或减少，以呼吸次数增多比较常见。感染时呼吸次数增加主要是由于发热而引起的，见于猪流感、猪肺疫、猪气喘病，牛肺疫、牛结核病、马鼻疽、山羊传染性胸膜肺炎等呼吸系统性传染病，猪瘟等热性传染病，马传染性贫血等贫血、出血性传染病。呼吸次数减少见于猪伪狂犬病和马流行性脑脊髓炎的后期。

（2）呼吸类型。正常呼吸方式一般为胸腹式呼吸。马正常时为胸腹式呼吸，犬和猫以胸式呼吸为主，牛、羊、山羊多为腹式呼吸。呼吸系统感染时，由于咳嗽、鼻液、胸痛，呼吸类型会发生改变。病理性呼吸方式有胸式呼吸和腹式呼吸。当腹壁和腹腔器官出现疾病时以胸式呼吸为主，见于急性腹膜炎、急性胃扩张、腹腔大量积液、胃肠臌气等。腹式呼吸提示胸部有病变，如急性胸膜炎、结核性胸膜炎、胸膜肺炎、胸壁诺卡氏菌病、胸腔大量积液等。其他异常呼吸方式还有：

毕奥特氏呼吸：是比较浅表而呼吸停止的间隔期和呼吸进行期的长度都不定的一种呼吸方式，见于脑膜炎。

陈-施二氏呼吸：是呼吸暂停和呼吸运动反复交替的一种异常呼吸形式，见于脑损伤。

（3）咳嗽。咳嗽是呼吸器官疾病最常见的症状。当咽、喉、气管、支气管、肺、胸膜等器官出现炎症或异常刺激时，会引起咳嗽反射。

检查咳嗽的方法有问诊和人工诱咳法。可向畜主询问动物有无咳嗽及咳嗽性质，也可观察发病动物的自发咳嗽。马的人工诱咳法可用手指捏压气管第一、二软骨环或喉部勺状软骨，诱发其咳嗽；牛可采用短时间闭塞鼻孔使之深呼吸的方法诱发其咳嗽；小动物除采用上述方法外，拉起背部皮肤，压迫或叩击胸壁，均能引起咳嗽。

咳嗽分为单发性、连续性、经常性和发作性咳嗽。

单发性咳嗽：偶尔咳嗽一两声，提示呼吸道存在异物或分泌物。

连续性咳嗽：咳嗽连续不断，一次达十几声甚至数十声，见于急性喉炎、猪气喘病、猪肺疫、羔羊双链球菌性肺炎等。

经常性咳嗽：咳嗽持续数周、数月甚至更长，见于慢性支气管炎、肺结核、猪气喘病等。

发作性咳嗽：具有暴发性和突然性，咳嗽剧烈痛苦，且连续不断，一般见于呼吸道异物、异物性肺炎等。

四、皮肤和可视黏膜的变化

(1) 皮肤的颜色。白色皮肤部分，颜色变化容易辨识，有色素的皮肤可参照可视黏膜的颜色变化。猪可检视鼻盘颜色，禽类可注意冠髯的颜色。白色皮肤的动物，其皮色改变有苍白、黄染、发绀、潮红与出血斑点等。

皮肤苍白：贫血之征，见于各型贫血。

皮肤发绀：皮肤呈蓝紫色，见于猪肺疫、猪气喘病、流行性感冒、猪瘟。

皮肤黄疸色：见于钩端螺旋体病等。

红色斑点和疹块：身体内侧皮肤点状出血最常见于猪瘟，也可见于猪肺疫和急性副伤寒等。猪丹毒则出现较大的充血性红色斑块，指压不褪色。

鸡冠、髯、耳垂正常为红色，若为蓝紫色，可见于新城疫、禽霍乱等。

(2) 皮肤及皮下组织的肿胀。不同原因引起的肿胀具有不同的特点。马患传染性贫血时可见皮下水肿，猪颜面部与眼睑的浮肿是水肿病的一大特征。恶性水肿或气肿疽时常可见皮下气肿，特点是肿胀部位有热痛感，切开后流出混有气泡并带有恶臭的暗红色液体，主要发生于肌肉较厚的臀部、股部。牛放线菌病可见下颌附近出现坚实性肿胀。

(3) 皮肤疱疹。

湿疹样病变：呈弥漫性分布，粟米粒大小的红色斑疹，可见于仔猪副伤寒等。

丘疹：猪皮肤出现大块的红色充血性丘疹，此为猪丹毒的特征。

水疱性病变：见于口蹄疫，传染性水疱病。口蹄疫能感染所有偶蹄兽，传播迅速，见于口、鼻及其周围和蹄趾部，但传染性水疱病仅感染猪且仅见于蹄趾间。

痘疹：为豆粒大的疱疹，见于羊痘、牛痘、猪痘、鸡痘等，但部位有所不同。羊痘和牛痘多发于乳房和被毛稀疏的部位，呈圆形豆粒状；猪痘多发于鼻盘、头面部、躯干及被毛稀疏处，但与仔猪痘样疹有区别；鸡痘多发于鸡冠，疱疹常结痂成块；马媾疫则在马臀部出现所谓“银圆疹”，银圆大小，圆形或环状，或扁平的丘疹状，无热痛痒感，局部皮肤色淡。

溃疡：由于传染病造成的皮肤溃疡，马见于皮肤鼻疽、流行性淋巴管炎，猪见于坏死杆菌病。

(4) 眼结膜颜色、分泌物。

眼结膜苍白是各种贫血的特征，见于慢性马传染性贫血、牛结核。

眼结膜潮红是结合膜下毛细血管充血造成的，单眼潮红是局部结合膜炎所致，双侧眼潮红则提示全身性循环障碍，见于各种发热性传染病。

发绀即可视黏膜呈蓝紫色，系血液中还原血红蛋白增多或形成大量变性血红蛋白所致，见于猪气喘病、猪肺疫、蓝舌病等。

黄疸即眼结膜等黏膜黄染，系胆色素代谢障碍所致，见于马传染性贫血、马流行性脑脊髓炎等。

猪的眼睛大量流泪，可见于流行性感冒，眼窝下方出现泪迹，可能是传染性胸膜肺炎，出现脓性分泌物提示猪瘟，仔猪结膜水肿见于水肿病。

(5) 眼球、角膜。眼球突出见于严重呼吸困难时，眼球凹陷可见于严重消耗性疾病，如急性胃肠炎造成的腹泻脱水。角膜浑浊见于角膜炎及各种眼病，如马流感、牛流行热。

（6）鼻部。鼻部检查应注意鼻的外部形态和鼻黏膜的变化。

1）外部形态。包括鼻孔周围组织、鼻甲骨形态变化。

鼻孔周围组织的病理变化有：鼻翼肿胀，水疱、脓肿、溃疡、结节等。牛瘟、口蹄疫、羊痘、炭疽、气肿疽可见鼻孔周围组织有局限性或弥漫性肿胀。鼻孔周围水疱、脓肿、溃疡，可见于猪传染性水疱病，脓疱性口膜炎，鼻孔周围结节见于牛的坏死性口膜炎和丘疹性口膜炎。

鼻甲骨形态变化最常见于猪传染性萎缩性鼻炎，表现为鼻甲骨萎缩，鼻腔缩短，鼻盘上翘或歪向一侧，可听到异常呼吸音。猪传染性萎缩性鼻炎还出现鼻部及邻近组织的痒感。

2）鼻黏膜。检查鼻黏膜的方法主要是视诊和触诊。检查时要适当保定动物，将头略微抬高，使鼻孔对着光线或人工光源，用手指或开鼻器适当扩张鼻孔，使鼻黏膜充分显露，进行观察。

注意鼻黏膜颜色、有无肿胀、水疱、溃疡、结节和损伤等。若疑为鼻疽，检查者应采取防护措施。

颜色：动物正常鼻黏膜颜色为淡红色，有些牛鼻孔附近鼻黏膜有色素，马则为红色，较深部的鼻中隔略呈淡蓝色。鼻黏膜潮红可见于发热、鼻卡他、流行性感冒、鼻疽等。出血性斑点见于败血症、马传染性贫血等。其他颜色变化的临床意义和眼结膜大致相同。

肿胀：弥漫性肿胀见于鼻卡他，表现为鼻黏膜表面颗粒消失、光滑平坦，触诊有柔软和增厚感。鼻黏膜肿胀也见于马腺疫、流行性感冒、鼻疽、牛恶性卡他热、犬瘟热等。

水疱：鼻黏膜的水疱主要见于口蹄疫、猪传染性水疱病，其大小有粟粒到黄豆大，有时水疱融合在一起破溃而形成糜烂。

溃疡：浅在性溃疡，偶见于鼻炎、马腺疫、牛恶性卡他热等。马属动物的深在性溃疡如喷火口状，边缘不齐，溃底深并覆以白膜，严重的溃疡可造成鼻中隔穿孔，此为鼻疽的特征。

结节：鼻疽结节，初呈浅灰色，以后呈黄白色，有米粒至黄豆大，周围有红晕，边界清晰，多分布于鼻中隔黏膜。

斑痕：鼻疽性斑痕大而厚，多呈星芒状。

（7）鼻液。鼻液来自鼻腔、鼻旁窦、喉头、气管、支气管、肺泡、食管等。鼻液的分泌有大量的或少量的，也有不同形状的，还有一侧性的或两侧性的，有持续性的或间歇性的。

1）鼻液的量。当呼吸道出现炎症时，由于黏膜充血水肿、黏液分泌和浆液渗出增加致使鼻液量增多，见于马腺疫、马鼻肺炎、流行性感冒，猪副流感、猪瘟、急性开放性鼻疽、牛肺结核、牛恶性卡他热，牛流行热，牛瘟、牛衣原体病。犬瘟热，犬传染性肝炎等。慢性或局限性呼吸道炎症时鼻液量减少，如慢性鼻炎、慢性支气管炎、慢性鼻疽、慢性肺结核等。

2）鼻液的性状。浆性鼻液无色透明，稀薄如水，见于马腺疫初期、流行性感冒、急性鼻卡他等。黏性鼻液呈蛋清样或稀粥状、有腥臭味，为卡他性炎症的特征，见于急性上呼吸道感染和支气管炎。

脓性鼻液呈糊状、膏状或凝块状，黏稠浑浊、脓臭或恶臭，为化脓性炎症的特征，见于化脓性鼻炎、肺脓肿、马腺疫等。

腐败性鼻液污秽不洁，灰色或暗褐色，有恶臭或腐尸臭味，为坏疽性炎症的特征，见于坏疽性鼻炎、腐败性支气管炎、肺坏疽等。

血性鼻液混有血丝、凝血块或全血，呈红色，如有大量鲜血流出，伴有咳嗽和呼吸困难，提示肺血管破裂，可见于肺脓肿和牛肺结核。有时脓性鼻液混有血液或血丝，见于肺脓肿、牛肺结核、马鼻疽、猪萎缩性鼻炎、羊鼻蝇幼虫病、出血性败血病、炭疽等。

铁锈色鼻液见于传染性胸膜肺炎、大叶性肺炎的一定阶段。

在牛传染性鼻气管炎、猫病毒性鼻气管炎初期，显微镜检查鼻分泌物可看到病毒包涵体。

（8）口腔黏膜。口腔是消化器官的入口，也是能直接观察到的消化器官。口腔黏膜的炎症，可由于感染或理化因素所致。感染性原因有细菌、病毒及真菌等。

细菌性口炎中，有犬的梭状杆菌、奋森氏包柔氏螺旋体、出血黄疸型钩端螺旋体等所致的坏死性和溃疡性口炎等，牛坏死杆菌所致的犊牛白喉性口炎，猪包柔氏螺旋体感染所致的溃疡性肉芽肿等。也有从颊黏膜扩延到口唇黏膜的细菌性口炎。

病毒性水疱性口炎，开始为水疱，不久即变为溃疡。口蹄疫、恶性卡他热、牛病毒性腹泻、牛瘟、蓝舌病、牛丘疹性口炎、传染性脓疱皮炎及羊痘等，从口唇直到口腔内乃至舌，均发生水疱及溃疡。舌尖端部发生的舌炎，是猫泛白细胞减少症的一个特征性症状。

真菌性口炎，犬有由白色念珠菌所致的，可以看到形成弥漫性斑并覆盖着白膜的病灶。牛的林氏放线菌和牛放线菌可引起口唇、舌及齿龈溃疡。

唾液是作为对神经性刺激或激素刺激的一种反应而自然分泌的。唾液分泌的量，是根据口黏膜的干燥状态而定的。在急性发热、伴有体液大量丢失的疾病（肠炎、肾炎以及尿崩症等）、某些生物碱中毒等情况下，可见唾液分泌。在动物，唾液分泌增多，发生于口、舌、喉头或食管黏膜有疼痛性炎性刺激时。唾液分泌增加时，可见动物在非采食时频频作吞咽样动作（空咽）。其主要原因有狂犬病、口蹄疫、牛流行热、牛瘟、李氏杆菌病及舌放线菌病等。

五、消化、泌尿、生殖系统障碍

（1）食欲、饮欲、异嗜。食欲减少或废绝是许多疾病的共同表现，多见于消化道器官本身疾病、热性传染病。腹泻、呕吐性传染病、发热性传染病时，动物饮欲增加。异嗜是食欲紊乱的另一种表现，特征是动物喜食正常饲料以外的物质，如灰渣、粪水，泥土、污物等，雌兽食仔、吞食胎衣，仔猪互咬尾巴、耳朵，禽类啄肛、啄羽等恶癖。狂犬病、伪狂犬病及某些脑炎有时导致喜食异物。

（2）呕吐。胃内容物不自主地经口或鼻腔返出来称为呕吐，分为中枢性呕吐和末梢性呕吐。前者是由于病原体毒素直接刺激延脑的呕吐中枢而引起的，见于犬瘟热、猪瘟、猪丹毒、猫泛白细胞减少症、犬细小病毒感染等，后者是由于延脑以外的其他器官受刺激导致呕吐中枢兴奋引起的，见于胃的炎症和溃疡。

（3）腹泻和便秘。腹泻或下痢表现为频繁排粪甚至排粪失禁，粪便呈稀粥状甚至水样，是各类肠炎的特征。腹泻有时伴有里急后重、疼痛、失禁等异常排粪动作。见于侵害胃肠道的传染病，如牛的肠结核、副结核，猪的传染性胃肠炎、流行性腹泻、副伤寒、痢疾、猪瘟、大肠杆菌病、轮状病毒感染、魏氏梭菌性肠炎，猫泛白细胞减少症，貂病毒性肠炎，犬细小病毒感染等。便秘表现为排粪费力、次数减少，或屡作排粪姿势而排出量少、粪便结色深。见于许多发热性传染病。

（4）血尿。血尿是指尿中带血，浑浊不清，呈鲜红、暗红或棕红色，振荡后呈云雾状，静置后有沉淀，某些传染病如炭疽、出血性败血症、猪瘟、结核等可见血尿。

（5）生殖器官异常和繁殖障碍。生殖器官的传染病一般通过交配传播，或由雌性传给雄性，或由雄性传给雌性。繁殖障碍表现为雌性动物流产、早产、死胎、木乃伊胎、屡配不孕、反复发情，雄性动物性欲减退、精液减少、精子减少，雌禽产蛋减少、产软皮蛋、畸形蛋，如减蛋综合征等。

1）雄性动物。有些传染病伴有外生殖器官异常，如公马患马媾疫可见外阴水肿，猪布鲁菌病可见睾丸肿大，马鼻疽可见睾丸炎，牛传染性鼻气管炎可见包皮脓疱（母牛阴门阴道炎和脓疱），猪瘟可见公猪包皮炎。流产布鲁菌、化脓杆菌、化脓性链球菌、变形杆菌、大肠杆菌均可感染睾丸、附睾、精囊腺、前列腺等性器官。马腺疫也感染公马的性器官。精囊腺的炎症可以是单侧性或双侧性的，单侧性精囊腺炎时，直肠检查可发现精囊腺不对称，急性炎症时还会波及周围组织导致全身性发热、腹痛、便秘，直肠检查触诊炎症部位有痛感。如转为慢性，则精囊腺肿大乃至硬化。前列腺炎症时，动物疼痛、举尾、弓腰，直肠检查触诊有痛感，伴有体温升高、脉搏加快。胎儿弯杆菌、毛滴虫经常导致包皮和阴茎感染。

2）雌性动物。母马很少出现阴道炎和外阴炎，牛毛滴虫感染初期所发生的阴道炎，外部征候不明显。子宫颈管扩大、潮红、水肿，提示子宫和子宫颈管炎症，见于生殖道链球菌、生殖道克雷伯氏杆菌、大肠杆菌、化脓性假单胞杆菌、马流产沙门氏菌、马志贺氏菌、马棒状杆菌等感染。马子宫内膜炎不多见，但有时也伴发子宫颈管闭塞而呈现子宫积脓，子宫壁变薄、弛缓。牛慢性化脓性子宫炎见于牛毛滴虫，化脓性棒状杆菌感染。

马鼻肺炎在妊娠8～10个月后期引起流产、死胎。马副伤寒也会发生妊娠后期流产，出生的活驹表现多发性关节炎。对于牛，流产布鲁菌和胎儿弯杆菌感染引起流产、不孕。

犬布鲁菌可导致犬的早产、流产、死产。引起羊流产的病原有马耳他布鲁菌、流产布鲁菌、绵羊布鲁菌、绵羊流产沙门氏菌、胎儿弯杆菌、鼠伤寒沙门氏菌、李氏杆菌、鹦鹉热衣原体及鼠弓形虫等感染。

繁殖障碍还见于猪繁殖与呼吸综合征、伪狂犬病、细小病毒感染、乙型脑炎、传染性鼻气管炎、兔密螺旋体病、马鼻疽、马媾疫等感染。

六、血液及造血器官异常

（1）贫血。广义的贫血是指全身循环血液中红细胞总量减少至正常值以下，具体是指单位容积血液内红细胞数和血红蛋白含量低于正常。由于全身循环血液中红细胞总量的测定技术比较复杂，所以临床上一般指外周血中血红蛋白的浓度低于患畜同年龄组、同性别和同地区的正常标准。

贫血表现为可视黏膜色淡、皮肤（无色素者）苍白、血红蛋白减少。猪可检视鼻盘颜色变化，仔猪可透过光线检查耳廓，禽类可注意冠、髯、耳垂的颜色。贫血常见于各型贫血、传染性贫血、急性钩端螺旋体病。

（2）血液异常。

1）红细胞计数。血液对于动物机体的新陈代谢、维持机体内环境起着至关重要的作用。正常情况下，红细胞的生成和破坏处于动态平衡，因而血液中红细胞的数量及质量保持相对稳定。无论何种原因造成的红细胞生成与破坏的失常，都会引起红细胞在数量上或质量上的改变，从而导致疾病的发生。当血液发生病理改变时往往提示机体组织器官功能出现了异常。

常用的红细胞计数方法有显微镜计数法、光电比浊法、电子血细胞计数法等，兽医学中最常用的是显微镜计数法；其原理是血液经稀释后，计数一定体积血液中的红细胞总数，换算成每微升内的数目。正常动物红细胞数见表2-2。

临床意义：红细胞增多，见于可引起脱水的传染病，如传染性胃肠炎、流行性腹泻、轮状病毒感染、副结核病等；红细胞减少常见于各种类型的贫血，如马的传染性贫血、钩端螺旋体病。

2）白细胞计数。白细胞计数是指计数单位体积血液中所含的白细胞数目，是兽医临床检验中最常用的指标之一，其计数方法有显微镜计数法和电子计数法两种。

临床意义：健康动物白细胞数值见表2-2。

表2-2 动物正常血液指标

动物种类	红细胞 /万个·μL^{-1}	白细胞 /个·μL^{-1}	嗜酸性粒细胞 /个·μL^{-1}	血小板 /万个·μL^{-1}	血红蛋白 /g·100mL^{-1}
马	793.3 ± 140.1	9500	375	17.95 ± 4.45	12.77 ± 2.05
骡	755.4 ± 130.2	8700	300	22.5 ± 4.42	12.74 ± 2.18
驴	542 ± 23.2	10720 ± 2725	704		10.99 ± 3.02
黄牛	724.2 ± 157.4	8434.4 ± 2083.5	350	42.17 ± 13.3	9.55 ± 1.0
水牛	591 ± 98	8040 ± 770		36.7 ± 13.8	12.3 ± 1.66
奶牛	597.5 ± 86.8	9411.8 ± 2130.6	700	26.1 ± 5.3	8.37 ± 0.7
骆驼	988 ± 178	16900 ± 3500			11.05 ± 1.17
绵羊	842 ± 120	8450 ± 1900	400	37.7 ± 9.29	7.2 ± 1.27
奶山羊	1720 ± 303	13200 ± 1880	450	39.9 ± 8.6	8.33 ± 0.75
猪	550.9 ± 33.5	14020 ± 930	560	29.26 ± 4.63	11.16 ± 1.42
仔猪	626 ± 84	12100 ± 2940			
猫	500 ~ 1000	8800 ~ 20000	590	40	8 ~ 15
犬	600 ~ 900	9000 ~ 13000	460	21.8	12 ~ 18
鸡	306 ~ 630	30000	3600	13 ~ 25	12.7

白细胞增多：主要见于各种急性化脓性感染。葡萄球菌、链球菌、肺炎链球菌、脑膜炎双球菌等球菌感染使白细胞显著增多；大肠杆菌、绿脓杆菌、炭疽杆菌等杆菌的感染以及真菌感染也会使白细胞增多；某些病毒感染也会导致白细胞增多，如流行性乙型脑炎。

白细胞减少：主要见于某些病毒性传染病，如猪瘟、流行性感冒、马传染性贫血；也可见于沙门菌属感染。

3）白细胞分类计数。外周血液中主要有5种白细胞，即嗜酸性粒细胞、嗜碱性粒细胞、嗜中性粒细胞（禽类则为异嗜性粒细胞）、淋巴细胞和单核细胞，在病理情况下各类型白细胞会发生质与量的变化，通过白细胞分类计数对于疾病诊断、预后、疗效都有意义。

①白细胞计数方法。

涂片：取无油脂的洁净载玻片数张，用边缘光滑的载玻片作推片，用左手的拇指及中指夹持之，右手持抹片取被检血一滴，放于载片的右端，将抹片倾斜30°~40°，使其一端与载片接触并放于血滴之前，向后拉动抹片，使其与血滴接触，待血滴扩散形成一条线后，以均等的速度轻轻向前推进抹片，将血液均匀地涂于载片形成一层薄膜。

染色：常用瑞氏染色法。将自然干燥的血液涂片用蜡笔两端各画一条横线，防止染色液外溢，将涂片放于水平支架，加数滴瑞特氏染色液浸没血膜，染色1~2min，再滴加等量蒸馏水，轻轻吹动使之均匀，染色4~10min，用蒸馏水冲洗、吸干，油镜观察计数。

计数：先用低倍镜浏览一下白细胞分布情况，滴加显微镜油，用油镜头进行分类计数。计算各型白细胞的百分比。各种白细胞形态见表2-3。

表2-3　各种白细胞形态特征

白细胞种类	细胞核					细胞浆			
	位置	形状	颜色	核染色体	细胞膜核	多少	颜色	透明带	颗粒
嗜中性晚幼细胞	偏心性	椭圆	红紫色	细致	不清楚	中等	蓝、粉红色	无	红或蓝、细或粗
嗜中性杆状核	中心或偏心性	马蹄形或腊肠形	浅紫蓝色	细致	存在	多	粉红色	无	嗜中、碱或酸
嗜中性分叶核	中心或偏心性	多3~5叶	深紫蓝色	粗糙	存在	多	浅粉红色	无	粉红色或紫蓝色
嗜酸性粒细胞	中心或偏心性	多2~3叶	淡紫蓝色	粗糙	存在	多	蓝、粉红色	无	深红，分布均匀
嗜碱性粒细胞	中心性	叶状核	淡紫蓝色	粗糙	存在	多	浅粉红色	无	蓝黑色，分布不均匀
淋巴细胞	偏心性	圆形或微凹入	深紫蓝色	大或中等块	浓密	少	天蓝、深蓝或淡红色	胞浆深染时有	无或有少量嗜天青的蓝色颗粒
单核细胞	中心或偏心性	豆形、山字形、椭圆形	淡紫蓝色	细致网状，边缘不齐	存在	很多	灰蓝或天蓝色	无	很多、细小，淡紫色

②临床意义。健康动物白细胞分类计数值见表2-4。

表 2-4　各种动物白细胞平均分类值　（%）

动物种类	嗜碱性粒细胞	嗜酸性粒细胞	嗜中性粒细胞			淋巴细胞	单核细胞	异嗜性白细胞
			晚幼细胞	杆状核	分叶核			
马	0.5	4.5	0.5	4.0	54.0	34.0	2.5	—
牛	0.5	4.0	0.5	3.0	33.0	57.0	2.0	—
骆驼	0.5	8.0	1.0	6.5	47.0	35.0	2.0	—
羊	0.5	4.5		3.0	33.0	55.0	3.5	—
猪	0.5	2.5	1.0	5.5	32	55.0	3.5	—
猫	0.5	6.5		1.5	53.5	38.0	2.3	
犬	0.5	5.0		4.5	67.5	22.5	4.5	
来航鸡	1.52	5.20	—	—	—	72.32	0.42	20.35
三黄鸡	3.13	2.38	—	—	—	62.71	3.34	28.86
北京鸭	1.0	1.66	—	—	—	55.57	7.00	35.63
鹅	1.54	3.42	—	—	—	57.38	3.36	34.29

白细胞分类计数临床意义如下：

嗜中性粒细胞增多：化脓性感染为最常见的原因。见于某些急性传染病（如炭疽、出血性败血症、猪丹毒）、慢性传染病（鼻疽、结核）等；还见于某些病毒、寄生虫感染。

嗜中性粒细胞减少：见于大多数病毒性疾病和各种疾病垂危期。

嗜酸性粒细胞增多：见于变态反应性疾病、寄生虫病。

嗜酸性粒细胞减少：见于病毒血症、伤寒、副伤寒。

淋巴细胞增多：见于感染性疾病，主要为病毒感染，如猪瘟、流行性感冒、痘病以及某些慢性传染病（如结核、布鲁菌病等），也见于急性传染病的恢复期。

淋巴细胞减少：一般是机体与疾病斗争的对峙期。

大单核白细胞增多：见于某些慢性细菌病（如结核病、布鲁菌病等）、马传染性贫血等病毒病。

大单核白细胞减少：见于急性传染病的初期和各种疾病的垂危期。

嗜碱性粒细胞增多与减少：意义不明。

4）血红蛋白测定。血红蛋白测定有沙利氏法、光电比色法、比重法等。这里以沙利氏法为例介绍血红蛋白测定方法。

①原理。红细胞与盐酸作用生成褐色盐酸高铁血红蛋白，再经稀释与标准色柱比色，即可求得血红蛋白含量。

②方法。首先在沙利氏比色管内加入 1% 盐酸液至百分刻度“20”处，用沙利氏吸血管吸血 20μL，擦去管外及管尖黏附的血液，慢慢挤入比色管内，并轻轻吸打数次，轻轻混匀，静置 10min，待血液变成类似咖啡色后，沿管壁缓缓加蒸馏水，并用细玻棒搅动，直至颜色与标准色板相同为止，液体的凹面所表示的刻度数字，即为血红蛋白的克数或百分数。

③临床意义。健康动物血红蛋白正常值在 9～12g/100mL，见表 2-2。血红蛋白对各种贫血的诊断有重要意义。

血红蛋白增多：见于脱水性和腹泻性传染病（由于血浆中水分丢失过多，导致血液浓缩，会出现红细胞和血红蛋白量的明显增加）。

血红蛋白减少：见于慢性疾病（如马传染性贫血）、急性钩端螺旋体病等，红细胞被大量破坏所致。

④血沉。血沉即红细胞沉降速率，是指血液加抗凝剂后在一定时间内红细胞下沉的毫米数。测定方法有六五型血沉管法、魏氏法、潘氏法、温氏法等。各种方法测得的数值不同，故应注明测定方法。这里介绍兽医临床常用的魏氏法、六五型血沉管法。

⑤方法。

魏氏法：在魏氏血沉管（内径为2.5cm、全长30cm）中加入1mL 3.8%枸橼酸钠溶液。采集静脉血4mL，轻轻颠倒混合数次，然后用魏氏血沉管吸取抗凝血至零刻度处。堵塞管口，然后于室温下垂直立于血沉架上，经15、30、45、60min，观察红细胞柱的高度。

六五型血沉管法：在六五型血沉管（内径为0.9cm，全长17～20cm）中加入4滴10%EDTA溶液。采集静脉血加至零刻度处。堵塞管口，轻轻颠倒充分混合数次，然后垂直立于试管架上，于室温下观测15、30、45、60min时的红细胞柱所在的刻度数。黄牛和羊血沉极慢，须将血沉管架倾斜60°放置。

⑥临床意义。各种动物的血沉值（魏氏法）见表2-5。

表2-5 动物正常血沉值（魏氏法） （mm）

动物种类	15min	30min	45min	60min
马	29.7	70.7	95.3	115.6
驴	32	75	96.7	110.7
黄牛	0	2	5	9
水牛	9.8	30.8	65	91.6
奶牛	0.3	0.7	0.75	1.2
山羊	0	0.5	1.6	0.6
猪	0.6	1.3	1.94	4.2
鸡	0.19	0.29	0.55	0.81

血沉加快：见于腺疫、鼻疽等多种急性传染病，传染性贫血、活动性结核等。

血沉减慢：见于严重脱水，如马传染性脑脊髓炎等。

七、神经和骨骼肌肉系统的变化

神经系统的障碍主要包括意识障碍、运动障碍、感觉障碍、反射障碍。

（1）意识障碍。精神兴奋是中枢神经机能亢进的结果。临床上表现为不安、易惊，对轻微刺激即产生强烈反应，甚至挣脱缰绳，不顾一切地往前冲或后退，有时攀登饲槽或冲撞墙壁，怒目凝视，不服从饲养人员管理，乃至攻击（咬、踢）人畜，有时癫狂、抽搐、摔倒而躁动不安。根据程度不同可分为恐怖、异常敏感、不安、狂躁。见于狂犬病、破伤风、流行性乙型脑炎、各型马流行性脑脊髓炎。精神抑制是大脑皮层和皮层下网状结构活动占优势的表现，多因神经组织的代谢障碍所致。根据程度不同分为精神沉郁、嗜眠、昏迷等。见于马流行性脑脊髓炎、流行性乙型脑炎等。

（2）运动障碍。动物的运动障碍是运动器官和外周神经的损害或大脑中运动中枢和传导障碍所致，分为强迫运动、共济失调、痉挛、瘫痪。

1）强迫运动。分为回转运动、盲目运动、暴进暴退、滚转运动。回转运动的特征为动物按同一方向做圆周运动，见于脑炎、李氏杆菌病。盲目运动是动物作无目的地徘徊，见于狂犬病。暴进暴退是指动物举头或低头踉跄地向前狂奔，或头颈后仰连续后退，见于流行性脑脊髓炎。滚转运动是指动物向一侧冲撞，或强直地卧于一侧，或沿身体长轴向一侧打滚。此为迷路、听觉神经，小脑脚周围的病变。

2）痉挛。表现为横纹肌的不随意收缩，是神经-肌肉疾病的一种病理现象，分为阵发性痉挛、强直性痉挛、癫痫。

阵发性痉挛的特征是单个肌群发生短暂迅速、接连不断的收缩，提示大脑、小脑、延髓或外周神经受到损害，见于细菌或病毒感染性脑炎，犬瘟热等。

强直性痉挛是指肌肉长时间均等地收缩，如同凝固在某种状态。局限于某些肌群的强直性痉挛为挛缩，全身肌肉均发生痉挛称为僵直。见于破伤风、脑炎、脑脊髓炎。

癫痫在临床上表现为强直性-阵发性痉挛，同时感觉和意识丧失，见于脑炎、仔猪水肿病、仔猪副伤寒，犊牛副伤寒等，有时见动物园熊猫、狗熊因犬瘟热和李氏杆菌病共同作用而出现癫痫样发作。

3）瘫痪（麻痹）。是指动物的随意运动减弱或消失，根据致病原因分为器质性瘫痪和机能性瘫痪，根据瘫痪程度分为全瘫和轻瘫，根据受损的解剖部位分为中枢性瘫痪和外周性瘫痪，根据损伤部位与受侵害的神经核的关系分为核性、核上性和核下性瘫痪。兽医临床上多见中枢性瘫痪，见于细菌性和病毒性脑炎、脑脊髓炎，如猪捷申病、猪伪狂犬病、马流行性脑脊髓炎、猪瘟。

（3）感觉障碍。兽医临床上，将感觉机能分为一般感觉和特殊感觉。

1）一般感觉。分为浅感觉和深感觉。

①浅感觉。包括触觉、痛觉、温觉和电感觉。浅感觉障碍临床上表现为感觉性增高、感觉性减退与丧失、感觉异常。感觉性增高乃对感觉的刺激阈降低，轻微刺激即引起强烈反应，可见于脊髓膜炎。感觉性减退或丧失是感觉能力降低或感觉程度减弱甚至完全丧失，见于马媾疫、腺疫。感觉异常就是未受外界刺激而自发产生的感觉，如痒感、蚁行感、灼热感，乃因感觉神经传导径路受到强刺激所致，表现为舔咬、抓挠、摩擦。见于羊的痒病、狂犬病、伪狂犬病、脊髓炎。

②深感觉。即本体感觉，是动物关于身体空间位置、状态、方向的感觉。深感觉障碍多伴有意识障碍，提示大脑或脊髓受损害。

2）特种感觉。特种感觉即特殊的感觉器官的感受，如视觉，听觉、嗅觉，味觉等。

视觉增强见于结膜炎、角膜-结膜炎、脑膜炎、牛恶性卡他热、牛瘟等。当动物神经或鼻黏膜出现疾病时引起嗅觉迟钝或丧失，见于马传染性脑脊髓炎、犬瘟热、猫传染性胃肠炎等。

实训2　动物疾病一般诊断方法与程序

一、散发性疾病诊断方法与程序

诊断是对动物所患疾病的本质的诊查与判断，是一个由现象到本质的认识过程。症状是疾病的外在表现，掌握正确诊断方法与程序的目的，就是要透过疾病的外在表现深入认识疾病的本质。建立正确的诊断，必须经过一定的步骤和运用正确的思维方法。

（一）诊断的分类

疾病的诊断就是兽医通过诊察之后，对病畜的健康状态和疾病情况所提出的概括性判断，通常要指出病名。一个完整的诊断要求做到：标明主要病理变化的部位；指出组织、器官病理变化的性质；机能障碍的程度和形式；阐明引起病理变化的原因。一般来讲，根据诊断的侧重点不同，可将疾病诊断分为多种类型。

（1）根据诊断所表达的内容，可以分为症状性诊断、病理形态学诊断、病因诊断、机能诊断和发病学诊断。

（2）根据建立诊断的时间，可以分为早期诊断和晚期诊断。

（3）根据建立诊断的手段，可以分为观察诊断和治疗诊断。

（4）根据诊断的准确程度，可分为疑问诊断、初步诊断、最后诊断和待除外诊断。

（二）建立诊断的方法

建立诊断，就是对疾病本质做出正确的判断，而判断则是一种逻辑思维过程。建立诊断的方法，通常采取以下两种，即论证诊断法和鉴别诊断法。

（1）论证诊断法。就是在检查病畜所搜集的症状中，分出主要症状和次要症状，按照主要症状设想出一种疾病，把主要症状与所设想的疾病，互相对照印证，如果用所设想的疾病能够解释主要症状，且和多数次要症状不相矛盾，便可建立诊断。

论证诊断法比较简便，尤其当症状暴露得比较充分，或出现综合症状与示病症状，使矛盾变得比较突出明显时，运用论证诊断法就比较适宜。反过来，如果症状不够完备，矛盾暴露得还不充分，缺乏临床经验，又不善于进行逻辑推理，则以使用鉴别诊断法为宜。否则，只是随便提出一个疾病就建立诊断，难免会造成错误。

（2）鉴别诊断法。在疾病的早期，症状不典型或疾病比较复杂，找不出可以确定诊断的依据来进行论证诊断时，可采用鉴别诊断法。其具体方法是：先根据一个主要症状，或几个重要症状，提出多个可能的疾病，这些疾病在临床上比较近似，但究竟是哪一种，须通过相互鉴别，逐步排除可能性较小的疾病，逐步缩小鉴别的范围，直至剩下一种或几种可能性较大的疾病，即可建立初步诊断，这就叫做鉴别诊断法，也叫排除诊断法。

在提出待鉴别的疾病时，应尽量将所有可能的疾病都考虑在内，以防止遗漏而致错误诊断。考虑全面，并非漫无边际，而是要从实际所搜集的临床材料出发，抓住主要矛盾来提出病名。一般是先想到常见病、多发病和传染病；此外，也要想到少见病和稀有病，特别是与常见病、多发病的普遍规律和临床经验有矛盾时，更应注意。

在实行鉴别诊断时，主要根据所提出的疾病能不能解释病畜所呈现的全部临床症状，是否存在或出现过该病的固定症状和示病症状，如果提出的疾病与病畜呈现的临床症状有矛盾，则所提出的疾病就可以被否定。经过这样的几次淘汰，可筛选出一种或两种可能性较大的疾病。如果用一种疾病不能解释所有的症状，就可能存在着并发病或伴发病。

（3）论证诊断法与鉴别诊断法的辩证运用。临床上，一般是先用鉴别诊断法，后用论证诊断法，也有先用论证诊断法的，要根据疾病的复杂性和个人的临床经验来决定。为了求得诊断的准确性，对于用鉴别诊断法得来的诊断，最好再通过论证法加以证实，所以两种诊断法不是对立的，而是互补的。

不论用哪种方法建立的诊断，都还必须根据疾病的发展变化，经常加以审查。因为疾病的病理过程，是不断变化的，在这个过程中，有的症状消失，有的症状出现，或者病理过程中的主要矛盾与次要矛盾发生了相互转化，因此，必须用发展的观点对待所提出的诊断。动态地观察疾病，有助于明确一时未能排除或一下子未能肯定的疾病的诊断。

（三）疾病诊断的程序

建立诊断，通常按以下三个步骤进行，即：调查病史，搜集症状；分析症状，建立初步诊断；实施防治，验证诊断。

（1）调查病史、搜集症状。完整的病史，对于建立正确诊断非常必要。要得到完整的病史材料，应全面、认真地调查现病史、既往生活史和周围环境因素等，调查中要特别注意防止主观片面性。片面的和不准确的病史，经常会造成诊断上的严重错误，必须注意避免和克服。

对于建立正确诊断，除调查病史外，更为重要的是对病畜进行细致的检查，全面地搜集症状。搜集症状，不但要全面系统，防止遗漏，而且要依据疾病进程，随时观察和补充。因为每一次对病畜的检查，都只能看到疾病全过程中某个阶段的变化，而往往要综合各个阶段的变化，才能获得对疾病较完整的认识。在搜集症状的过程中，还要善于及时归纳，不断地做大体上的分析，以便发现线索，一步步地提出要探索检查的项目。具体来说，在调查病史之后，要对主诉材料进行分析，以便大体确定可能是普通内、外科病，或是传染病与中毒病，然后在一般检查、系统检查、特殊检查与实验室检查之后，及时归纳与小结，为最后的综合分析做准备。

（2）分析症状、建立初步诊断。分析症状。临床实际工作中，不论是所调查的病史材料，或是所搜集到的临床症状，往往都是比较零乱和不系统的，必须进行整理归纳，或按时间先后顺序排列，或按各系统进行归纳，这样才便于发现问题。此外，还必须经过科学的分析，区别主要的和次要的，本质的和非本质的，局部的和整体的，特殊的和一般的，还要注意考虑它们之间有无内在联系，彼此有无矛盾。只有把由一般检查所搜集到的临床症状与实验室检查和相应的特殊检查的结果，纵横剖析，连贯起来思索，分析各种检查结果之间的内在联系，才能提出正确的诊断。

所以，对于复杂的临床症状，必须去粗取精，去伪存真，由此及彼，由表及里，由现象到本质，抓住主要矛盾，从联系中进行细致深入的分析，不放过一个微小的出入，才能避免诊断错误，而引出正确的结论。

建立初步诊断。所谓建立诊断，就是对病畜所患疾病提出病名。这一病名，应能指出患病器官、疾病性质和发病原因。要想提出恰当的病名，建立比较正确的初步诊断，除了上面所说分析症状应注意的几个关系外，还要求能够善于发现综合症状或示病症状，最后再运用论证诊断法或鉴别诊断法，建立初步诊断。在建立诊断时，首先要考虑常见多发病，注意动物的种属、年龄以及地区和环境条件等。如 30 日龄以内的幼猪多发大肠杆菌病，2～4 月龄的幼猪多发副伤寒，在某些传染病流行地区首先要考虑这些传染病，土质含氟过多的地区要考虑氟中毒，缺硒地区要考虑硒缺乏。

下面简要介绍具有综合症状的疾病，供建立诊断时参考：

心脏血管系统疾病的综合症状。通常见有心搏动次数增多或减少，脉性减弱或脉律不齐，心音亢盛或减弱，或只听到第一心音，而第二心音听不到，有的发生心音分裂，心内杂音，或心音混浊，如果心脏功能显著不全，可见到表在静脉淤血，或于四肢下端出现浮肿，并且结膜呈现蓝紫色。此外，还表现动物使役力和生产能力下降，食欲减损，全身乏力，使役时发喘，容易出汗，持久力差，不耐使役。严重的心力衰竭，常见呼吸浅表快速，或者继发淤血性肺水肿，有泡沫性鼻液，同时由于循环血容量不足，可致静脉压低下，静脉穿刺时血液流出不畅，甚至不见血液流出。如果发生外周血管衰竭，并见尿量减少或无尿，毛细血管再充盈时间延长，有的出现休克状态。

呼吸系统疾病的综合症状。通常可见有呼吸运动的改变，如呼吸数增多，呼吸式的改变，以及吸气性、呼气性或混合性呼吸困难。另外，还经常见有鼻液。咳嗽与胸部听诊和叩诊的种种病理性改变。

消化系统疾病的综合症状。通常可见有食欲减损，咀嚼，吞咽障碍，口臭，有舌苔，肠音减弱或增强。粪便干硬或稀软，并含多量黏液及未消化的谷粒与粗纤维等。

腹痛病的综合症状。表现起卧不安，或前肢刨地，后肢蹴腹，回顾腹部；或突然卧地，剧烈滚转；或腹部膨大，呼吸困难；或仰首望天，上唇欠伸；或低头往前，碎步行走；或四肢集于腹下，欲卧不卧；或背腰伸展，做公马排尿状。一般并见脉搏增数，结膜潮红，全身大汗，甚至脱水和休克症状。

反刍兽前胃病综合症状。多见饮食欲减损，反刍稀少或停止，嗳气减少，鼻镜干燥，瘤胃蠕动次数减少，蠕动音减弱或消失，有的呈现慢性瘤胃鼓胀，或持续腹泻，经久不愈，有的网胃区压痛明显，有的瓣胃区有压痛，甚至全身无力，精神沉郁，生产能力下降。

肝脏病综合症状。一般多呈现结膜黄染，消化紊乱，排粪时干时稀，心率减慢，精神沉郁，甚至出现昏迷，肝区触诊敏感，叩诊浊音区增大，肝功能试验有不同程度的改变。

肾脏病综合症状。通常可见尿量减少（有的肾病尿量增多），眼睑或腹下有浮肿，动脉压升高，心音增强，尿中有蛋白质、肾上皮细胞及管型，严重者出现尿毒症现象，呼出气有尿臭味，并有痉挛、昏迷等神经症状。

脑病综合症状。多见精神兴奋或抑制，意识障碍，共济失调，或出现圆圈运动、肌肉痉挛，偏瘫和脑神经核损伤的症状，如眼球震颤，口唇歪斜，味觉错乱，视觉丧失等。

脊髓病综合症状。常可见阶段性感觉机能障碍，截瘫或单瘫，以及排粪、排尿机能障碍，如排粪迟滞、排尿失禁等。

造血器官疾病的综合症状。常见红、白细胞数及血小板数减少或增多，以及红、白细胞的形态改变，如红细胞大小不均、形状异常、染色异常，各种白细胞的百分比的改变及核形左移与右移。此外，还可出现淋巴结肿大（如淋巴性白血病），出血时间延长和血液凝固缓慢等。

营养代谢病的综合症状。常见动物生长发育缓慢，生产能力下降，被毛蓬松，极度消瘦、贫血、水肿，骨质纤维化（如骨软症）、肌肉萎缩（如马肌红蛋白尿病）、尿中酮体增多（如牛酮血病）、血浆蛋白质含量下降，以及关节粗大变形（如鸡的痛风）等。

中毒病的综合症状。一般表现为突然群发，经过急剧，体温不高，但脉搏多增数（有的脉搏减少），同时多有胃肠机能紊乱（腹泻）和一定的神经症状。

根据上述综合症状，可大致判定患病的系统和器官，然后再根据具体的症状推断疾病的性质，如感染性疾病多有发热和白细胞数增多；器质性疾病多具有一定的形态学改变，如表现为视、触、听、叩诊的变化等；机能性疾病由于形态学改变不明显，但往往呈现明显的器官功能紊乱，如胃酸缺乏，小脑发育不全，内分泌腺功能亢进或功能低下等。一般来说，在没有掌握到可以排除器质性疾病的充分证据以前，不要轻易地下机能性疾病的诊断。

（3）实施防治，验证诊断。临床工作中，在运用各种检查手段，全面客观地搜集病史、症状的基础上，通过思维加以整理，建立初步诊断之后，还须拟订和实施防治计划，并观察这些防治措施的效果，去验证初步诊断的正确性。一般而言，防治措施显效的，证明初步诊断是正确的；无效的，证明初步诊断是错误的或不完全正确的，要重新认识，修订诊断。

综上所述，从调查病史、搜集症状，到综合分析症状，做出初步诊断，直至实施防治，验证诊断，是认识疾病的三个过程，这三者互相联系，相辅相成，缺一不可。其中调查病史、搜集症状是认识疾病的基础，分析症状是揭露疾病本质、制定防治措施的关键；实施防治、观察效果，是验证诊断、纠正错误诊断和发展正确诊断的必由之路。如果搜集症状不全面，或先入为主，主观臆测，根据片面的或主、客观相分离的症状下诊断，必然要犯片面性的或主观性的错误；如果对搜集到的症状，不加分析，主次不分，本质不明，那么对疾病的认识就只能停留在表面现象上，无法深入疾病的本质；如果建立初步诊断之后，就万事大吉，不去验证，那就无从纠正错误的认识，不能达到正确诊断的目的。

二、群发性疾病诊断方法与程序

动物群体病，与畜群中个别、零散发生的动物个体病相对应，指的是畜群中一部分、大部分乃至全部动物同时或相继发生的，在临床表现和剖检变化上基本相同或相似的一大类疾病。

（1）动物群发性疾病的分类及特征。动物群体病可按其病性和病因，分为传染病、侵袭病、遗传病、中毒病和营养代谢病五大类。

1）传染病。各种病原微生物所致的一大类群体病。按其病原可分为细菌病、立克次体病、支原体病、衣原体病和病毒病；按其病程可分为最急性型、急性型、亚急性型和慢性型。

2）侵袭病。各种寄生虫所致的一大类群体病。按其病原，可分为蠕虫病（吸虫病、绦虫病、棘头虫病、线虫病）、昆虫蜱螨病和原虫病。按其病程可分为急性型、亚急性型、慢性型和隐袭型（亚临床型）。

动物侵袭病的基本特征是：群体发病；无传染性；病畜体内或体表有足够数量的寄生虫侵袭；除原虫类需用光镜检查外，其他各种寄生虫用肉眼或借助放大镜均可见到，漏不掉；一般取慢性病程，且不伴有发热（一般侵袭病），但原虫病多取急性病程，且多伴有发热（原虫侵袭病）。

3）遗传病。基因突变或染色体畸变所致的一大类群体病。包括遗传性代谢病、遗传性血液病、遗传性免疫病、遗传性神经-肌肉疾病、遗传性心脏血管病、遗传性内分泌腺病以及其他遗传病。世界报道的动物遗传病已超过150种，几乎覆盖人类所有的遗传病，可作为人类遗传病的自发性动物模型用于研究。

动物遗传病的基本特征是：群体发病；垂直传播，呈家族式分布，即只在一定的有血统关系的动物群体内出现；无传染性，即不能水平传播；具一定的遗传类型，常为染色体遗传或性染色体遗传，隐性遗传或显性遗传，符合孟德尔定律；需掌握和运用分子生物学技术，才能发现和确定突变的基因和/或畸变的染色体。

4）中毒病。各种有毒物质所致的一大类群体病。国内报道的动物中毒病已远远超过200种，包括饲料中毒、农药中毒、矿物质中毒、有毒植物中毒、真菌毒素中毒、动物毒中毒等。

动物中毒病的基本特征是：群体发病；无传染性；有毒物接触史；体内能找到毒物或其降解物；一般取急性病程，不伴有发热（一般中毒病），但真菌毒素中毒病多取慢性病程而急性发作，且有发热（真菌毒素病）。

5）营养代谢病。营养物质摄入不足或过剩、营养物质吸收不良。营养物质需求增加，参与物质代谢的酶缺乏和内分泌机能障碍所致的一大类群体病。

动物营养代谢病的基本特征是：群体发病，常地方流行；无传染性；起病慢、病程长；主症是营养不良、生产性能低下和繁殖障碍；常涉及多种营养物质。

（2）动物群发性疾病的诊断方略。动物群体病的诊断，分四个层次或四大步骤，包括大类归属诊断、症状鉴别诊断、病变鉴别诊断和病性论证（确认）诊断。

1）动物群体病大类归属诊断。当畜群中一部分、大部分乃至全部动物，同时或相继发生在临床症状和剖检病变上基本一致的疾病时，即可考虑动物群体病。在诊断时，首先要推测是其中的哪一类群体病，进行大类归属诊断。

动物群体病归类诊断的依据主要是：传播方式，是水平传播、垂直传播还是不能传播；起病和病程，是起病急、病程短，还是起病缓、病程长；体温，是有热还是无热；有无足够数量的肉眼可见的寄生虫存在。

2）动物群体病症状鉴别诊断。症状鉴别诊断，就是从临床表现出发，以主要症状或病征为线索，将一大堆相关疾病联系起来，形成诊断树（diagnostie tree），而后再逐步把它们区分开来。常用于动物疾病鉴别诊断的综合征至少有20~30个，如多血综合征、出血综合征、贫血综合征、溶血综合征、红尿综合征、黄疸综合征、紫绀综合征、水肿综合征、气喘综合征、腹水综合征、感光过敏综合征、共济失调综合征、皮下气肿综合征、流涎综合征、腹痛综合征、草食动物胃肠弛缓综合征、腹泻综合征、腰荐及后躯运动障碍综合征、流产综合征、难产综合征、不孕综合征以及猝死综合征，等等。

3）动物群体病病变鉴别诊断。从剖检变状出发，以基本病变为线索，将若干相关疾病串在一起，再逐步把它们区分开来，这就是病变鉴别诊断法。

病变鉴别诊断法和症状鉴别诊断法相辅相成，是动物疾病尤其动物群体病鉴别诊断常用的两根拐杖。其中，病变鉴别诊断法这根拐杖是兽医独享的一个法宝。

常用于动物群体病鉴别诊断的病变至少有30种，如脑炎、脑水肿、脑软化、脑海绵样变、肝变性、肝硬变、皮炎、肌变性、淋巴结肿、甲状腺肥大、营养性骨病、腹膜腔积液等。

4）动物群体病病性论证诊断。动物群体病，在经过大类归属诊断、症状鉴别诊断和病变鉴别诊断之后，还必须根据病性和病因，完成诊断方略的终末程序——病性论证诊断。

三、临床常见综合征鉴别诊断思路

（一）动物流涎综合征鉴别诊断思路

动物口腔内蓄积大量唾液并从口内流出，称为流涎。流涎不仅是口腔、唾液腺、咽及食管疾病的共同症状，还见于口蹄疫、狂犬病等传染病、有机磷农药和食盐等中毒及其他许多疾病的过程中。因此，流涎综合征是兽医临床上一个比较常见的体征。

（1）流涎综合征病因分类。流涎的病因在于唾液分泌过多和/或吞咽障碍。因此，流涎综合征可按病因分为两大类：分泌增多性流涎，包括口腔疾病、唾液腺疾病及可促进唾液分泌的一些疾病和因素，如有机磷毒剂和农药中毒，砷及汞等重金属中毒，有副交感神经兴奋效应的植物中毒以及拟胆碱药的使用等。吞咽障碍性流涎，包括咽部疾病、食管疾病及贲门括约肌失弛缓、肉毒素中毒（延髓球麻痹）等可影响吞咽活动的疾病。

（2）流涎综合征鉴别诊断思路。临床上遇到流涎的病畜，应按下列步骤进行鉴别诊断：

1）首先观察并区分流涎的部位，是流口涎还是口、鼻流涎。流口涎，提示是唾液分泌增多所致，属分泌增多性流涎综合征，应着重考虑口腔疾病、唾液腺疾病，或者可促进唾液腺分泌增多的某些疾病和因素。口、鼻流涎，则提示吞咽障碍所致，属吞咽障碍性流涎综合征，应着重考虑咽部疾病、食管疾病，或可障碍吞咽活动的其他一些疾病。

2）对流口涎的病畜，要观察有无采食咀嚼障碍以及全身症状的轻重。

有采食咀嚼障碍而全身症状轻微的，常指示是口腔疾病或唾液腺疾病，应着重进行口腔检查和唾液腺检查，并依据下列要点确定诊断：

口炎：口黏膜潮红、增温、肿胀、疼痛，并有水疱、溃疡、坏死灶等示病症状。

舌病：发现有舌伤，舌麻痹、舌放线菌病等各自的示病症状。

齿病：可分波状齿、阶状齿、锐齿、剪状齿等不整齿形和齿列，以及齿龈炎、齿槽骨膜炎等各自示病症状。

唾液腺炎：在腮部、颌下腺部、舌下腺部可见温热、肿胀、疼痛等各自的示病症状。

有采食咀嚼障碍而体温升高以及全身症状明显的，常指示是某些传染性疾病，就详细进行流行病学调查和病原检查。对其一般表现为群发的，应考虑：口蹄疫、牛流行热。猪水疱病、蓝舌病等。对其一般表现为散发的，应考虑：牛恶性卡他热、狂犬病、水疱性口炎、牛病毒性腹泻、犊牛坏死杆菌病、羊传染性脓疱等。

其采食咀嚼正常而全身症状明显的，常指示是某些可促进唾液腺分泌的疾病或因素。应详细询问用药史，并做全身的系统检查。对其中有一系列副交感神经兴奋效应（如肠音增强、肌肉阵挛等）的，应考虑：毛果芸香碱、毒扁豆碱、比赛比灵等胆碱能药物的使用，敌百虫、1605、1059、乐果等有机磷农药中毒和有机磷毒剂中毒；某些有毒植物和真菌毒素中毒（如流涎素中毒）。对其中无全身性副交感神经兴奋效应的，则应考虑砷中毒和汞、铅等重金属中毒，其他中毒或疾病。

3）对口、鼻流涎的病畜，要注意观察有无咽部吞咽运动障碍。

有咽部吞咽障碍的，常指示是咽部疾病：咽炎、咽麻痹、咽肿瘤、咽阻塞等。通过咽部视诊、触诊、X线检查及各自示病症状确定诊断。

无咽部吞咽运动障碍的，常指示是食管疾病：食管阻塞、食管痉挛、食管麻痹、食管狭窄、食管扩张、食管炎等。通过食管的视诊、触诊、探诊、X线检查以及各自示病症状确定诊断。

（二）动物呼吸困难综合征鉴别诊断思路

呼吸困难是一种以呼吸用力和窘迫为基本临床特征的症候群。是由许多病因引起或许多疾病伴有的一种临床常见多发的综合征。

1. 呼吸困难综合征的分类

（1）按呼吸功能障碍的病因和主要发病环节，呼吸困难综合征可分8种类型：

1）乏氧性呼吸困难。是大气内氧贫乏所致的呼吸困难，如动物的高山不适应症及脑部疾病，表现为混合性呼吸困难。

2）气道狭窄性呼吸困难。包括鼻腔、咽腔、气管腔等上呼吸道狭窄所致的吸气性呼吸困难；细小支气管腔肿胀、痉挛等下呼吸道狭窄所致的呼气性呼吸困难。

3）肺原性呼吸困难。是指患非炎性肺病和炎性肺病等各种肺病时，因肺换气障碍所致的呼吸困难。肺原性呼吸困难，除慢性肺泡气肿和马的慢性阻塞性肺病为呼气性呼吸困难外，均表现为混合性呼吸困难。属于非炎性肺病的有肺充血、肺水肿、肺出血、急慢性肺泡气肿、间质性肺气肿，以及以上述肺部损害为病理基础的霉烂甘薯中毒、再生草热等中毒病。属于炎性肺病的有卡他性肺炎、纤维素性肺炎、出血性肺炎、化脓性肺炎、坏疽性肺炎，以及以上述肺炎为病理学基础的各种传染病、寄生虫病和霉菌性肺炎。

4）胸腹原性呼吸困难。是指患胸、肋、腹、膈疾病时，因呼吸运动发生障碍所致的呼吸困难。表现为腹式混合性呼吸困难，系胸、肋疾病所致；表现为胸式混合性呼吸困难，系腹、膈疾病所致。

5）血原性呼吸困难。是红细胞、血红蛋白数量减少和/或血红蛋白性质改变，载O_2释O_2障碍所致。均表现为混合性呼吸困难，并伴有黏膜和血液颜色的一定改变，见于各种原因引起的贫血、异常血红色蛋白病、CO中毒、亚硝酸盐中毒等。

6）心原性呼吸困难。是心量衰竭尤其左心衰竭的一种表现，概为混合性呼吸困难。见于心肌疾病、心内膜疾病、心包疾病的重症和后期，还见于许多疾病的危重濒死期。

7）细胞性呼吸困难。是细胞内氧化磷酸化过程受阻，呼吸链中断，组织氧供应不足或失利用（内窒息）所致。表现为混合性高度以至极度呼吸困难或窒息，见于氢氰酸中毒等。

8）中枢性呼吸困难。是呼吸中枢调控障碍所致。主要起因于脑炎、脑膜炎、脑水肿、脑出血等疾病时的颅内压增高以及高热，酸中毒、尿毒症、巴比妥等药物中毒时呼吸中枢的抑制和麻痹。表现伴有呼吸节律改变的混合性呼吸困难。

（2）按呼吸困难的症状，可将其分成以下三大类别：

1）吸气性呼吸困难的疾病。表现吸气性呼吸困难的疾病较多，主要涉及上呼吸道。其双侧鼻孔流黏液脓性鼻液的，有各种鼻炎。其单侧鼻孔流腐败性鼻液的，有各种鼻副窦炎。其不流鼻液或只流少量浆液性鼻液的，有鼻腔肿瘤、异物、羊鼻蝇蛆等造成的鼻腔狭窄；喉炎、喉水肿等造成的喉狭窄；气管水肿以及甲状腺肿、淋巴肉瘤、脓肿等压迫造成的气管或主支气管狭窄。

2）呼气性呼吸困难的疾病。表现呼气性呼吸困难的疾病很少，主要涉及下呼吸道狭窄即细支气管的通气障碍和肺泡组织的弹性减退。其是急性病程的，有弥漫性支气管炎和毛细支气管炎；是慢性病程的，有慢性肺泡气肿等。

3）混合性呼吸困难的疾病。表现混合性呼吸困难的疾病很多，涉及众多器官系统，包括除慢性肺泡气肿以外的肺和胸膜疾病；腹膜炎、胃肠膨大、膈疝等障碍膈肌运动的疾病；心力衰竭及贫血、血红蛋白异常等障碍血气中间运载的疾病；各种脑病、高热性疾病、酸中毒、尿毒症等障碍呼吸调控的疾病。

2. 呼吸困难综合征鉴别诊断思路

（1）吸气困难的类症鉴别。吸气延长而用力，并伴有狭窄音（哨音或喘鸣），是吸气性呼吸困难的临床特征。吸气困难这一体征，指示的诊断方向非常明确，即病在呼吸器官，在上呼吸道通气障碍，在鼻腔、喉腔、气管或主支气管狭窄。可造成上呼吸道狭窄而表现吸气困难的疾病较多，可按图 2-1 所示的层次和要点进行定位。

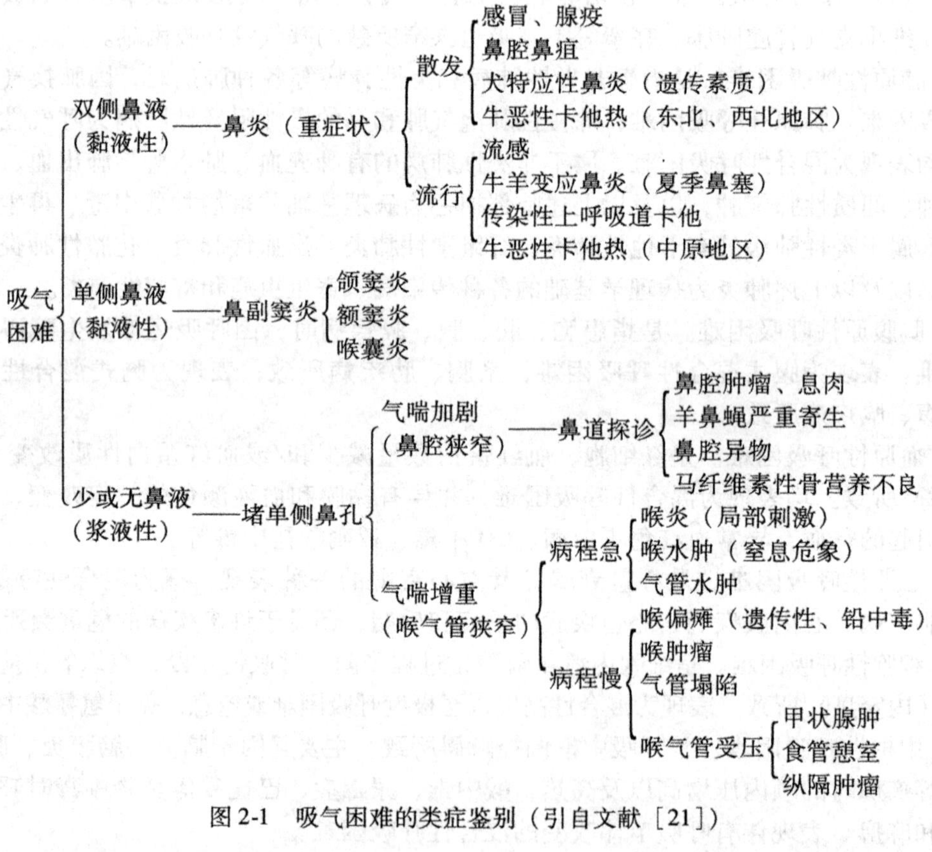

图 2-1　吸气困难的类症鉴别（引自文献［21］）

（2）呼气困难的类症鉴别。呼吸延长而用力，伴随胸腹两段呼气在肋弓部出现的“喘线”（喘沟、息痨沟），是呼气性呼吸困难的表现特点。呼气困难这一体征，指示的诊断方向更加明确，即病在呼吸器官，在于肺泡弹力减退和下呼吸道狭窄。这类疾病较少，可按图 2-2 所示的层次和要点进行鉴别和定性。

- 呼气困难
  - 急性病程
    - 弥漫性支气管炎
      - 喘轻咳重鼻液多
      - 听诊大中小水泡音
    - 急性毛细支气管炎
      - 喘重咳轻鼻液少
      - 听诊捻发音
  - 慢性病程
    - 群发-慢性阻塞性肺病
    - 散发-慢性肺泡气肿

图2-2 呼气困难的类症鉴别（引自文献［21］）

（3）混合性呼吸困难的类症鉴别。吸气呼气均用力，吸气呼气均缩短或延长，绝大多数呼吸浅表而疾速，但吸气时听不到哨音，呼气时看不见喘线，是混合性呼吸困难的表现特点。混合性呼吸困难这一体征，涉及众多的系统、器官和疾病，囊括气喘病因分类上介绍的8类气喘中的7类，对诊断方向的指示远不如吸气困难和呼气困难那样明确。它指示7条诊断线路即除气道狭窄性气喘以外的各类气喘，通常按图2-3的各层次思路和要点，进行鉴别诊断。

- 混合性呼吸困难
  - 呼吸式改变（胸腹式呼吸）
    - 胸式呼吸（胸肋性喘）
      - 不对称——气胸、肋骨骨折
      - 断续性——腹膜炎（初期）
      - 浅速性——胸膜炎（中后期）、胸腔积液
    - 腹式呼吸（腹膈性喘）
      - 肚腹膨大——腹膜炎（后期）、胃肠膨胀、腹腔积液
      - 肚腹不大——腹膜炎（初期）、膈病（疝、肥大等）
  - 呼吸节律改变（中枢性气喘）
    - 神经症状明显——脑炎、脑膜炎、脑变性坏死
    - 全身症状加剧——高热病、酸血症、尿毒症、药物中毒
  - 心衰体征（心源性气喘）
    - 心区病征典型——心脏疾病
    - 心区病征一般——继发性心力衰竭
  - 黏膜血液颜色改变
    - 潮红（血色鲜红）
      - 病程极短——HCN中毒、CO中毒
      - 慢性病程——高山病、异常血红蛋白病
    - 苍白（血色浅淡）——各种类型贫血
    - 紫绀（血色蓝紫）
      - 还原Hb血症——气喘固有所见
      - 变性Hb血症
        - 急性——亚硝酸盐中毒
        - 慢性——遗传病
  - 肺部症状突出（肺源性气喘）
    - 呼吸特快（非炎性疾病）
      - 肺充血
      - 肺水肿
      - 肺出血
      - 肺气肿
      - 肺不张
    - 呼吸普快（炎性肺病）
      - 卡他性肺炎
      - 纤维素性肺炎
      - 化脓性肺炎
      - 坏疽性肺炎
      - 硬结性肺炎

图2-3 混合性呼吸困难的类症鉴别（引自文献［21］）

（三）动物出血综合征鉴别诊断思路

出血和出血性素质，都非独立的疾病。出血，是血液成分流到血管外的病理状态；出血性素质，是皮肤、黏膜或脏器的自发性、广泛性出血倾向或受伤后出血难止的病理状态。出血和出血性素质，各种动物都经常发生，对动物的危害多种多样，尤其大出血，若不及时救治，可很快导致死亡，应高度重视。

1. 出血综合征的临床诊断思路

（1）出血状态的推定。首先对出血状态有一个大体上的推断，诸如是急发出血还是缓慢出血，是大出血还是小出血，外出血还是内出血。黏膜速变苍白的，可能是急发出血、大出血；黏膜徐徐苍白的，可能是慢性出血、小出血；黏膜持续苍白且进行性增重的，表明出血并未终止，或出血在逐渐加重；体表不见出血，黏膜屡屡见苍白，则可能是内出血，注意粪、尿、鼻液以及胸、腹腔液有无血液，有无皮下血肿。

（2）出血量和出血程度的推定对出血动物的预后判定和制定救治措施具有重要意义。

1）黏膜色彩。黏膜苍白的程度，与出血程度相一致，黏膜越苍白，出血程度越重；黏膜顿然色白如瓷的，指示严重出血，可能危在旦夕。

2）血压与中心静脉压。血压改变对反映出血程度非常敏感，血压降至9.33kPa，是严重出血，即将发生低血容量休克的征兆。当出血动物出现尿量减少或无尿，心衰体征和意识障碍，抑郁乃至昏迷，可以推定其出血量在全血量的30%以上的，是严重出血的可靠佐证。

3）脉搏。出血过程中，随着出血量的增多，回心血量和心脏每搏输出量逐渐减少，血压降低，血管充盈度不足，脉搏也随之减弱、变软。因而出血动物的脉搏用手感觉不到的，是严重出血的指征。

（3）出血部位确定。外出血一看便知，也便于止血，内出血则不然，需要进行认真细致的分析。

1）消化道出血的定位诊断。咽出血：仅在咽下时，从鼻腔逆出混血的食糜或唾液，伴咽部敏感症状。胃出血：仅在呕吐时呕出血液，血液呈污秽褐色，混有食糜，有酸味，无气泡，胃内血液进入肠管，则粪呈黑色焦油状。肠出血：粪潜血试验阳性；前部肠管出血时血液与粪均匀混合，粪呈黑色；后部肠管出血时血液被覆在粪球表面，粪呈鲜红色。

2）呼吸道出血的定位诊断。上呼吸道出血：包括鼻腔、喉及气管出血，共同特征是血液内混多量气泡，且气泡大小不一，以大的气泡居多。鼻出血多为一侧鼻腔出血，有时仅流出血丝，有时在咳嗽、喷嚏时排出血凝块。喉和气管出血时多从两侧鼻腔流出血液，喉部或气管听诊可闻。肺出血：从两侧鼻腔流出大量含泡沫的淡红色血液，其气泡小而大小一致，呼吸高度困难，肺部听诊有广泛性啰音，肺脏叩诊在前下缘呈浊鼓音或浊音，肺脏中上部呈鼓音。

3）泌尿道出血。泌尿道出血都排血尿，尿中有多量的红细胞，定位诊断见红尿综合征的鉴别诊断。

4）内脏出血。比较常见的有肝、脾破裂引起的内出血。诊断要点为有腹壁突然受剧烈外伤的原因可查，如打扑、摔伤、腹壁蹴踢伤、角突伤等；受伤后顿然起病，病况急速增重，黏膜在几分钟内逐渐变苍白，全身症状急剧增重，动物全身震颤，目光惊惧，体躯摇晃，脉搏速变细弱，全身出冷黏汗，甚至体温低下；腹腔穿刺流出血样液体。

5）脑出血。动物多有颅骨外伤史或中毒性脑病史可查，主症为昏迷进行性加重，腰椎穿刺流出血样液体。

2. 出血综合征病因诊断思路

表现出血综合征的出血性疾病有近百种之多，其病因极为复杂。因此，必须熟悉出血性疾病的分类层次及其依据，掌握其病因诊断思路，进行必要的凝血相检验，逐步加以过筛，然后参照起病情况、疾病经过及病征特点，配合某些特殊检验，才能确定诊断。实施诊断时，首先要详尽地询问病史，全面地进行上述内容如出血部位、形式、程度、范围等体征检查，依据病史和临床表现所指示的诊断方向，按表2-6确定出血性疾病的类型。

表2-6 出血性疾病临床鉴别

临床表现	凝血障碍病	血管及血小板疾病
出血斑点	少 见	典 型
深部血肿	典 型	少 见
关节腔出血	典 型	少 见
浅表切破血管	极少出血	持续且出血多
谱系关系	常 有	少 有
疾病经过	常为终身性	病程多短暂

（1）出血性疾病初筛归类诊断。凝血相检验在出血性疾病的诊断上，常具有决定性意义。通常作为出血性疾病初筛检验的有6项凝血相检查，包括流血时间测定（bleeding time，BT）、凝血时间测定（codgulation time，CT）、凝血酶原时间测定（prothrombin time，PT）、血块收缩试验（clot retraction test，CRT）、血管脆性试验（capillary fragility test，CFT）、血小板计数（blood platelet counting，BPC）。依据这6项初筛检验结果，参照表2-7探索诊断方向，即可做出归类诊断。

表2-7 出血性疾病初筛归类检查

检验项目	血管壁异常	血小板异常	凝血异常
流血时间	延长	延长	正常
血管脆性	阳性	阳性或阴性	阴性
血小板数	正常	减少或正常	正常
血块收缩	正常	不良	正常或不良
凝血时间	正常	正常	延长
凝血酶原时间	正常	正常	延长

其流血时间延长、血管脆性试验阳性而其他检验正常的，可结合临床表现，归类为血管性出血性疾病；其流血时间延长、血管脆性试验阳性或阴性、血块收缩不良、血小板计数减少或正常的，可结合临床表现，归类为血小板性出血性疾病；其凝血时间和（或）凝血酶原时间延长而其他检验正常的，可结合临床表现，归类为凝血障碍性出血性疾病。

（2）血管性出血性疾病诊断思路。对初筛归类为血管性出血性疾病的病畜，应依据临床表现、起病情况和疾病经过，作进一步诊断。除血管性假血友病（vWD）和坏血病以外，不论属过敏性（如血斑病）或非过敏性的（如中毒性紫癜和感染性紫癜），其病因或原发病多比较明确，加之临床表现甚为典型，一般容易诊断。至于血管性假血友病，在动物中十分罕见，仅偶发于猪和犬，可依据幼龄起病，有遗传性、慢性病程，血小板黏附性降低等做出诊断。

（3）血小板性出血性疾病的诊断思路。对初筛归类为血小板性出血性疾病的动物应按下述层次探索病因而确定诊断。

凡流血时间延长、血块收缩不良、血管脆性试验阳性或阴性的病畜，其血小板计数正常或虽减少而仍在 5.0×10^{10}/L（5 万个/mm^3）以上的，且末梢血片血小板相显著异常的，即可能为血小板功能异常所致的血小板衰弱（无力）症或血小板病等，可进一步通过血小板黏附试验、血小板聚集试验，血小板第Ⅲ因子有效性测定而鉴别诊断之。

凡血小板计数明显减少至 5.0×10^{10}/L（5 万个/mm^3）以下的，即为血小板减少性紫癜。接着进行骨髓相检验，其属巨核细胞型的，则表明起因于血小板生成不足，或破坏过多和生成不足兼而有之。最后参照起病情况、临床表现等确定是原发性的还是继发性的，并配合血小板（抗原抗体）凝集试验等特殊检查，确定是免疫性的还是非免疫性的，以及是同种免疫性的还是自身免疫性的。

（4）凝血障碍性出血性疾病诊断思路。对初筛归类为凝血障碍性出血性疾病的病畜，有必要做全面的凝血相检验，以确认凝血过程的哪个阶段和途径发生障碍，或是哪种、哪些凝血因子发生缺陷，并在此基础上确定是先天性还是获得性缺陷。

为此，对此类病畜应补充实施血清酶原时间即凝血酶原消耗时间测定（PCT）和部分凝血活酶时间测定（PTT），作为二层筛选检验。

其凝血酶原时间延长而部分凝血活酶时间正常，提示外在途径凝血过程发生障碍，包括凝血酶原、第Ⅴ因子、第Ⅶ因子和第Ⅹ因子缺乏，可通过凝血酶原时间纠正试验判断（表2-8）。

表 2-8 凝血酶原纠正试验

血浆类别	凝血酶原时间	第Ⅴ因子缺乏	第Ⅶ因子缺乏	第Ⅹ因子缺乏
患畜血浆	延长	延长	延长	延长
患畜血浆 +1/10 正常血浆	纠正	纠正	纠正	纠正
患畜血浆 +1/10 正常吸附血浆	不纠正	不纠正	不纠正	不纠正
患畜血浆 +1/10 正常血清	不纠正	不纠正	不纠正	不纠正

其部分凝血活酶时间延长，凝血酶原消耗时间缩短而凝血酶原时间正常，则提示内在途径凝血过程发生障碍，可能是第Ⅷ、Ⅸ、Ⅺ因子缺陷，可进一步通过凝血活酶生成纠正试验做3种血友病的诊断和鉴别（表2-9）。

表 2-9 凝血活酶生成纠正试验

试液			结果		
吸附血浆	血清	血小板	血友病 A	血友病 B	血友病 C
患畜	患畜	健畜	异常	异常	异常
患畜	健畜	健畜	异常	正常	近乎正常/异常
健畜	患畜	健畜	正常	异常	近乎正常/异常

应强调指出，在患有严重肝病、维生素K缺乏、牛霉败草木樨病、华法令等香豆类灭鼠药中毒以及伴有播散性血管内凝血过程的各种疾病时，凝血相检验改变错综复杂，按上述诊断思路难以过筛归类，必须参照表2-10综合分析，才能做出正确判断。

表2-10　出血性疾病类型综合判断

出血性疾病或出血性病组	BPC	BT	CT或PTT	OSPT	TT	FDP
播散性血管内凝血	↓	↑	↑	↑	↑	↑
血小板减少	↓	↑	N	N	N	N
血小板技能缺陷、血管壁缺陷	N	↑	N	N	N	N
vWD	N	↑	↑	N	N	N
肝病、维生素K缺乏、肝素化、第X因子缺乏	N	N	↑	↑	N	N
血友病A、B、C	N	N	↑	N	N	N
第Ⅶ因子缺乏	N	N	N	↑	N	N
先天性纤维蛋白原缺乏	N	N或↑	↑	↑	↑	N

注：↑延长或增多，↓减少，N正常。

(四) 动物繁殖障碍综合征鉴别诊断思路

繁殖机能障碍，主要是指一群动物中，许多母畜于性成熟以后，长期不发情或发情表现很不明显，经配种后屡配不孕或孕期返情；胚胎早期死亡或被吸收；胎儿早产、流产或生后死亡等；公畜性欲低下，不愿交配，精子品质较差，如活力低、数量少、精子畸形或死精、精子缺失等。

1. 繁殖障碍综合征的诊断思路

(1) 诊断动物繁殖障碍的一般程序。首先应搞清是母畜繁殖障碍引起的，还是公畜繁殖障碍引起的，或是公母畜都有繁殖机能障碍；是先天性的，还是后天性的；是饲养管理因素造成的，还是繁殖技术不当造成的；是传染性因素引起的，还是非传染性因素引起的等，从而明确繁殖障碍的原因。

(2) 繁殖障碍综合征的检查和诊断方法。一般有病史调查、临床检查、实验室检查、影像检查、其他检查等。病史调查主要包括发生繁殖障碍母畜的数量和年龄，以了解是群发性的，还是个别发生的，是先天性的还是衰老性的；饲养管理情况、饲料、使役、泌乳等，过去的繁殖、发情状况。临床检查包括外阴和乳房检查，特别注意阴道和直肠检查，以及子宫和卵巢状况，必要时进行生殖激素测定。对公畜进行生殖器官和精液检查。进行传染病学、寄生虫病学、营养代谢病和中毒病学的检查。

如果临床检查，发现母畜生殖器官的某部分发育不全，如子宫角或卵巢特别小或畸形，可能为先天性原因造成的繁殖障碍。母畜特别瘦弱或肥胖，通过饲养管理制度和营养成分的调查分析发现明显不当，可以认为是饲养性繁殖障碍。通过询问和实地考察，可了解到畜群发生技术性繁殖障碍的可能性因素。此外的主要病因就是疾病性繁殖障碍了。除了生殖器官的疾病和机能异常外，许多其他疾病，如心脏、肾脏、消化道、呼吸道等系统的疾病、衰弱及其他全身疾病，也可引起卵巢机能不全和持久性黄体而导致繁殖障碍，许多传染病和寄生虫病也直接或间接引起母畜或公畜的生殖机能障碍。

2. 繁殖障碍综合征的鉴别诊断

(1) 先天性繁殖机能障碍。是指因幼稚病、生殖器官畸形及近亲交配所引起的繁殖障碍。如雌性动物的子宫颈、子宫角纤细、子宫颈缺如或闭锁、阴道或阴门过于狭窄或闭锁;雄性动物的睾丸发育不全,体积小,质地异常等。

(2) 后天获得性繁殖机能障碍。

1) 饲养性繁殖障碍。蛋白质和能量缺乏或过剩,育龄动物消瘦或过于肥胖;可引起繁殖机能障碍的矿物质有钙、磷、锰、锌、硒、铜、钴、碘等缺乏,镉、砷、铅等慢性中毒及维生素 A、维生素 D、维生素 E 及 B 族维生素等缺乏。

2) 疾病性繁殖障碍。常见的生殖器官疾病如母畜卵巢机能不全,卵巢炎症或萎缩、持久性黄体、卵巢囊肿、卵巢肿瘤、生殖器官炎症,如输卵管、子宫、阴道炎症等。公畜睾丸萎缩、输精管炎症、附睾坏死等。有些因遗传因素,如近亲交配、免疫性溶血及先天性性器官发育不全等引起的繁殖机能障碍。这些疾病,可通过产科技术进行检查,另外这类原因引起的,一般不呈群发或发病数在畜群中所占比例甚小。也常见于某些传染病、寄生虫侵袭的影响,如猪繁殖和呼吸障碍综合征、布鲁菌病、胎儿弧菌病、结核病、李氏杆菌病、毛滴虫病、弓形虫病、钩端螺旋体病、衣原体病、伪狂犬病等,这些大多可以用特异病原微生物或免疫诊断的方法鉴别之。

3) 繁殖技术不良性繁殖障碍。如错过排卵期配种,输精技术不熟练,精液保存和处理不当等,亦可造成畜群繁殖率下降,但可通过对具体人员的培训和精液质量检验而找出原因。

4) 环境性繁殖障碍。是指由于环境变迁,气温、日照骤变,尤其动物在热应激、冷应激的情况下,将导致生殖内分泌紊乱、受胎率下降,或造异常胚胎和不受精卵子数目增加,不孕、早期胚胎死亡甚至流产等。

5) 衰老性繁殖障碍。是指由于动物年老,生殖器官萎缩和机能减退引起的繁殖力下降。

(五) 运动机能障碍综合征鉴别诊断思路

动物运动机能障碍的形式主要有跛行、强迫运动、运动失调、不随意运动及瘫痪等,各种动物均可发生。

1. 运动障碍综合征的诊断思路

对表现运动机能障碍的动物,应注意观察其精神状态、营养。体温,呼吸、脉搏等全身状况的变化及其变化程度。仔细检查局部器官,以便发现病变部位,判定病变性质。可根据下述过程进行分析和区别。

(1) 神经性运动机能障碍。表现运动障碍而伴有下列临床症状之一的,可初步诊断为神经性运动机能障碍。

1) 刺激症状:如兴奋、强直性痉挛、感光过敏、肌肉震颤、纤维性震颤等。

缺失症状:如瘫痪、感光减弱或消失、假性尿失禁等。

2) 释放症状:如腱反射亢进、骨膜反射增强、肌张力增高等。

3) 休克症状:如意识丧失、反射消失、粪尿失禁等。

(2) 传染性运动机能障碍。同种动物中大群发生运动机能障碍,体温升高出特异病原体，或免疫诊断呈阳性，则为传染性运动机能障碍。

（3）肢蹄病性运动机能障碍。运动障碍以跛行为主要症状，且个别发生，以一肢跛行为主，患肢局部机能障碍症状明显，并有明显可见的病因可查，如扭伤、挫伤、感染、骨折等，则可初步诊断为肢蹄病性运动机能障碍。

（4）代谢性运动机能障碍。多肢交替出现跛行，大群发生，体温正常，病程长，饲料、血液或组织中矿物质、维生素含量明显异常，则可初步诊断为代谢性运动机能障碍。

（5）中毒性运动机能障碍。动物同时或短时间内相继群发跛行，症状相同，且食欲旺盛的动物发病严重，并伴腹泻、呕吐及神经症状，又有可疑中毒原因可查，除去病因则发病停止的，可初步诊断为中毒性运动机能障碍。

2. 表现运动障碍综合征的常见疾病

运动机能障碍的原因多种多样，如运动器官疾病、神经系统疾病、某些代谢病、中毒病，以及腰荐部、泌尿系统疾病等，均可出现运动障碍。

（1）运动器官疾病。如关节疾病、腰椎及四肢骨骨折、蹄叶炎、腐蹄病等。

（2）传染性疾病。如李氏杆菌病、乙型脑炎、破伤风、鸡马立克氏病（神经型）、鸡新城疫、禽脑脊髓炎、禽病毒性关节炎、禽传染性滑膜炎、禽葡萄球菌病（慢性关节炎型）等。

（3）营养代谢病。如骨软症、佝偻病、犊牛白肌病、铜缺乏症、青草搐搦、母牛倒地不起综合征、生产瘫痪、禽痛风、笼养产蛋鸡疲劳症、禽滑腱症、维生素 B_1、维生素 B_2 缺乏症等。

（4）中毒病。如牛霉稻草中毒、黄曲霉毒素中毒、无机氟化物中毒（慢性）、肉毒梭菌中毒症、有机磷农药中毒等。

实训3 兽医传染病病理剖检技术

尸体剖检是运用病理学和其他学科的知识，通过检查尸体的病理变化来诊断疾病的一种方法。通过尸体检查，一方面使家畜的疾病迅速得到诊断，对检验生前诊断的正确性、提高诊疗工作质量都具有重要意义；另一方面，积累教学资料，丰富教学内容，提高教学水平，促进实验室资源建设；另外，通过尸体剖检，认识疾病的原因、发生、发展、结局的基本规律，为探索未知疾病和进一步认识已知疾病本质提供重要的科学资料。

按照尸体部检的目的，剖检可分为诊断学剖检、科学研究剖检和法医学剖检三种。无论是何种剖检目的，尸体剖检时，必须进行细致全面的观察，客观描述，详细记录。结合流行病学，临床症状及微生物学检验等方面的材料，进行综合分析判断，从而做出正确的疾病诊断。

一、尸体剖检的准备工作

进行尸体剖检时，应该从思想上给予高度重视，严格按照剖检规程进行，尤其是剖检疑似传染病尸体时，剖检人员既要注意防止病原的扩散，又要预防自身的感染。

（1）尸检前，应先了解当地的疾病流行、饲养管理和饲料等情况以及病史，主要包括症状、临诊、化验、检查、诊断和治疗等情况。

（2）剖开尸体前，应先检查尸体体表特征（如姿势、卧位、尸冷、尸僵和腹部臌气）、天然孔（是否出血、出血颜色、凝固性）、可视黏膜（颜色、溃烂、水疱）、被毛（光泽、是否脱落）、皮肤（出血）等有无异常变化等。如果怀疑患炭疽病时，应先采集尸体末梢血液作涂片染色检查，病死猪则作颌下淋巴结涂片染色检查。确诊为炭疽的尸体禁止剖检，同时应将尸体和被污染的场地、器具等进行严格消毒和处理。

（3）剖检应在动物死后尽早进行。尸体放置过久，容易腐败分解，尤其是在炎热的夏天，尸体腐败分解过程更快，不仅会招致大量蝇蛆，容易导致疾病的传播，而且尸体的自溶、腐败等变化，影响对原有病变的观察和诊断，无法进行后期的组织形态学观察，一般超过24h就失去剖检意义。为了防止有色灯光混淆病变组织的颜色，死后剖检最好在白天进行。

（4）选择剖检场所。为了便于消毒和防止病原扩散，剖检应在病理解剖室进行。病理解剖室离居民点、交通要道、饮水池和畜舍等要有一定的距离，并要求便于运送尸体和清理废物。解剖室四周要设围墙。水的供应要方便，应设有下水道、废水池、尸坑和焚尸炉等。如果条件不许可，剖检也可在室外进行，但要选择距房舍、厩舍、畜群、道路和水源较远、地势较高而又比较干燥的偏僻地点。剖检前挖2m左右的深坑，坑内撒一些生石灰，坑前铺上破旧席子或其他代用品，将尸体放在席子上剖检。剖检完毕，立即将尸体、垫席和被污染的土层等一起弃入坑内，撒放生石灰和消毒药，然后用土掩埋，顶上的土层应高出地面0.5m，坑周围地面也应严密消毒。

（5）尸体搬运，如用车搬运患炭疽或鼻疽、结核等烈性传染病的尸体，在搬运前要用浸过消毒液的棉花堵塞尸体的天然孔，并用消毒液喷洒体表各部，以防病原扩散。运送尸体的工具等要严格消毒与处理，污染的土层和草料，应予深埋或烧毁。

（6）准备剖检器械和消毒用的药品，最常用的器械有剥皮刀、解剖刀、脑刀、肠剪、板锯、凿子、斧子、磨刀棒等。准备好常用的消毒液，例如0.1%新洁尔灭、0.2%高锰酸钾和3%来苏儿溶液等。为预防剖检人员被感染，还应准备3%碘酊、70%酒精、棉花、纱布等。病理材料固定液为4%甲醛溶液（即10%福尔马林溶液）和95%酒精。

（7）剖检人员应有自我防护意识，特别是剖检死于人畜共患传染病的尸体时，应穿工作服，并外罩橡皮或塑料围裙，戴乳胶医用手套，穿胶靴戴口罩，必要时还需戴眼镜。在剖检过程中，应保持清洁并注意消毒。在剖检中不慎划破皮肤，无论是否出血，都应立即停止剖检，洗净伤口，涂敷碘酒消毒包扎，并更换剖检人员，如果现场没有其他剖检人员，换手套方可继续剖检。如果尸体内血液或其他渗出物溅入眼中，可用硼酸水充分清洗。

剖检后，先用肥皂洗手，再用消毒液冲洗，为了消除粪便和腐尸的臭味，可先用0.2%的高锰酸钾溶液浸洗，再用2%～3%草酸溶液洗涤褪去棕色，最后用清水冲洗。

剖检器械、衣物等要消毒和洗净。乳胶手套消毒后，用清水洗净、晾干，撒上滑石粉。金属器械消毒后用纱布擦干，以免生锈。

（8）剖检人员应进行剖检的同时采集病料，供病理组织学检查及病原学检查使用。

二、尸体剖检记录和尸体剖检报告

（一）尸体剖检记录

尸体剖检记录在剖检现场与剖检过程同步进行，由剖检者口述，另有专人负责记录，不可凭记忆事后补记，以免遗漏或错误。记录的顺序应与剖检顺序一致，记录要力求完整、详细。如果现场进行了拍照，应在记录中标明照片编号。

对病变的描述，要客观地用通俗易懂的语言加以表达，切不可用病理学术语来代替病变描述。例如，肝脏的脂肪变性，可描述为“肝脏体积增大，边缘钝圆，手摸有油腻感，易碎，呈土黄色”，但不能用“脂肪变性”四个字一笔带过。用词要明确，不能用含糊不清的语言，例如“不正常”、“异常”等词句杜绝使用。对一些确实难以描述的变化，可以绘图和数码照相补充说明。现对病变的描述内容和方法加以简述：

（1）位置。指各脏器的位置异常表现，脏器彼此之间或脏器与体腔间是否有粘连等。

（2）大小、重量和容积。力求用数字表示，一般用厘米、克、毫升为单位。也可用常见的具有相对固定大小实物来比喻，如针尖大小、米粒大、黄豆大、鸡蛋大等，但不能用“馒头大小”等体积大小不固定的实物，切忌用“缩小”“肿大”“增多”“减少”等主观评断术语。

（3）形状。一般用常见的实物比拟，例如圆形、椭圆形、菜花形、结节状、葡萄状等。

（4）表面。指脏器表面及浆膜的异常表现，可用絮状、绒毛状、突起、凹陷、光滑、粗糙等描述。

（5）颜色。如鲜红、暗红、苍白、灰白等来形容。为了表示病变颜色的分布情况，常用弥散性、块状、点状、条状等描述。

（6）切面。常用平滑、结构不清、模糊、血样物流出等。

（7）质地和结构。坚硬、柔软、脆弱、胶样、干酪样、肉样、颗粒样等。

（8）气味。常用恶臭、酸味等。

（9）管状结构。常用扩张、狭窄、闭塞、弯曲等。

（10）正常与否。对于无肉眼可见变化的器官，通常用“无肉眼可见变化”或“未发现异常”等词来概括，不用“正常”、“无变化”的词语。

（二）尸体剖检报告

（1）概述。记载动物的种类、大小、特征、临床主要症状、死亡日期和时间、剖检日期和时间、剖检地点、剖检人员等。临床摘要及临床诊断的内容，简要记载病史、临床症状、临床诊断、治疗经过以及有关流行病学材料和实验室的各项检查结果。

（2）剖检所见。以尸体剖检记录为依据，按尸体所呈现的病理变化的主次顺序进行详细、客观的记载。

（3）病理解剖学诊断。根据剖检所见变化，进行综合分析，判断病理变化的主次，用病理学术语对病变做出诊断，例如“浆液性心包炎”，“纤维素心包炎”，“凝固性坏死”等。

（4）结论。根据病理解剖学诊断，结合病畜死前临床症状及其他相关材料，进行综合分析，阐明病畜发病和致死原因，初步判断可能致病原因，为实验室诊断指明方向（具体诊断方法参考实验部分）。

家畜尸体剖检报告书见表2-11。

表2-11 家畜尸体剖检报告书 剖检号：

畜主姓名：	住址：	电话：
畜种：	性别：	年龄：
临床摘要及临床诊断		
死亡时间： 年 月 日 点 分		
剖检时间： 年 月 日 点 分		
剖检地点：		
剖检所见：		
病理解剖学诊断：		
结论： 剖检兽医（签名）： 年 月 日 点 分		

三、病理材料的采取和寄送

尸体剖检中，有些病畜无特征性病变或仅凭肉眼观察难以确诊时，必须采取病理材料作进一步检验，检查目的不同，材料的采集、保存、运送方法也有所差异。具体内容见本书第1部分实验4“动物传染病病料的采取与送检”。

四、尸体剖检的一般步骤

为了全面系统地检查尸体所呈现的病理变化，尸体剖检必须按照一定的方法和顺序进行。决定剖检方法和顺序时，应考虑到各种家畜解剖结构的特点，器官和系统之间的生理解剖学关系，疾病的性质以及术式的简便和效果等，各种动物的剖检方法和顺序既有共性又有个性。对于所有的动物而言，一般剖检先由体表开始，然后是体内。体内的剖检顺序，通常从腹腔开始，之后胸腔，再后则其他。通常采用的剖检顺序如下所述。

（一）外部检查

剥皮之前检查尸体的外表状态。

外部检查的内容，主要包括尸体概况（畜别、品种、性别、年龄、毛色、特征、体态等）、营养状态、皮肤（光泽度、厚度、硬度及弹性，有无脱毛、褥疮、溃疡、脓肿、创伤、肿瘤、外寄生虫等，皮下有无水肿和气肿）、天然孔（分泌物、排泄物及其性状、量、颜色、气味和浓度等，着重检查黏膜色泽变化）。

（二）致死动物

发病系统不同、检验目的不同，致死动物的方法也不同，主要有下列5种：

（1）放血致死。大、中、小动物均适用，用刀或剪切断动物的颈动脉、颈静脉、前腔动静脉等，使动物因失血过多而死亡。

（2）人造空气性栓塞致死。即从静脉中注入空气。主要用于兔、猫、狗等中小型动物的致死。兔、猫致死需注入20～40mL空气，犬为80～150mL。该法的优点是致死方法简单、迅速，缺点是由于动物死于急性循环衰竭，各脏器淤血十分明显。

（3）断颈致死。将第一颈椎与寰椎脱臼，致使脊髓及颈部血管断裂而死，该方法方便、快捷，适于小动物或禽类，多数情况下不需器具，但却可造成喉头和气管上部出血，应注意与呼吸道疾病区别。

（4）静脉注射药物致死。静脉注射10%福尔马林溶液、10%氯化钾（狗20～30mL/只、成年兔5～10mL/只）。

（5）断延髓。用于大家畜如牛的致死，该法要求有确实的把握，否则较危险。

（三）内部检查

内部检查包括剥皮、皮下检查、体腔的剖开及内脏的采出和检查等。

（1）剥皮和皮下检查。在剥皮过程中，注意检查皮下有无出血、水肿、脱水、炎症和脓肿等，并观察皮下脂肪组织的多少、颜色、性状及病变的性质。剥皮后，应对肌肉和生殖器官作一大概的检查。

（2）暴露腹腔，观察腹腔脏器。按不同的切线将腹壁掀开，露出腹腔内的脏器，并立即进行视检。检查的内容包括：腹腔液的数量和性状，腹腔内有无异常内容物，腹膜的性状，腹腔脏器的位置和外形，膈膜的紧张程度，有无破裂等。

（3）胸腔的剖开和胸腔脏器的观察。剖开胸腔，注意检查胸腔液的数量和性状，胸腔内行无异常内容物，胸膜的性状，肺脏、胸腺、心脏等。

（4）腹腔、胸腔脏器的采出。包括胃、肠、肝、脾、膀、肾、肾上腺（腹腔）和咽、喉头、气管、食道和肺（胸腔）等的采出。

（5）口腔和颈部器官的采出。先检查颈部动静脉、甲状腺、唾液腺及其导管，颌下和颈部淋巴结有无病变，然后采出口腔和颈部的器官。

通常腹腔、胸腔和颈部各器官和病畜发病致死等问题的关系最密切，所以这三部分脏器采出之后立即进行检查。检查顺序服从于检查目的和现场的情况，既要细致搜索和观察重点病变，又要照顾到全身一般性检查。

（6）骨盆腔脏器的采出和检查。在未采出骨盆腔脏器前，先检查各器官的位置和概貌。可在保持各器官的生理联系下一同采出。公畜先分离直肠并进行检查。然后检查包皮、龟头、尿道黏膜、膀胱、睾丸、附睾、输精管、精囊及尿道球腺等；母畜检查直肠、脂肪、尿道、阴道、子宫、输卵管和卵巢淋巴结的状态。如剖检妊娠子宫，要注意检查胎儿、羊水、胎膜和脐带。

（7）脑的采出和检查。剖开颅腔采出脑后，先观察脑膜，然后检查脑回和脑沟的状态（禽除外），最后作脑的内部检查。

（8）鼻腔的剖开和检查。用骨锯（大、中动物）或骨剪（小动物和禽）纵行把头骨分成两半，其中的一半带有鼻中隔，或剪开鼻腔，检查鼻中隔、鼻道黏膜、额窦、鼻甲窦、眶下窦等。

（9）脊椎管的剖开、脊髓的采出和检查。剖开脊柱取出脊髓，检查软脊膜、脊髓液、脊髓表面和内部。

（10）肌肉、关节的检查。肌肉的检查通常只是对肉眼上有明显变化的部分进行，注意其色泽、硬度，有无出血、水肿、变性、坏死、炎症等病变；关节的病变通常只对有关节炎的关节进行。看关节部是否肿大，可以切开关节囊，检查关节液的含量、性质和关节软骨表面的状态。

（11）骨和骨髓的检查。主要对骨组织发生疾病的病例进行，先检验其硬度及其断面的形象。骨髓的检查对于与造血系统有关的各种疾病极为重要。

五、常见动物的剖检术式

（一）牛、羊的剖检技术

1. 外部检查

尸体剥皮之前，先从以下几个方面对尸体的外部状况进行检查。

（1）营养状况。可以从皮下脂肪的多少和肌肉的丰满程度来判断。瘦弱动物的皮下脂肪少，肋骨、脊椎以及骨骼的结节都显著突出，被毛粗乱无光泽，皮肤粗硬，严重瘦弱的动物，皮下脂肪被浆液浸润而呈胶冻样。

(2) 皮肤。注意被毛的光滑及光泽，皮肤的厚度、硬密及弹性，有无创伤、溃疡、丘疹、肿物、寄生虫及色素沉着等变化。

(3) 天然孔（口、眼、鼻、耳、肛门和外生殖器）。首先检查各天然孔的开闭状态，有无分泌物、排泄物及其性状、数量、色泽、气味和浓度等。天然孔的观察，有助于进一步注意该系统的内部病变。例如，发现鼻腔中有分泌物时，剖检时就应该注意检查鼻道、气管和肺的变化。败血症尸体的口、鼻、肛门等处常流出血样液体（渗出性出血）。其次应注意检查可视黏膜，着重注意有无贫血、淤血、出血、黄疸、溃疡和外伤等，如黏膜苍白，是内出血或贫血的象征，黏膜紫红色，是淤血的标志，剖检时就应该注意循环系统的疾患。如黏膜黄染，可能是黄疸，剖检时就应该注意检查肝脏、胆管以及血液的变化。

2. 内部检查

(1) 剥皮。开始先使尸体仰卧，从颈下部沿颈、胸、腹部正中线切开皮肤，至脐部后把切线分成两条，绕开乳房或阴茎，最后会合于尾根部。尾巴的皮肤一般不剥，可在第一尾椎或在第3~4尾椎处切断。头部剥皮，可在口角后面和角根部作环状切开。然后剥离各部皮肤，即可将全身皮肤连同耳、尾一起剥下。

剥皮过程中，注意皮下脂肪的多少、颜色、性状及病理变化的性质等，检查淋巴结有无肿胀、出血、坏死、钙化等变化，还要注意检查浅表淋巴结与内脏淋巴结的病变是否一致。

一般死于窒息的尸体，肌肉呈暗红色；败血性传染病或毒物中毒时，肌肉常有淤斑和瓣点，恶性水肿和气肿疽时，部分肌肉中有大量气体、浆液和出血性浸润，并常有坏死变化。乳房的检查，应注意外形、体积、重量、硬度等，挤压乳头观察排出物的量和性质。然后可将乳房由腹中线分成两半割下，必要时应作若干切口，观察实质、间质及排泄乳管的状态，如牛结核时，乳房常可见结核病变。公畜外生殖器的检查，从阴囊开始，当发现有隐睾或肿瘤，应与输精管、泌尿系统一起取出，或单独取出备检。

(2) 腹腔与骨盆腔的剖开及其器官的检查。反刍家畜剖检时尸体应采取左侧卧位，以便于腹腔器官的取出和检查。

1) 腹腔的剖开与检查。

腹腔的剖开：先从右髂外角分别沿肋骨后缘至剑状软骨以及髂骨体至耻骨联合作两条切线，将腹壁肌层和脂肪层切开，再将腹膜切一小口，以左手的食指和中指插入切口内，作“V”字形叉开，手指背面向腹腔内弯曲，使肠管与腹膜之间有一空隙，将刀尖夹于两指之间，刀刃向上，沿着上述切线切开腹壁，然后将成楔形的右腹壁向下翻开，即可露出腹腔。

腹腔的检查：注意腹腔液的量和性状，腹膜是否光滑，有无充血、淤血、出血、破裂、穿孔、粘连、肿瘤和寄生虫等。腹腔脏器的位置是否正常，肠管有无变位、破裂、网膜脂肪含量，横肠的紧张程度及有无破裂。

2) 腹腔与骨盆腔器官的取出与检查。

小肠的取出：先循十二指肠的降部、真胃大弯及瘤胃左侧沟与右侧沟，将大网膜分离取出。然后在右侧骨盆腔前缘找出盲肠，切断盲肠韧带，分离一段回肠，于距离盲肠15cm处作重结扎并切断，取出小肠。

结肠盘的取出：将直肠双重结扎并切断，向前分离到前肠系膜动脉，再将结肠的横部与升部、结肠盘的始端与末端，自十二指肠空肠曲、回盲部及胰腺分离，取出结肠盘。结肠盘的分开，以结肠中央的钝端开始，同时用剪刀分离构成肠盘的离心部和向心部。当一部分展开后，就可将两部分拉开。

胃的取出：反刍家畜的四个胃可一同取出。为便于胆管的检查，可先在十二指肠幽门部与十二指肠空肠曲两处，作双重结扎切断（使十二指肠及胰腺与肝脏相连一同取出）。然后将瘤胃向后牵引，结扎食管，并在前方切断。左手抓住背囊向外拉，同时右手持刀，自后向前顺次切断胃与背部的联系、脾隔韧带、胃与肝的联系、胃与横隔的联系，将胃取出（脾可连于胃同时取出）。再将十二指肠连同胰腺和肝脏取出。如有创伤性网胃炎时，注意保持脏器的相互关系，可将心包、横隔与网胃一同取出。

骨盆腔器官的取出：可在保持泌尿生殖器官的生理联系下，一同取出。为保持泌尿器官的相互联系，可将肾脏与输尿管、膀胱一同取出。

胃肠的检查：先剥离瓣胃与网胃之间的脂肪组织，然后分离各个胃之间的联系。使血管与淋巴结的一面向上，真胃在左、瘤胃在右的位置平放地面。用剪刀沿真胃小弯部剪开，至真胃与瓣胃交界处，并沿瓣胃的大弯剪开；至瓣胃与网胃口处，又沿网胃大弯剪开，最后沿瘤胃上下缘剪开。如有创伤性网胃炎时，可顺食管沟剪开，以保持网胃大弯的完整，便于检查病变。

前胃的检查：应注意检查内容物的数量和性质，瘤胃内有无吸虫，网胃有无异物和刺伤、瓣胃内容物是否特别干燥和黏膜的病变。如有中毒可疑时，应采取胃内容物备检。

真胃黏膜的检查：注意色泽，有无水肿、出血、炎症和溃疡等。

小肠和大肠的检查：应先注意检查肠管浆膜面的颜色，有无粘连、肿瘤、寄生虫结节、淋巴结的性状等。然后沿肠系膜附着部剪开肠管，检查肠内容物的数量、性状、臭味，有无血液、异物、寄生虫等。除去肠内容物后，检查肠黏膜的性状，看不清楚时，可用水轻轻冲洗后检查，注意肠黏膜的颜色、厚度、淋巴组织（淋巴小结）以及有无炎症等。如有饲料中毒或毒物中毒的怀疑时，应取内容物作毒物检查。

脾脏的检查：先检查脾脏的形状、体积大小、边缘厚薄、颜色和质地（坚硬、柔软、脆弱）以及被膜的状态。然后检查脾的切面，注意脾髓的颜色、淋巴滤泡和脾小梁的状态。在正常时，脾小梁呈白色细条状（结缔组织），淋巴滤泡（白髓）呈灰白色小颗粒状。如在败血脾，由于实质充血、出血，脾体积肿大，被膜紧张，质地柔软，褐红色，切面突出，结构模糊，往往流出多量煤焦油样血液。

肝脏的检查：先检查胆道有无结石和寄生虫，胆囊中胆汁充满程度、胆汁的性质（颜色、透明度、浓度）和胆囊壁黏膜的状态（有无出血斑点和溃疡）。然后检查肝脏的形态、大小、重量、质地、颜色、边缘厚薄、被膜紧张度、有无出血点、寄生虫结节以及坏死等。最后切开肝脏各叶，检查切面的胆管、血管的状态和流出物的性状，切面是否隆起，肝小叶的结构是否清晰，有无脓肿、寄生虫结节和坏死灶等。如肝发生萎缩时，边缘锐薄或呈皮革样；肝肿大时，则边缘变钝圆，切面边缘外翻，硬度增加，往往是肝硬化的表现，切面可见有间质增生的灰白色条纹；质地脆弱，大多是因肝脏发生变性所致，切面肝小叶结构模糊不清，实质容易用刀刮下，肝淤血时，切面有多量暗红色血液流出，慢性淤血时切面如槟榔状。

胰腺的检查：首先检查胰腺大小、颜色、质地和重量。然后沿胰腺的长径作切面，检查有无出血、寄生虫和坏死等。

肾脏的检查：首先检查其形状、体积、颜色和硬度。注意被膜的状态。正常时，被膜菲薄透明，容易剥离；病变时，如在间质性肾炎后期，被膜可与实质发生粘连，不易剥离。被膜剥离后，注意肾表面的各种病理表现，如肾充血呈暗红色，脂肪变性呈土黄色，浑浊肿胀呈淡灰黄色。然后将肾脏纵切为相等的两半，检查切面状态。注意皮质和髓质的界限是否清楚，对比关系和组织景象是否正常，以及肾小球和肾小管的状态。例如，急性肾小球肾炎时，皮质部增宽，肾小球肿大呈灰色或红色颗粒状外观，肾萎缩时皮质变薄；脂肪变性时，皮质呈灰黄色；出血时呈暗红斑点。注意检查肾盏的容积，有无积尿、积脓、结石等，以及黏膜的状态。

输尿管和膀胱的检查：注意有无结石、膀胱充盈度、尿液颜色和性质，以及黏膜有无充血、出血、水肿、坏死、溃疡等。

肾上腺的检查：检查其外形、大小、重量、颜色和质度。然后横切，观察皮质与髓质的对比关系和病理表现。

公畜生殖器官的检查：先检查包皮和阴茎龟头、尿道黏膜的状态。然后检查睾丸和附睾，注意其形态、大小和颜色，观察切面有无充血、出血、瘢痕、结节、化脓和坏死等。最后将输精管、精囊、前列腺、尿道球腺和直肠剪开检查。

（3）胸腔的剖开与口腔、颈部、胸腔部器官的检查。

1）胸腔的剖开。尸体取背卧位。先将胸廓两侧的肌肉除去，然后把两侧肋软骨与肋骨结合处锯断（幼畜可以切断），切断胸骨与横隔、纵隔及心包囊的联系，取下胸骨和肋软骨，即可暴露胸腔。

2）胸腔的检查。注意肋骨的形态有无异常。如缺钙时，可见骨质疏松和粗大。幼畜发生佝偻病时，则肋骨中部形成肿大的结节（肋骨串珠）。

胸腔：首先检查胸腔液的量和性状、器官的位置和胸膜的状态。正常的胸腔内仅含少量透明无色的液体，胸膜平滑有光泽。在病理情况下，例如发生胸膜炎时，胸腔内的渗出物增多（浆液性、浆液-纤维素性或化脓性）。胸膜变粗糙，表面附着炎性渗出物，有时可见肺与胸壁发生粘连。在急性传染病、中毒或窒息死亡时，胸膜可见出血点。

心包腔：先观察心包膜的状态，然后提起心包尖端，将心包囊剪一裂缝，张开心包囊，检查心包腔的大小、心包液的量和性状、心脏的位置、心包膜和心外膜的状态和心室的充盈度等。在患心包炎时，心包膜可能发生与胸膜同样的病理表现，心包膜与心外膜可能发生粘连。

3）口腔、颈部及胸腔部器官的取出。先用刀切除两侧下颌骨内缘附着的肌肉组织，切断舌韧带，将舌向下颌间隙中拉出，向后牵引，切断舌骨枝，分离扁桃体与硬腭的联系，继续向后分离颈部的器官至胸腔入口处。然后再分离纵隔，用手抓住颈部器官向上方牵拉，将主动脉的脊柱处分离，并在靠近横隔处切断，在后腔静脉作双重结扎切断，并在横隔前方将食管切断。最后，将舌、扁桃体、咽喉、气管、食管、心、肺一同取出。

大家畜一般采用口腔与颈部器官和胸腔器官分别取出，切除方法同上。只要在胸腔入口处将食管和气管切断，两部分器官就可分别取出。

4）口腔、颈部及胸腔器官的检查。

口腔、颈部器官：先检查口腔、舌、扁桃体、咽喉，注意有无创伤、出血、炎症、坏死和溃疡等变化。然后剪开食管，注意食管黏膜的状态，食管壁的厚度，有无局部扩张和狭窄，食管的周围有无肿瘤、脓肿等病变。再剪开气管，注意管腔内容物的性质（如浆液性、黏液性、出血性等）和黏膜的状态。

心脏：首先检查心脏纵沟、冠状沟的脂肪组织有无胶样变化，有无出血点。然后检查心脏形态、大小、颜色、质地及心膜是否光滑，有无出血和炎症性渗出物。检查心外膜后，再切开心脏检查心腔。方法是沿左纵沟左侧的切口，切到肺动脉的起始部，再沿左纵沟右侧切口，切到主动脉起始部。然后将心脏翻转过来，沿右纵沟的左右侧各1cm处作平行切口，切到心尖部与左侧心切口相连接，通过房室口切到左心房及右心房。切开心脏后，首先注意心腔中血液的含量（正常时左心室空虚，右心房有少量凝血）和性质（窒息、败血症、中毒等，会使血液凝固不全）。然后除去心脏内血液，检查心内膜的颜色、光泽度、透明度和有无出血，各个瓣膜、键索是否肥厚，有无炎性渗出物附着或溃疡形成瓣膜病变。最后检查心肌的颜色、质地、有无出血、变性和坏死等。此外，还要检查大动脉和肺动脉的内膜，注意颜色，有无粗糙、坏死及钙化等病变。

肺脏：先检查肺门淋巴结和纵隔淋巴结的性状（大小、颜色、湿度、有无充血、出血和坏死等）。

检查肺脏时，应先观察肺的体积、外形，肺胸膜的颜色、光滑度和边缘的状态，表面有无纤维素性或化脓性等炎性渗出物附着，有无萎陷或气肿病灶。并用手触检肺的质地，正常时肺组织柔软有弹性，病理状态时往往变得坚实，或形成结节。然后用剪刀顺着气管、支气管剪开肺脏，检查支气管壁的厚度，黏膜的性状，有无炎症或寄生虫以及渗出物等。最后将各肺叶横切，检查切面的颜色，有无出血性、化脓性、坏死性等炎症病变、结核结节和寄生虫结节等。此外，还应该注意肺实质、间质、支气管和血管的变化。

（4）颅腔的剖开和脑的取出与检查。

1）颅腔的剖开先从第一颈椎部横切，取下头部。切除颅顶和枕骨髁骨附着的肌肉后，在紧靠额骨颧突的后缘锯一横切线，再从两侧枕骨髁上缘，沿颅顶两侧，经颞骨鳞状部各锯一纵切线与横切线的外端相连接。锯开后，用骨凿插入锯口揭去颅顶骨，颅腔即可暴露。此外，也可在锯开上述三条切线后，从枕骨大孔沿枕骨片中央及顶骨和额骨的中央缝加锯一纵切线，然后将左右两牛（羊）角压向两边，即把颅腔打开。

2）脑的取出。颅腔剖开后，将颅腔内的神经血管剪断，细心地取出大、小脑，再将延脑和垂体取出。

3）脑的检查。首先观察脑膜的性状，正常脑膜为透明、平滑、湿润、有光泽。在病理情况下，出现充血、出血和脑膜浑浊等变化。然后检查脑回和脑沟的状态，如有脑水肿、积水、肿瘤或脑充血等病变时，脑沟内有渗出物蓄积、脑沟变浅、脑回变平。并用手触检各部分脑实质的质地。

最后作脑的内部检查，先用刀伸入纵沟中，自前向后，由上而下，经过胼氏体、弯窿、松果腺、四叠体、延脑，将脑切成相等的两半。脑切开后，检查脉络丛的性状及侧脑室有无积水，第三脑室、导水管和第四脑室的状态。然后横切脑组织检查脑实质。注意脑实质的湿度、白质和灰质的颜色和质度，有无出血、囊包、脓肿、肿瘤和寄生虫等。如怀疑有狂犬病和脑脊髓炎或脑内有病变时，可切取脑或海马角的小块组织放在丙酮或甘油食盐溶液中，作病理组织切片检查。

垂体的检查，先检查其重量、大小，然后沿中线纵切，观察切面的颜色、质地、光泽和湿度等。

(5) 脊椎管的剖开和脊髓的取出与检查。对于必要的病例，可进行脊髓检查。方法是先取下一段脊椎，切除周围的肌肉组织，然后沿椎弓两侧与椎管平行锯开脊髓管腔，再切断与脊髓相联系的神经，取出脊髓。脊髓的检查，应注意软脊髓膜的状态，脊髓液的性状，脊髓的外形、颜色、质地和脊髓切面有无异常等。

(6) 其他器官的检查。在必要的情况下，应对骨髓、关节、肌肉、键、骨、鼻腔等器官进行检查。

1) 肌肉。检查时应注意其颜色、硬度、有无出血、水肿、变性及坏死等变化。对某些以肌肉变化为主要表现形式的疾病，如白肌病、气肿疽、恶性水肿等，检查肌肉十分重要。

2) 关节。通常对有关节症状表现的病例，应仔细检查。可以切开关节囊检查关节液含量、性质和关节软骨表面状态。

3) 骨骼。检查其硬度、有无坏死和骨折的变化。

4) 骨髓。对于造血系统的疾病，检查骨髓很重要。检查时可将股骨中央部锯开，刮取骨髓，作触片，固定和染色后镜检。

5) 鼻腔和副鼻窦。将头骨沿中线纵锯为两半，用力将鼻中隔沿其附着部切断取下，检查鼻中隔、鼻道、筛骨迷路、额窦、牙齿、硬腭及鼻甲等。必要时可在额骨部作横切锯线，检查额窦和鼻甲窦。

(二) 马、骡剖检术式

(1) 外部检查　与牛、羊剖检技术基本相同。

(2) 内部器官的摘出。

1) 尸体的卧位。马、骡等大动物一般取右卧位，剥皮顺序、方法及皮下检查同牛羊。

2) 切肢。切断肩胛骨前缘的肌肉，在肩胛软骨上方切断斜方肌，然后切断肩胛骨后缘肌肉，将前肢向背上方提起，切断胸肌，腋下血管和神经，最后切断肩胛骨上内方附着的肌肉取下前肢。在股关节上面呈圆形切断臀肌，然后于股骨大转子和坐骨结节间切断股二头肌、半膜肌和半腱肌，将后肢向上提起，同时切断股骨内侧各肌肉及关节囊中的纤维囊状韧带、圆韧带等取下后肢。

3) 腹腔的切开。先从肷窝部沿肋骨弓至剑状软骨作第一切线，再从髋结节前至耻骨联合处作第二切线，切开腹壁肌层和脂肪层。然后用刀尖将腹膜切一小口，以左手食指和中指插入腹腔内，手指的背部向腹内弯曲，使肠管和腹膜之间有一空隙，将刀尖夹于两指之间，刀刃向上，沿上述切线切开腹壁。

4) 小肠的摘出。握住大结肠的骨盆弯曲部，将大结肠牵引至尸体腹腔左前方，将小结肠引到尸体外背侧，将盲肠引向尸体左后方，切断十二指肠小结肠韧带，将十二指肠结扎后横断。手握十二指肠断端，向腹腔外牵引，同时用刀沿着肠系膜动脉、静脉方向，切开前肠系膜与肠管的联系，同时检查肠系膜有无变化。切至回肠末端横断。

5) 大肠的摘出。将小结肠收回至腹腔内，在直肠部横断，向前切离后肠系膜，一直切到小结肠起始部。从小结肠起始部，大结肠胃状膨大部和盲肠体部，用手握住大结肠及盲肠的纵带，提起整个大肠，切断肠系膜根，取出全部大肠。

6）脾脏、胃、十二指肠的摘出。左手握住脾头，切断脾韧带，将脾同大网膜一起拿出。切勿切掉脾门淋巴结，使其附着在脾上以供检查。采取胃和十二指肠，应按顺序切断胃和横膈膜韧带、食道胃肝韧带和肝十二指肠韧带之后取出。在切断肝十二指肠韧带时，应注意先切开韧带左侧的胆管，检查胆管内部状态。

7）肝及胰脏的摘出。从肠管外壁剥离胰脏，使其附着在肝脏的肝门部。接着切断肝左三角韧带，肝、肾韧带，右三角韧带，冠状韧带，镰状韧带，最后切断肝静脉与后腔静脉的联系，将肝胰一并取出。采取肝脏时切忌切破横膈膜，以防胸水、腹水交流影响检查。

8）肾脏及肾上腺的取出。首先检查尿管，再沿腰肌外缘向左上方切开腹膜，再用手指剥离，切开血管和尿管，取出左肾。切断血管、尿管后，用手指剥离取出右肾。两侧肾上腺可与左右两肾同时分别取出。

9）盆腔脏器的摘出。首先锯断髂骨体及两侧耻骨结合部，取下左侧骨盆骨，剥离直肠及骨盆上壁，将盆腔脏器一并取出。

10）切开胸腔。大动物在摘出膜腔脏器后，用刀尖在肋间作一小孔，以观察空气的出入及横膈膜的下降程度。继而从最后肋骨部切离横膈。最后除留下第一乃至第二肋骨外，其余肋骨从上下两端（上端距脊肋关节约2cm，下端距胸骨2~3cm处）锯断，去掉左侧胸壁。

11）心脏的摘出。切开心包膜露出心脏，检查心外膜和心脏的外观，然后在左纵沟左右各约2cm处，切开左右心室，检查血量及其性状。再用左手拇指和食指伸入心室口，将心脏提起，检查底部各大血管后，切断动脉静脉，取出心脏。

12）肺脏的摘出。首先切断纵膈的背侧部与胸主动脉，检查右侧胸水的数量和性状。然后在横膈的胸腔面切断纵膈，食道和后腔静脉，在胸腔入口处切断气管、食道，血管、神经等。在气管软骨上作一小切口，左手指伸入切口牵引气管，可将肺脏取出。肺膜与胸膜有粘连时，应先检查，再将粘连分开。

13）口腔及颈部器官的摘出。用尖刀深刺沿下颌骨枝向前切至下颌骨角将舌尖从下凳间隙拉出，将舌向后牵引，切断软腭，将舌、咽、扁桃体、喉、食管、气管等一同取下。

14）颅腔的切开和脑脊髓的摘取。在第一颈椎与枕骨之间切断，即可取下头部。脑摘出时，去掉附在颅骨上的皮肤、肌肉，沿眼眶后上方连线，用锯或斧子切断骨骼，露出脑前叶硬膜，再于两侧分别用锯或斧子切断颅侧骨骼，这样从前往后很容易掀起颅顶上壁，使脑露出，用剪子剪开硬脑膜和小脑膜，再以门齿为支点将头立起，小指伸进椎孔剥离延脑，从前方用外科刀柄剥离嗅球，逐一切断脑部十二对神经，即可取出全脑。同时取出脑下垂体。

脊髓的摘出：先除去附着在脊髓背侧的软组织，在剥离肋骨之后，在棘状突起两侧，用锯锯断两侧的椎弓，除掉整个椎骨的上侧壁，使各脊髓神经硬膜断离，与硬膜一起取出脊髓。

（三）猪的剖检术式

猪的剖检方法与大家畜的剖检法基本相同，下面仅就不同之处简述如下：

剖检猪时，多取背卧位，使尸体仰卧，将四肢与躯体分离，又要保持一定的联系，这样可以借四肢固定尸体，避免尸体左右倾斜。

1. 腹腔的剖开和腹腔器官的摘出

在剥皮后（也可不剥皮），从剑状软骨后方沿白线由前向后，切开耻骨联合处做第一切线。然后再从剑状软骨沿左右两侧肋骨后缘切至腰椎横突，做第二第三切线，将两侧已切开的腹壁向左右拉开，即可露出腹腔。

脾与网膜的摘出：用手指将胃压向右侧，左手握住脾脏，分离网膜，取出脾脏。

肠管的摘出：将螺壳形结肠盘向右，盲肠向左侧牵引，即可见到回盲韧带和回肠，在距盲肠入口处约15cm处结扎并切断回肠，左手拉住回肠断端，右手执刀依次分离回肠、空肠的肠系膜，直至十二指肠和空肠曲部再结扎切断，可取出空肠和回肠。

左手伸入盆腔握住直肠，挤出粪便，结扎（或不结扎），切断直肠，从断端向前分离肠系膜，至前肠系膜动脉根部，再将结肠与十二指肠、胰腺之间的联系加以分离，切断前肠系膜动脉根部的血管、神经和结缔组织以及结肠与背部之间的联系，将大肠全部取出。

此时除十二指肠外，全部肠管已经采出，然后依次采出胃、十二指肠、肾脏、肾上腺、胰脏和肝脏等，其方法与马相同。

2. 胸腔的剖开

胸腔剖开前也应检查胸腔是否真空，方法同羊。

3. 脑的摘出

因猪脑所在部位较深，而且周围空隙也大，所以横锯口可在颧突（眶上突）前2cm处进行，其他方法与牛、羊相同。

（四）家禽的剖检技术

1. 外部检查

检查皮肤被毛，注意有无虱的寄生，检查鸡冠、肉髯和天然孔，注意其颜色、分泌物及污染物的状态，同时检查头部的疹性水疱、趾瘤，以及各关节肿胀现象、骨骼的软化和弯曲变化等。然后用固定针在两翼上缘、两脚趾部及喙部刺入，以背卧式固定在木制的解剖台上。也可切开鸡体与大腿之间的皮肤至髋关节处，使尸体背卧，用力下压大腿使髋关节脱臼，保持尸体稳定。固定后，用消毒水将羽毛浸湿，从头至腹沿中线将皮肤剪开，四肢皮肤也剪开，剥离颈胸腹部皮肤，露出皮下组织以供检查。

2. 内部检查

从胸骨后缘中间向泄殖腔纵向做一切口，再沿左右肋骨后缘剪开，腹壁翻向两侧，然后用骨剪子剪断两侧肋骨，提起胸骨向前拉，切断软组织，取下胸骨即可进行胸腹腔检查。

胸腹腔器官的摘出在近泄殖腔处剪断肠管，将腺胃、肌胃和肠一起摘出。用外科刀柄伸入肋骨间的低凹处，剥离肺脏，与心、血管、肝、脾一起采出。卵巢与输卵管同时取出。再用外科刀柄从腰荐骨横突之间的深窝处取出肾脏。

口腔和颈部器官的检查：从口角处用剪刀剪开口腔、食道、嗉囊、喉头与气管，检查内容物及黏膜状态。

鼻腔的检查：可用剪刀将鼻孔横向切开，并轻轻压迫鼻部，检查鼻腔中内容物的性质。

脑的取出：用骨剪在眼窝间做一横切，然后从两侧眼窝至枕骨大孔切开，除去头盖骨，即可取出脑。

实训4　常见猪病变鉴别诊断

本节以猪常见多发病病理变化为线索，以病变特征为基础，对猪的主要疾病进行类症鉴别，为猪病的临床诊断提供鉴别依据和诊断思路。

一、皮肤病变特征及鉴别诊断

（一）皮肤血液循环障碍

1. 皮肤充血、淤血

皮肤充血，指压有褪色反应；淤血的皮肤则呈现暗红色或暗紫色，按压色斑无褪色现象。

猪丹毒（皮肤打火印）：急性病例的耳根、颈部、胸前、腹壁和四肢内侧等处皮肤，由于毛细血管充血而出现一种不规则的鲜红色充血区（丹毒性红斑），指压褪色。亚急性病例，多见于病猪颈部、背部的皮肤上形成许多特异性的正方形、菱形或不规则形疹块，硬实而稍隆起，与周围组织界限明显。

流行性猪肺疫（大红脖）：最急性型可见咽喉部和颈部红肿，引起严重的呼吸困难（锁喉风）；腹部、耳根及四肢内侧皮肤出现紫红色斑块，用手压之褪色。

2. 皮肤水肿（浮肿）

皮肤外观肿胀，指压有面粉团样质度，指压有痕。切开皮肤可见皮下结缔组织增厚呈胶冻样，切面流出多量胶冻样液体。若为非炎性水肿，则胶冻样液呈较清凉的浅黄色，不易凝固；若是炎性水肿，则胶冻样物可能混有炎性渗出物或出血而呈混浊、暗红色，流出的水肿液不透明、易凝固。

仔猪水肿病：多见于断奶前后仔猪，病死猪尸体营养良好，皮肤和黏膜苍白。皮下积留水肿液或透明胶冻样浸润物，眼睑和面部浮肿，颌下淋巴结、胃壁、结肠肠系膜水肿。

猪繁殖与呼吸综合征：可见死胎及产后死亡仔猪的头部、下颌、颈部、腋下和后肢内侧皮肤水肿，皮下结缔组织呈胶冻样，后肢内侧皮下常呈出血性胶样浸润。

3. 皮肤出血

皮肤出血，有的是在淤血的基础上发生的，有的则是由于致病因素的作用而直接破坏血管壁所致。

猪瘟（败血型）：皮肤出血主要见于耳根、颈部、腹部、腹股沟内侧，初期出现淡红色充血区，以后红色加深，有明显小出血点，病程稍久，出血点可相互融合形成紫红色斑块，病程经久，出血部组织常可继发坏死形成黑褐色干固痂皮。

仔猪副伤寒（败血型）：可见病死猪头部、耳朵、腹部等部位皮肤出现大面积的蓝紫色出血斑。

猪链球菌病：常引起败血症，尸体常见在胸、腹下部及四肢内侧的皮肤有紫红色与暗红色出血点，皮下脂肪常见出血，呈现红染状。

（二）皮肤炎症

由于引起皮炎的病原不同，皮炎的特征也不同：有的以水疱为主，有的以脓疱为主，有的则以溃疡为主。

口蹄疫：良性口蹄疫的口蹄疮多发生于口腔的唇、齿龈、舌面和口盖等部位，蹄冠、蹄踵主趾间以及乳房的乳头，形成黄豆大、蚕豆大至核桃大的水疱，当水疱破溃后如继发细菌感染，则病变向深层组织发展，形成溃疡，特别是蹄部发生细菌感染后，可使邻近组织发生化脓性炎或腐败性炎，严重者造成蹄匣脱落。

猪水疱病：蹄冠、蹄枕或副蹄出现一个或几个黄豆大至蚕豆大的水疱，融合扩大，破溃后亦可形成边缘不整的溃疡，严重导致蹄壳脱落。少数病猪的鼻端、口腔、舌面和腹部乳头四周亦会出现水疱。

二、呼吸系统病变特征及鉴别诊断

（1）支气管炎。

猪喘气病：病理剖检特点是慢性支气管周围炎。初期病变是在肺的尖叶或心叶，见有单在蚕豆大至拇指大的淡红色至鲜红色稍湿润透明的病灶，压之坚实。随病程延长，尖叶、心叶及膈叶前部的病灶可融合扩大，病灶外观由红色渐变成红紫色、灰红色或灰黄色，病变的肺组织和正常组织的境界清晰。两侧肺组织的变化一般大致对称，但少数也有单发生一侧的（右侧肺叶居多）。切开病变肺脏，流出黄白色带有泡沫的浓稠液体，小叶间结缔组织增宽，呈灰白色水肿状。在病程长的病例，见尖叶、心叶、中间叶和膈叶前部的大部分肺组织，变成灰白色或灰黄色质地较坚实的病灶，切面较干燥，支气管内充满黏稠内容物。镜检见小气管周围和血管周围有大量淋巴细胞浸润，病程长者可见淋巴组织增生，或于支气管周围生成淋巴小结，形成支气管周围炎和血管周围炎。小支气管上皮发生黏液变性或剥落，管腔内有少量淋巴细胞和嗜中性白细胞。炎灶区肺间质组织水肿、增宽，其中有少量淋巴细胞和嗜中性白细胞浸润；支气管黏膜层，也常有少量炎性细胞浸润；肺泡腔内含有浆液。

（2）纤维素性肺炎。主要特征是支气管和肺泡内充填大量纤维素性渗出物，常累及一个肺叶，甚至全肺。

猪肺疫（散发性）：肺部病变特别显著，具纤维素性肺炎发展阶段的各种变化。病变可波及一侧或两侧肺叶的大部，但病变最多见的发生部位为尖叶、心叶和膈叶前部，严重时可波及整个肺脏。病变部与相邻组织界限明显。由于病程长短不同切面呈现不同色泽的肝变样病灶。有的病灶切面呈暗红色，有的呈灰黄红色，有的病灶以支气管为中心发生坏死或化脓，有的发展为坏疽性肺炎。病灶部肺小叶间质增宽、水肿，使整个肺切面往往形成大理石样花纹。病灶部周围组织一般均表现淤血、水肿或气肿。

猪接触传染性胸膜肺炎：最急性病例，病猪流血色鼻液，气管和支气管充满泡沫样血色黏液性分泌物。其早期病变表现为肺泡与间质水肿，淋巴管扩张，肺充血、出血和血管内有纤维素性血栓。肺炎病变多发于肺的前下部，而在肺的后上部，特别是靠近肺门的主支气管周围，常出现周界清晰的出血性实变区或坏死区。急性病例，肺炎多为两侧性，常发生于尖叶、心叶和膈叶的一部分。病灶区呈紫红色、坚实，轮廓清晰。间质积留血色胶样液体，纤维素性胸膜炎明显。亚急性病例，肺脏可能发现大的干酪性病灶或含有坏死碎屑的空间。由于继发细菌感染，致使肺炎转变为脓肿，后者常与肋胸膜发生纤维性粘连。慢性病例常于膈叶见到大小不等被较厚的结缔组织环绕的结节，肺胸膜与肋胸膜粘连。

猪瘟（胸型）：胸膜出血严重；常见一侧或两侧肺叶存有融合性支气管肺炎或坏死性、化脓性肺炎。病变部肺表面隆起，无光泽，或附有纤维素性假膜，有时还见肺、肋胸膜粘连。肺炎灶质地坚实，切面多半呈暗红色、黄色或灰白色呈肝变状，并常见以支气管为中心形成化脓灶或坏死灶。心脏可见纤维素性心包炎或心外膜炎。全身性出血较轻，但淋巴结、肾和膀胱出血仍很明显。

猪流感：肺炎区呈暗紫红色，周界明显；感染初期最常累及尖叶、心叶前部，随后侵犯膈叶下部、后部。病变严重时，可见肺胸膜表面被覆纤维素。肺炎一般为小叶性，肺炎区凹陷，呈灰白色，质地变硬。

三、消化系统病变特征及鉴别诊断

（1）卡他性胃肠炎。

仔猪黄痢：最显著的病变是卡他性胃肠炎及黏膜上皮的变性、坏死。眼观，胃膨胀，胃内充满酸臭的凝乳块，胃底部黏膜潮红，部分病例有出血斑块，表面有多量黏液覆盖。肠腔内充满黄色、黄白色稀薄的内容物。大肠壁、空肠、回肠变化轻微，但小肠尤其是十二指肠膨胀，肠壁变薄，黏膜和浆膜充血、水肿，肠腔内充满腥臭的稀薄内容物，有时混有血液、凝乳块和气泡。

猪传染性胃肠炎：主要病变是卡他性胃肠炎。眼观，胃内积存凝乳块，黏膜充血和淤血。肠腔积液，明显扩张，肠壁菲薄，几乎透明，肠系膜淋巴结肿胀。特征病变是肠系膜淋巴管内缺少乳糜，用放大镜检查可见空肠绒毛短缩。

猪轮状病毒性肠炎：腹泻仔猪病变多局限于肠，肉眼见肠道鼓气，肠内容物呈棕黄色水样液及黄色凝乳样物质，肠壁菲薄半透明。镜检，以空肠及回肠最为明显。其特征为绒毛萎缩与隐窝伸长。

（2）坏死性胃肠炎。

猪胃溃疡：多发生于集约化猪场的断奶仔猪及生长猪。病变局限在胃底部与食管部，从过度角化、糜烂、溃疡，直至穿孔在尸检中均可见到。胃黏膜上皮营养不良形成溃疡，溃疡呈圆形或椭圆形，直径可达10cm。急性溃疡呈黑红色或深褐色，慢性时呈灰黄色，底部粗糙，边缘隆起。溃疡性胃炎时往往伴发胃出血、肠卡他、全身性贫血，皮肤呈瓷白色。胃内血性内容物与出血性溃疡病灶，是胃溃疡诊断的特征性变化。溃疡向深部发展可达浆膜层，偶见穿孔；胃穿孔时，腹腔内必有凝血块及弥漫性或局灶性腹膜炎。慢性胃溃疡，全身变化轻微，主要是溃疡局部肉芽组织增生而形成疤痕，透过浆膜面即可见到；慢性胃溃疡出血的猪，脾脏常肿大。

猪痢疾：病理学特征为卡他性、出血性、纤维素性或坏死性盲肠与结肠炎。急性病例的典型病变为大肠松弛，呈暗红色，浆膜水肿而富有光泽。大肠肠壁与肠系膜充血、水肿，肠系膜淋巴结肿大，结肠黏膜下腺体通常比正常时明显，浆膜上出现稍隆起的白色病灶。结肠黏膜因显著肿胀而失去典型的皱褶，表面通常覆盖带有血液的黏液纤维素性斑块。结肠内容物稀薄如水，恶臭。

炭疽：肠炭疽痈主要发生在小肠，它多半以肿大、出血和坏死的淋巴小结为中小形成局灶性出血性坏死性肠炎病变。眼观，病初见肠黏膜肿胀，呈红褐色。肠壁淋巴小结肿大，隆突于黏膜表面并常伴发出血，有时肿大的淋巴小结坏死并形成灶状溃疡。随着痈型病灶的形成，可见痈灶表面覆纤维素样坏死的黑色痂膜，邻接的肠黏膜呈出血性胶样浸润。

（3）假膜性肠炎。

猪沙门氏菌病：亚急性、慢性型以顽固性腹泻和回肠及大肠固膜性肠炎为特征。特征性病变主要在大肠，可见后段回肠和各段大肠发生固膜性炎症。集合淋巴小结和孤立淋巴小结明显增大，突出于黏膜表面，随后其中央发生坏死，并逐渐向深部和周围扩展，同时有纤维素渗出，并与坏死肠黏膜凝结为糠麸样假膜，这种固膜性痂块因混杂肠内容物和胆汁而显污秽绿色。坏死向深层发展并波及肌层时，则可引起纤维素性腹膜炎。少数病灶其坏死性痂块在坏死区周围发生分界性炎症和脓性溶解随后腐离而脱落，遗留圆形溃疡，继后溃疡愈合而成疤痕。

猪瘟（肠型）：病变主要发生于大肠。眼观，盲肠、结肠和回盲瓣部淋巴滤泡肿胀，中心坏死呈栓子状，或坏死灶扩大形成轮层状，因其形似纽扣故称扣状肿，坏死多半以肠黏膜出血处或肿大的淋巴滤泡为基础。扣状肿眼观呈灰白色或灰黄色、干燥、隆突于肠黏膜表面。其所以呈轮层结构，是由于随病程发展，反复有纤维素渗出与肠黏膜凝结而构成干固的坏死痂。若坏死痂脱落常遗留圆形溃疡，严重时可导致穿孔而继发腹膜炎。

四、肝脏病变特征及鉴别诊断

肝脏的局灶性坏死，指肝脏坏死灶部位与范围缺乏明显的规律性，常呈点状散布于肝内，较为多见。

猪沙门氏菌病：常发生局灶性肝坏死。肝脏显著肿胀，暗红色，被膜下或切面上，呈现数量不等，针尖或粟粒大小的黄红色或灰白色坏死灶。镜检，灰红色病灶为凝固性坏死灶，由坏死的肝细胞、渗出的白细胞和纤维素组成，并混杂有红细胞；灰白色病灶即为副伤寒结节，由增生的网状细胞、单核细胞和少量嗜中性白细胞组成。

非洲猪瘟：肝脏呈局灶性或弥漫性坏死，窦状隙扩张充血和嗜酸性粒细胞浸润，枯否氏细胞肿胀、坏死。

猪圆环病毒病：可见肝脏色暗，体积缩小，肝小叶间结缔组织增生明显，呈不同程度的花斑状。

猪钩端螺旋体病：症见肝脏肿大，呈土黄色或棕黄色，被膜下可见粟粒大至黄豆大小的出血灶，切面可见黄绿色散在性或弥漫性点状或粟粒大小的胆栓。肝淋巴结肿大，切面可见重度充血、出血。

五、脾脏病变特征及鉴别诊断

（1）脾脏梗死。由于脾脏的动脉多是末梢动脉，所以一旦闭塞就容易引起梗死。脾脏的梗死多为出血性梗死，眼观梗死区呈紫黑色、硬固、肿大，表面隆突。

猪瘟：有30%～40%的猪瘟病例发生脾脏出血性梗死，且以多发性梗死常见。脾脏一般不肿大，梗死多见生于脾脏边缘，其大小不等，数量不一，呈暗红色，稍隆突，不呈圆形，与周围组织的界限分明，触摸质地坚实。切面上见梗死组织多呈圆锥形，其锥底位于脾表面，锥尖指向血管堵塞的部位。梗死组织呈暗红色，稍干燥。

猪丹毒：慢性猪丹毒病发生疣性心内膜炎时，有时因二尖瓣上的血栓脱落的碎块随循环血液到脾脏后引起脾脏小动脉发生栓塞，继而梗死。不过比猪瘟脾脏梗死发生率明显要低，而且猪丹毒皮肤病变非常突出，亚急性病例呈皮肤疹块型，慢性病例呈现疣性心内膜炎及多发性关节炎等特点都有助于与猪瘟进行鉴别。

（2）脾脏的炎症。急性炎性脾肿，即脾脏的急性肿大，多见于炭疽、急性猪丹毒、急性猪副伤寒等和一些败血症。

猪链球菌病：以败血症和化脓性脑脊髓膜炎为特征。脾脏肿大或显著肿大，常达正常的1~3倍，质地柔软而呈紫红色或黑紫色。偶尔于边缘可见黑红色的出血性梗死灶。被膜多覆有纤维素，且常与相邻器官发生粘连，切面黑红色、隆突，结构模糊。

猪沙门氏菌病：本病的急性型表现为败血症，亚急性、慢性型以顽固性腹泻和回肠及大肠发生固膜性肠炎为特征。患急性型猪沙门氏菌病时，脾脏肿大，被膜偶见散在的小点出血；切面见脾白髓周围有红晕环绕。镜检，红髓淤血，散在出血，淋巴小结变小，有多量巨噬细胞和少量嗜中性白细胞浸润，还见数量不等的微小坏死灶，灶内可见有许多病原菌，有些坏死灶内因巨噬细胞呈反应性增生而形成副伤寒结节。

炭疽：败血型病例脾脏的病变表现为肿胀，常达正常的3~5倍，甚至更大。脾外观呈紫褐色，质地柔软，触摸有波动感，有时可自行破裂。切面边缘外翻，断面隆突呈黑红色，脾髓软化呈软泥状，甚至变为半液状自动向外流淌。脾白髓和脾小梁的结构模糊不清。组织学检查见脾静脉窦充盈大量血液，脾组织正常结构被挤压而破坏，残留的脾组织呈岛屿状散在。在脾组织内存有大量炭疽杆菌。

急性猪丹毒：脾脏因淤血而显著肿大，呈樱桃红色，被膜紧张边缘钝圆，质地柔软，切面隆突，呈鲜红色；脾白髓和小梁结构模糊，用刀背轻刮有多量血粥样物。据报道，脾除具有上述眼观变化外，在脾切面特别是脾头和脾尾的切面上，不断变换切面角度，可发现比脾原切面颜色为深的呈暗红色或紫红色、边缘较整齐的小圆圈，其中心为脾白髓，称为“白髓周围红晕”，该特征性病变可作为急性猪丹毒病理解剖诊断的依据之一。

六、肾脏病变特征及鉴别诊断

急性肾小球性肾炎是肾脏常见病变。病变主要发生在肾小球毛细血管网及肾球囊内，通常开始以肾小球毛细血管变化为主，以后在球囊内也出现病变。肾小管和间质的变化不甚明显，仅表现肾小管上皮细胞颗粒变性或脂肪变性，肾小管管腔轻度扩张，内含蛋白液、透明管型或细胞管型，肾间质轻度水肿和出血，肾小球周围及间质内有少量嗜中性白细胞浸润。

急性猪瘟：肾脏病变的主要特点是出血和急性肾小球肾炎。其中肾脏的出血最为明显，经常有小点状出血；量少时见出血点稀疏散在，量多时出血斑点大而密集，使整个肾脏呈麻雀卵状（故又称“麻雀卵肾”或“火鸡卵肾”）。肾切面在皮质和髓质均见有点状和线状出血，在肾乳头，肾盂也常见有严重出血。急性肾小球肾炎主要表现为皮质部肾小球毛细血管丛呈严重充血和出血，毛细血管内皮肿胀或增生，毛细血管腔内常见有均质红染的透明血栓。

猪链球菌病：常伴发有急性增生性肾小球肾炎变化。肾小球毛细血管内皮肿胀、增生和嗜中性白细胞浸润，部分病例呈明显的急性增生性肾小球肾炎。肾小管上皮变性，管腔中为管型所阻塞。小叶间及弓形动、静脉的管壁变性与炎症细胞浸润，外膜及其周围结缔组织炎性水肿，甚至形成小的化脓灶。

猪沙门氏菌病：肾脏的常见病变是皮质部苍白，偶见细小出血点或斑点状出血，肾盂、尿道和膀胱黏膜也常有出血点。镜检，有些病例出现弥漫性肾小球肾炎且有轻度肾病和透明管型；另一些病例则见出血性肾小球肾炎，肾小球的毛细血管内有透明血栓，偶有细菌栓子。有病变的小动脉内还见有纤维素性血栓。

急性猪丹毒：肾脏往往发生出血性肾小球肾炎，眼观，肾肿大，在表面和切面常见有少量针尖大或粟粒大的出血点；肾小球呈充血和出血。镜检见肾小球充血，球囊内积有浆液性或血液性渗出物。间质中有灶状出血。肾小管上皮细胞颗粒变性、脂肪变性或渐进性坏死，管腔内有透明管型或颗粒管型。在部分肾小球和间质毛细血管内见有细菌集落。且常伴有嗜中性白细胞浸润。

七、淋巴结病变特征及鉴别诊断

（1）出血性淋巴结炎。出血淋巴结明显肿大，被膜紧张，呈暗红色或黑红色，质地柔软，切面湿润，多汁、隆突，呈弥漫性暗红色，或是暗红色的出血部与灰黄色的淋巴组织相间而形成大理石样花纹。镜检，除可见一般急性炎症反应外，淋巴组织显示出更明显的充血和出血变化，特别是淋巴窦内充满大量红细胞，淋巴小结被血液所挤压而残缺不全，或呈岛屿状，严重的甚至消失。常见于炭疽、猪瘟、猪丹毒、出血性败血症等急性传染病。

猪瘟：特征性病变是全身的淋巴结发生出血性淋巴结炎变化。在颌下、咽背、耳下、支气管、胃门、肾门、腹股沟及肠系膜等淋巴结病变最明显。主要表现淋巴结肿胀，表面呈深红色条纹状，而其余淋巴组织呈灰白色，两者相互镶嵌形成大理石样花纹。

猪繁殖与呼吸综合征：可见两侧腹股沟淋巴结显著增大，出血呈暗红色。肠系膜淋巴结也肿大、出血。

炭疽：急性病例，常无临床表现，常在宰后检验中发现。剖检见患猪咽喉和颈部皮下呈出血性胶样浸润，头部淋巴结，特别是颌下淋巴结呈急剧肿大，被膜增厚，质地变硬，切面因严重充血，出血而呈樱桃红色或深红砖色，并存有中央稍陷的黑红色坏死灶。病程经久者则在坏死灶周围常有包囊形成，或继发化脓菌感染而形成脓肿，脓汁吸收后形成干酪样或变成碎屑状颗粒。

猪丹毒：患急性或败血型猪丹毒时，全身淋巴结发生急性淋巴结炎。淋巴结外观肿大，呈紫红色；切面隆突，湿润多汁，常伴发斑点状出血。镜检，淋巴组织内的血管高度充血、出血，淋巴窦扩张，其中充满浆液、白细胞和红细胞，呈急性浆液性淋巴结炎或出血性淋巴结炎。淋巴组织与网状组织有不同程度的坏死。

（2）坏死性淋巴结炎。眼观淋巴结肿大，其周围结缔组织中黄色胶样浸润或水肿状。切面湿润、隆突，边缘外翻，散发有大小不等的灰白色或灰黄色坏死灶和暗红色的出血灶。镜检，病变显著的淋巴小结内，可见其实质的一部或大部坏死，组织结构被破坏，淋巴细胞核崩解呈颗粒状。受损较轻的淋巴小结肿大，其生发中心明显，网状纤维肿胀、增生，毛细血管扩张、充血及出血。淋巴窦扩张，常浸润有较多的单核细胞和嗜中性白细胞，出血及水肿变化也较明显。

沙门氏菌病：可见肠系膜淋巴结、咽后淋巴结和肝门淋巴结等常发生坏死，主要表现为淋巴结明显增大；切面呈灰白色脑髓样，并常散在灰黄色坏死灶，有时形成大块干酪样坏死。

猪地方流行性肺炎：主要病变在肺、肺门淋巴结和纵隔淋巴结，剖检特征为融合性肺炎、慢性支气管周围炎、血管周围炎和肺气肿，同时伴有肺所属淋巴结显著肿大，有光泽，切面湿润，呈一致的灰白色，质度变实。组织学变化为细胞增生性淋巴结炎，表现淋巴小结生发中心增大，外围仅一薄层小淋巴细胞，淋巴结内的毛细血管内皮细胞肿胀、增生，淋巴窦扩大水肿，其中充满多量渗出液，整个淋巴结呈弥漫性增生，常形成新的滤泡。

八、心脏病变特征及鉴别诊断

实质性心肌炎是心肌常见的病变且多为局灶性。所以在心内膜常可见到呈灰黄色或黄色斑块或条纹状散布在黄红色心肌的背景上，因其状如虎皮斑纹所以俗称“虎斑心”。

恶性口蹄疫：眼观心脏表面呈灰白、浑浊，于室中隔、心房与心室面散在有灰黄色条纹状与斑点样病灶（“虎斑心”）。镜检见心肌纤维肿胀，呈明显的颗粒变性与脂肪变性，严重时呈蜡样坏死并断裂、崩解呈碎片状。病程稍久的病例，在变性肌纤维的间质内可见有不同程度的炎性细胞浸润和成纤维细胞增生，乃至形成局灶性纤维性硬化和钙盐沉着。

病毒性脑心肌炎：剖检多呈急性心衰变化。眼观，右心扩张，有时出现轻度纤维素性心外膜炎。心脏最常见的受损区为肺动脉附近的右心室，其次是心室肌内也见大小为2~15mm多发性、散在的白色病灶或界限分明的、较大的融合性灰白色病灶，偶见局灶性白垩样斑点。

九、脑脊髓病变特征及鉴别诊断

狂犬病：在病理组织学上，以非化脓性脑炎和神经细胞胞浆内出现包涵体为特征。本病眼观无特征性病变，仅见脑水肿，脑膜和脑实质的小血管充血，并见点状出血。脑组织表现毛细血管扩张充血、出血和轻度水肿，神经细胞变性坏死及发生噬神经现象；血管周围的淋巴间隙有圆形细胞浸润，形成明显的血管“袖套”现象。在慢性经过的病例，还可见增生的胶质细胞成堆积聚，形成胶质结节或称狂犬病线节等。对狂犬病具有特殊诊断意义的是某些神经细胞的细胞质内可发现有包涵体（内基氏小体）。这种小体多分布于海马的大神经细胞、小脑皮质的蒲肯野氏细胞、大脑皮质的锥体细胞以及基底核、脑神经核、脊神经节和交感神经节等部位的神经细胞质内。包涵体大部分为圆形和卵圆形，大小为0.5~30μm，一般2~8μm。包涵体呈嗜酸性均质着染，中心有嗜碱性小颗粒状结构，其周围有明显的亮晕。包涵体在胞体内的数目为一个或几个，也可位于树突，沿树突的形状延长。

猪瘟：脑组织眼观病变通常不明显，偶见小脑、延脑和软脑膜出血。镜检，多数病例见有非化脓性脑炎病变，主要见小血管周围有大量淋巴样细胞浸润而形成血管套。

猪传染性脑脊髓炎：一般无明显的眼观病变。病理组织学变化为侵犯嗅球至腰脊髓段脑脊髓轴的非化脓性脑脊髓灰质炎，尤其是脊髓腹柱、小脑皮质以及脑干。其特点是神经元急性肿胀，中心性染色质溶解、坏死，噬神经细胞结节以及不同程度的脱髓鞘。感染后期出现星形胶质细胞增生。

流行性乙型脑炎：尸体剖检缺乏特征性眼观病变，仅见脑脊髓液增加，呈无色或淡黄色，有时浑浊，软脑膜淤血，脑实质内有点状出血。严重者大脑皮质、基底核、丘脑、中脑等部位出现粟粒大小的软化灶。慢性病例可发现钙化灶。病理组织学病变呈弥散性分布于整个中枢神经系统，灰质病变多于白质。初期病变为嗜中性白细胞占优势的脑膜脑炎，随后转变具明显血管袖套的典型的非化脓性脑膜脑炎。并伴发神经细胞变性，神经节细胞肿大和有空泡形成，胶质细胞增生以及存有局灶性出血灶与软化灶。软化灶通常表现为两种类型：一种是病灶较大、边缘整齐、染色浅淡、大泡沫细胞占优势的软化灶，另一种是病灶小、边缘整齐、呈圆形或椭圆形、以星形胶质细胞增生为主的软化灶。

实训5 常见禽病病理学诊断

本节以患病禽类全身及组织脏器的病理学变化为主线，通过分析临床常见的病理变化，揭示疾病的特征，为禽类疾病的诊断提供诊断思路。

一、全身性病变

（一）贫血

病变特征：鸡冠、肉髯、皮肤或可视黏膜色淡或苍白。

临床意义：维生素 B_{12} 缺乏症、叶酸缺乏症、维生素 B_6 缺乏症、维生素K缺乏症、家禽痛风、传染性贫血、滑液支原体感染、鸡疏密螺旋体病、住白细胞虫病、肌胃糜烂症、黄曲霉毒素中毒。结核病、马立克氏病、禽白血病、禽弯曲杆菌性肝炎、硒缺乏症（渗出性素质）、鸡住白细胞虫病、鸡脂肪肝综合征。

（二）出血

（1）皮肤出血。病变特征：体躯不同部位，胸部、翅膀、鸡冠、肉髯、腿部皮肤有出血的紫色斑点。临床意义：维生素K缺乏症、住白细胞虫病、小鹅瘟、鸭瘟、磺胺类药物中毒、高致病性禽流感。

（2）脑壳、脑膜的充血、出血。病变特征：脑壳和脑膜上充血肿胀，有出血点。临床意义：番鸭坏死性肝炎、番鸭细小病毒病、禽流感、新城疫、食盐中毒、水禽大肠杆菌病，水禽沙门氏菌病、鸭传染性浆膜炎、小鹅瘟等。

（3）喉、气管黏膜出血。病变特征：喉、气管黏膜有出血点或出血斑。甚至有含血黏液或血凝块。临床意义：传染性喉气管炎、高致病性禽流感、新城疫、肉毒中毒、鸭瘟。

（4）肌肉出血。病鸡胸部、腿部肌肉常见条纹或斑块状紫红色出血。临床见于：传染性法氏囊病、急性败血型鸡葡萄球菌病、高致病性禽流感、住白细胞虫病、磺胺类药物中毒。

（5）心脏出血。病变特征：心冠脂肪、心肌浆膜下暗红色或淡红色的出血点或出血斑。临床意义：传染性法氏囊病、鸡绿脓杆菌病、急性败血型鸡葡萄球菌病、禽霍乱、高致病性禽流感、鸭伪结核病、鸭瘟。

（6）肝脏出血。病变特征：肝脏表面有暗红色出血点或出血斑，肝脏被膜下形成血肿，严重者破裂，甚至发生肝破裂，肝表面和体腔中有凝血块。临床意义：见于鸡包涵体肝炎、胆碱缺乏症、鸡脂肪肝综合征、弧菌性肝炎等疾病。

（7）腺胃出血。病变特征：腺胃黏膜乳头、乳头间出血。食道与腺胃交界处，或腺胃和肌胃交界处的黏膜有暗红色或淡红色的出血点或出血斑。临床意义：新城疫、传染性法氏囊病、喹乙醇中毒、传染性贫血、传染性腺胃炎、禽流感、鸭瘟、副粘病毒病、李氏杆菌病。

（8）肌胃出血。病变特征：肌胃角质膜有出血的紫色斑点。临床意义：维生素K缺乏症、喹乙醇中毒、新城疫、鸭瘟、高致病性禽流感，李氏杆菌病、鸡绿脓杆菌病。

（9）十二指肠黏膜出血。病变特征：肠黏膜有暗红色或淡红色的出血点或出血斑临床意义：雏番鸭细小病毒病、传染性法氏囊病、鸡绿脓杆菌病、禽霍乱、高致病性禽流感、肉毒中毒、禽伤寒、小鹅瘟、新城疫、喹乙醇中毒。

（10）浆膜下出血。病变特征：肠管粗，浆膜下大量出血点。临床意义：见于小肠球虫病。

（11）空肠黏膜环状出血。临床意义：见于鸭瘟、番鸭禽流感。

（12）肛门出血。病变特征：血液污染肛门周围羽毛。临床意义：啄肛。

（13）盲肠扁桃体出血。病变特征：扁桃体肿大及出血。临床意义：传染性法氏囊病、禽流感、新城疫、喹乙醇中毒。

（14）腿鳞片出血。病变特征：腿鳞片呈点状出血或弥漫性出血。临床意义：高致病性禽流感、葡萄球菌病。

（三）消瘦

病变特征：体重下降，胸骨隆起，肌肉不丰满，羽毛蓬乱、无光泽。临床可见于：

（1）病毒性疾病。如病毒性关节炎（采食障碍）、传染性贫血、马立克氏病、禽白血病、禽痘等。

（2）细菌性疾病。关节炎型鸡葡萄球菌病（采食困难）、溃疡性肠炎、慢性型禽链球菌病、亚急性型禽弯曲杆菌性肝炎、衣原体病、家禽念珠菌病、禽曲霉菌病。

（3）代谢性疾病。维生素 B_6 缺乏症、家禽痛风。

（4）寄生虫病。中鸡和成年鸡住白细胞虫病。

（四）坏死

（1）肝脏坏死点。肝有细小的灰白色坏死灶。

临床意义：病毒性关节炎、坏死性肠炎、禽白痢、急性败血型鸡葡萄球菌病、鸡疏密螺旋体病、溃疡性肠炎、李氏杆菌病、禽副伤寒、禽霍乱、禽链球菌病、禽伤寒、鸭伪结核病、禽弯曲杆菌性肝炎、禽亚利桑那菌病、鸭瘟。

（2）肝脏同心圆状坏死。病变特征：肝脏肿大，呈紫褐色，表面出现黄色或黄绿色的局限性圆形的、下陷的病灶，豆粒大至指头大。下陷的病灶常围绕着一个成同心圆的边界，边缘稍隆起。临床意义：组织滴虫病。

（3）胰脏坏死。病变特征：胰腺针尖大小的白色坏死点。临床意义：高致病性禽流感、雏番鸭细小病毒病、小鹅瘟。

（4）十二指肠黏膜坏死。病变特征：十二指肠肠壁增厚，黏膜明显发黑并有出血，有时呈现不规整的块状或附有麦麸状黄白色坏死物。临床意义：溃疡性肠炎。

（5）空肠黏膜坏死。病变特征：肠腔扩张充气，肠壁充血，有时见有出血点，黏膜坏死，呈大小不等、形状不一的麸皮样坏死灶。有的形成伪膜，易剥脱。肠腔内容物呈液状，有泡沫，为血样或黑绿色。可闻到一般疾病所少有的尸腐臭味。临床意义：坏死性肠炎。

（五）肿胀

（1）头部肿胀。病变特征：单侧或两侧颜面肿胀。临床意义：维生素 A 缺乏症（阻塞性）、肿头综合征（大肠杆菌病）、慢性呼吸道病、传染性鼻炎、禽流感、鸭瘟（大头瘟）、肿头综合征（肺病毒）、疫苗不良反应。

（2）皮肤及皮下肿胀的检查。病变特征：皮下呈广泛水肿，皮肤紧张。临床意义：雏鸡维生素 B_1 缺乏症、维生素 B_6 缺乏症、渗出性素质、禽链球菌病。

（3）皮下紫红色水肿。病变特征：整个胸、腹部皮下充血、出血，呈弥漫性紫红色或黑红色，积有大量胶冻样粉红色或黄红色水肿液，水肿可延至两腿内侧。后腹部，前达嗉囊周围。临床意义：鸡葡萄球菌病、脐带炎（脐周围）。

（4）肉芽肿。心脏、小肠生长白色肿瘤样结节，质地坚实。临床意义：见于大肠杆菌病、鸡白痢。

（5）法氏囊肿大。病变特征：法氏囊比正常的肿大 2 ~ 3 倍，外形变圆，呈浅黄色，囊内出现一种黄色胶冻状、奶酪样的水肿液。法氏囊严重出血，如一粒紫葡萄，切开后整个法氏囊呈紫红色。临床意义：传染性法氏囊病。

（6）眶下窦肿胀。病变特征：患禽一侧或双侧眶下窦发炎、肿胀，严重时眼睛张不开。眶下窦中充满大量灰白色混浊的浆液黏液性分泌物或干酪样物。临床意义：传染性支气管炎、传染性鼻炎、鸡支原体感染、鸡克雷伯氏杆菌病、慢性型禽霍乱、鸭传染性窦炎、衣原体病。

（六）萎缩

（1）法氏囊萎缩。病变特征：法氏囊萎缩，重量仅为正常法氏囊的 1/10 ~ 1/5。临床意义：慢性传染性法氏囊病、传染性法氏囊病疫苗毒力过强、传染性法氏囊病病毒变异株感染、网状内皮细胞增殖症。

（2）胸腺萎缩。病变特征：胸腺萎缩、体积变小或呈痕迹。临床意义：传染性贫血、网状内皮细胞增殖症、维生素 B_2 缺乏症。

（3）睾丸萎缩。病变特征：睾丸体积变小。临床意义：维生素 B_1 缺乏症。

（4）输卵管萎缩。病变特征：病鸡输卵管萎缩或不发育、变细。临床意义：减蛋下降综合征、传染性支气管炎（早期感染）、棉子饼中毒、喹乙醇中毒、禽伤寒、禽弯曲杆菌性肝炎、马立克氏病。

（5）卵巢萎缩。病变特征：病鸡卵巢萎缩，再生卵泡少，不发育或坏死。临床意义：减蛋下降综合征、喹乙醇中毒、维生素 B_1 缺乏症、禽伤寒、禽弯曲杆菌性肝炎、马立克氏病、棉子饼中毒、传染性支气管炎、低致病性禽流感。

（七）结膜炎

病变特征：眼睑肿胀、流泪，眼结膜充血，眼睑内有干酪样物质积聚，常将上下眼睑粘在一起。临床意义：维生素 A 缺乏症、传染性鼻炎、传染性喉气管炎、鸡支原体感染、鸡克雷伯氏杆菌病、传染性眼炎、禽曲霉菌病、鸭传染性窦炎、鸭传染性浆膜炎、鸭伪结核病、鸭瘟、鸭衣原体病、肿头综合征、生物素缺乏。

（八）腹围增大

病变特征：外观腹部膨胀、下坠，腹围增大。临床意义：蛋鸡大肠杆菌病（卵黄性腹膜炎）、蛋鸡禽白痢（卵黄性腹膜炎）、脐带炎（鸡绿脓杆菌病、鸡葡萄球菌病）、鸡脂肪肝综合征、禽白血病、肉鸡腹水综合征。

（九）体腔积液

病变特征：病鸡心包腔、腹腔蓄淡黄色的液体。临床意义：见于肉鸡腹水综合征、慢性痢特灵中毒。

（十）内脏浆膜纤维素渗出

病变特征：气囊、心包逐渐混浊，浆膜上出现干酪状渗出物，严重时成堆成纤维蛋白块填满气囊或心包腔。肺脏被纤维素包裹，或在肺泡和支气管内充满纤维素，肺脏质地坚实。肝脏表面有不同程度的纤维素性渗出物，甚者整个肝脏为一层纤维素性薄膜所包裹。腹腔和肠浆膜上常见纤维素性或干酪样灰白色的渗出物，甚至使整个腹腔器官粘连在一起。

临床意义：大肠杆菌病、鸡支原体感染、禽流感、禽曲霉菌病、禽亚利桑那菌病、鸭传染性浆膜炎、鸭伪结核病、鸭瘟、衣原体病、禽链球菌病。

（十一）尿酸盐沉积

病变特征：脏器浆膜表面散布许多石灰样的白色尖屑状或絮状物质。临床意义：家禽痛风、维生素A缺乏症、传染性支气管炎（肾型）、低致病性禽流感、磺胺类药物中毒、传染性法氏囊病。

（十二）干酪样结节

病变特征：肺脏、肝脏、肠浆膜出现黄灰色干酪样结节，从粟粒到小米粒、绿豆大小不等结节，呈灰白色、黄白色或淡黄色，散在或均匀地分布在整个肺脏组织。

临床意义：结核病、鸭伪结核病、禽曲霉菌病。

（十三）血液稀薄

病变特征：血液色淡，呈粉红色或淡红色。临床意义：传染性贫血。

二、皮肤的病变

（一）皮肤痘疹

病变特征：如绿豆大，呈黄色或灰黄色，凹凸不平，呈干硬结节，有时和邻近的痘疹互相融合，形成干燥、粗糙、呈棕褐色大的疣状结节，突出皮肤表面。无毛或毛稀少部分，特别是在鸡冠、肉髯、眼睑和喙角多发。见于皮肤型禽痘。

（二）皮肤溃烂

病变特征：自然破溃，流出茶色或紫红色液体，与周围羽毛粘连，局部污秽，或局部干燥结痂，暗紫色。见于鸡葡萄球菌病。

（三）皮肤发绀

病变特征：鸡冠与肉髯常呈紫红、蓝紫色、黑紫色。临床意义：维生素 B_1 缺乏症、传染性喉气管炎、李氏杆菌病、禽霍乱、禽流感、新城疫、组织滴虫病、肉鸡腹水综合征、喹乙醇中毒。

（四）皮下胶冻样渗出物

（1）头部皮下胶冻样渗出物。病变特征：鸡头部肿胀处和肉髯切开后有黄色或黄绿色胶样浸润。临床意义：衣原体病、禽流感、肿头综合征、传染性鼻炎、慢性呼吸道病、鸡绿脓杆菌病、禽流感，雏鸭新型鸭瘟、渗出性素质。

（2）腹部皮下胶冻样渗出物。病变特征：胸腹部皮下有较多的黄绿色胶冻状液体，前到嗉囊，后达两腿之间。临床意义：渗出性素质、鸡绿脓杆菌病、脐带炎（脐周围）。

（五）皮下干酪样物

病变特征：头颈部皮下出现黄白色或白色干酪样物。临床意义：疫苗不良反应、滑液支原体感染。

三、呼吸系统病变

（一）喉气管纤维素渗出

病变特征：喉、气管有黄白色纤维素性干酪样物，严重者阻塞喉、气管，引起呼吸困难。

临床意义：传染性喉气管炎、黏膜型禽痘、维生素A缺乏症、鸭瘟、禽链球菌病、传染性支气管炎。

（二）肺脏淤血、出血

病变特征：某肺叶或肺脏全部呈现紫红色。临床意义：禽霍乱、新城疫、禽链球菌病、禽流感、鸭传染性浆膜炎、衣原体病。

（三）气囊霉斑

病变特征：气囊膜上有数量和大小不一的霉菌结节，有时可见较肥厚隆起的霉菌斑，呈烟绿色或深褐色。临床意义：禽曲霉菌病。

四、消化系统病变

（一）伪膜

（1）口腔、喉气管黏膜伪膜。病变特征：口黏膜有白色小结节或覆盖一层白色的豆腐渣样的薄膜。临床意义：雏鸡维生素A缺乏症，家禽念珠菌病，黏膜型禽痘，鸭瘟，水禽出血性败血症。

（2）食管、嗉囊黏膜伪膜。病变特征：嗉囊皱褶变粗，黏膜明显增厚，被覆一层白色斑块状假膜，呈典型“毛巾样”，易刮落。散布白色、圆形隆起的溃疡灶。见于家禽念珠菌病。

（二）嗉囊扩张

病鸡嗉囊胀满，内充满多量酸臭液体及气体，将病鸡倒提起，酸臭液体即从口中流出。

临床意义：肌胃糜烂症、新城疫、氯化钠中毒、小鹅瘟、神经型马立克氏病（迷走神经受损）、家禽念珠菌病（消化道阻塞）。

（三）肝脏的病变

（1）脂肪变性。病变特征：肝脏肿大，色泽变黄，质脆易烂。临床意义：胆碱缺乏症、维生素 B_2 缺乏症、维生素 B_6 缺乏症、泛酸缺乏症、鸡绿脓杆菌病、鸡脂肪肝综合征、李氏杆菌病、禽弯曲杆菌性肝炎、生物素缺乏、硒缺乏症、急性型黄曲霉毒素中毒、衣原体病、鸡脂肪肝和肾综合征、鸭病毒性肝炎、鸭瘟。

（2）肝脏胆汁色。病变特征：肝肿大并呈棕绿色或古铜色。临床意义：禽伤寒、禽副伤寒。

（3）肝硬化。病变特征：肝脏萎缩变硬，表面凹凸不平。临床意义：肉鸡腹水综合征后期、亚急性和慢性型黄曲霉毒素中毒。

（4）肝脾淤血。病变特征：肝脏、脾脏肿大，紫红色。临床意义：急性败血型鸡葡萄球菌病、鸡疏密螺旋体病、溃疡性肠炎、禽霍乱、禽链球菌病、禽副伤寒、雏番鸭细小病毒病、禽白痢、衣原体病、肉鸡腹水综合征、鸭伪结核病、小鹅瘟、禽弯曲杆菌性肝炎、鸭病毒性肝炎、鸭传染性浆膜炎。

（四）胆囊空虚

病变特征：胆囊体积小、胆汁染色淡或难找到胆囊。临床意义：肉鸡猝死症。

（五）肌胃角质膜粗糙、龟裂和坏死

肌胃角质膜增厚、粗糙、龟裂、溃疡。临床意义：传染性腺胃炎、传染性贫血、饥饿。

（六）腺胃病变

（1）腺胃糜烂或穿孔。胃壁松弛，黏膜乳头消失，手感柔软；严重者穿孔，甚至溶解。临床意义：肌胃糜烂症（蛋鸡夏天多发）、鱼粉中毒。

（2）腺胃肿大。病变特征：腺胃肿大，质地硬，有的呈圆球形。常见于鸡传染性腺胃炎。

（七）血样肠内容物

（1）小肠血样肠内容物。病变特征：十二指肠、空肠内容物呈红色血液样。临床意义：高致病性禽流感、小肠球虫病。

（2）盲肠血样内容物。病变特征：盲肠内有鲜红色、暗红色内容物或血凝块。临床意义：盲肠球虫病、组织滴虫病。

（八）小肠病变

（1）小肠黏膜枣核状肿胀。病变特征：十二指肠降支靠近胰脏侧、空肠美克儿憩室后方、回肠前端1/3处出现枣核样肿胀、出血、坏死。临床意义：新城疫、鹅副粘病毒病。

（2）小肠肠道梗塞。病变特征：小肠的中段和下段，外观变得极度膨大，呈淡灰白色，体积比正常肠段增大2～3倍，形如香肠状，手触肠段质地很坚实。膨大部的肠腔内充塞着淡灰白色或淡黄色的栓子状物，将肠腔完全阻塞。临床意义：小鹅瘟、雏番鸭细小病毒病。

五、心脏病变

（一）心脏扩张

心脏扩大，心室壁变薄，心房比心室更明显。

临床意义：维生素 B_1 缺乏症（右心）、肉鸡腹水综合征（右心）、小鹅瘟（右心房），硒缺乏症（左心）、雏番鸭细小病毒病（左心）。

（二）心肌坏死

心肌上有细小的坏死灶，或有条索状白色坏死区。

临床意义：病毒性关节炎、禽伤寒、李氏杆菌病、禽弯曲杆菌性肝炎、亚急性/慢性型禽链球菌病、禽亚利桑那菌病、高致病性禽流感、硒缺乏症、鸡脂肪肝综合征。

六、泌尿生殖系统病变

（一）肾脏肿大

肾肿大、紫红色或灰白色，肾小管由于尿酸及尿酸盐充塞而扩张，外观呈大理石状。

临床意义：维生素A缺乏症、传染性法氏囊病、传染性支气管炎（肾型）、禽流感、新城疫、钙过高、鸡脂肪肝和肾综合征、磺胺类药物中毒、家禽痛风。

（二）输尿管结石

病变特征：输尿管充满白色尿酸盐或坚硬的结石，输尿管极度扩张，或输尿管充满水样液体。临床意义：维生素A缺乏症、磺胺类药物中毒、传染性法氏囊病、家禽痛风。

（三）卵黄性腹膜炎

病变特征：腹腔有数量不等的混有纤维素性的渗出物，肠道或脏器间相互粘连，气味异常。临床意义：蛋鸡大肠杆菌性卵黄性腹膜炎、蛋鸡禽白痢、禽链球菌病、禽伤寒、蛋鸡衣原体病、低致病性禽流感。

（四）输卵管病变

（1）输卵管炎。病变特征：输卵管充血、出血，或内有多量分泌物，或有干酪样物蓄积。临床意义：大肠杆菌病、禽流感、禽白痢、鸭瘟、减蛋下降综合征。

（2）输卵管囊肿。临床特点：腹部膨大，输卵管充满水样液体，一般是右侧，也见于左侧。临床意义：输卵管囊肿。

（五）卵及卵泡病变

（1）卵泡变形。卵泡膜充血，卵泡变形，局部或整个卵泡红褐色或黑褐色，有的硬变，有的卵黄变稀。见于大肠杆菌病、禽白痢、慢性型禽霍乱、禽流感、新城疫、鸭瘟。

（2）蛋壳异常。病变特征：产薄壳蛋和软壳蛋、褐壳蛋则蛋壳褪色，颜色变浅。临床意义：维生素D缺乏症、传染性支气管炎、大肠杆菌病（输卵管炎）、钙磷缺乏与比例失调、减蛋下降综合征、新城疫。

（3）蛋清稀薄。见于维生素B_2缺乏症、减蛋下降综合征、传染性支气管炎。

七、运动、神经系统病变

（一）骨软

病变特征：喙软，呈橡皮状；胸骨变软、呈S状弯曲变形；雏鸡在肋骨与肋软骨连接处出现明显的串珠状结节；产蛋母鸡胸廓向内凹陷；胫骨和跗骨变形，弯曲；鸡爪变柔软，易弯曲。临床意义：维生素D缺乏症、慢性氟中毒、钙磷缺乏与比例失调。

（二）小脑软化

病变特征：小脑肿胀，柔软，小脑表面有散在的出血点，黄绿色混浊的坏死灶。临床意义：维生素E缺乏症。

（三）肌肉变性、坏死

病变特征：病鸡胸部、腿部的肌肉纤维束的肌纤维呈淡颜色条纹。临床意义：维生素E缺乏症、硒缺乏症。

（四）关节异常

（1）关节炎。病变特征：患鸡跗关节上下周围肿胀，关节不能运动，关节腔内含有淡黄色或血样渗出物，最终呈干酪状。

临床意义：病毒性关节炎、滑液支原体感染、关节炎型鸡葡萄球菌病、慢性型禽霍乱、亚急性/慢性型禽链球菌病、鸭传染性浆膜炎。

（2）关节痛风。病变特征：趾关节、跗关节肿胀。切开肿胀关节，可流出白色黏稠的液体，内含有大量尿酸盐结晶，沉着物常常形成一种所谓的“痛风石”。临床意义：家禽痛风。

（五）骨短粗症

病变特征：腿关节肿大，骨骼短粗；严重的，腓肠肌腱从跗关节的骨槽中滑出，腿外展。

临床意义：维生素 B_6 缺乏症、维生素 B_{12} 缺乏症、胆碱缺乏症、锰缺乏症、生物素缺乏症、叶酸缺乏症。

（六）腱断裂

腓肠腱断裂，鸡不能站立。临床意义：病毒性关节炎。

（七）坐骨神经肿大

病变特征：一侧或两侧神经增粗，呈黄白色或灰白色，横纹消失，有时呈水肿样外观。

临床意义：神经型马立克氏病（一般一侧）、维生素 B_2 缺乏症。

八、肿瘤

（1）皮肤肿瘤。病变特征：毛囊肿大，质地坚实，明显高于皮肤或融合成大的肿块；见于皮肤型马立克氏病。

（2）肌肉肿瘤。病变特征：肌肉生长乳白色，质地坚实的肿物；见于马立克氏病。

（3）内脏器官肿瘤。病变特征：心脏、肺脏、脾脏、肝脏、胰脏、肾脏、腺胃、空肠上长有大小不一的肿瘤结节或肿块，呈灰白色，质地坚硬而致密。肿瘤组织在肝脏、脾脏、胰脏、腺胃、睾丸呈弥漫性增生，体积变大，肿瘤组织色泽灰白，与原有组织的色彩相间存在。临床意义：马立克氏病、禽白血病、网状内皮细胞增殖症、慢性黄曲霉毒素中毒（肝癌）。

（4）法氏囊肿瘤。病变特征：肿瘤病变呈白色到灰白色，可能是弥散性的，有时呈局灶性，法氏囊体积增大；见于禽白血病。

（5）卵巢肿瘤。病变特征：卵巢肿瘤呈菜花状，呈灰白色，质地坚硬而致密。临床意义：内脏型马立克氏病、禽白血病。

九、其他病变

（一）虹膜灰白

病变特征：虹膜失去正常色素，呈同心环状或斑点状以至弥漫的灰白色。瞳孔边缘不整齐，到严重阶段瞳孔只剩下针尖大小的孔。

临床意义：眼型马立克氏病。

（二）雏鸡卵黄吸收不良

病变特征：蛋黄吸收不良，黄绿色或黄褐色，呈干酪样。临床意义：脐带炎。

（三）骨髓淡染

病变特征：大腿骨的骨髓呈脂肪色、淡黄色或粉红色。临床意义：传染性贫血、磺胺类药物中毒。

附录A 常见禽类传染病的尸体剖检诊断

一、病毒性传染病

（一）禽流感（AI）

病变随禽种和病毒株的致病力强弱不同而异，多数可出现轻度到中度的气管炎、鼻窦炎、结膜炎和气囊炎。

（1）鼻窦充满渗出物，眼睑和面部肿胀，冠、肉髯出血发绀、坏死，脚鳞出现紫色出血斑，肿大的头部皮下水肿和黄色胶样浸润。

（2）气囊、心包、腹膜及输卵管上有纤维素性渗出物，肺脏实变；心冠脂肪呈针尖状出血，心肌有条纹状坏死斑；产蛋母鸡卵巢萎缩、输卵管退化。

（3）肝、脾和肾明显淤血肿大，肝常出现血肿，质脆易碎，上有坏死点，肾表面密布黄白色坏死灶，胰腺常有淡黄色斑点和暗红色区域。

（4）腺胃、肌胃、盲肠扁桃体黏膜出血，腺胃与肌胃交界处呈带状出血。

（二）鸡新城疫（ND）

腺胃乳头、十二指肠、空肠，回肠黏膜出血或溃疡，盲肠、直肠呈条纹点状出血是本病的典型特征。

（1）消化道。腺胃黏膜乳头及其周围有小点状出血，肌胃角质膜下的黏膜面有点状或斑状出血；小肠（尤为十二指肠、回肠）黏膜局部肿胀、出血、坏死、溃疡；盲肠扁桃体出血、溃疡，盲肠及直肠呈条纹状出血。

（2）气管。气管黏膜增生，肥厚并有卡他性渗出液，重者伴有出血灶。

（3）浆膜。心冠脂肪、内脏浆膜面广泛出现针尖样出血点。

（4）脾。脾稍肿大，其表面和切面可见到白色小点（变性坏死灶）。

（5）卵巢。产蛋鸡卵泡松软，包膜充血、出血，卵泡破裂，卵黄流入腹腔。

（三）传染性支气管炎（IB）

病鸡以咳嗽、喷嚏、气管啰音、下痢、雏鸡流涕、成鸡产蛋下降、产畸形蛋、蛋清稀薄如水为特征。

（1）呼吸系统。病死鸡气管下1/3处黏膜充血水肿，管腔内有水样乃至黏稠透明的黄白色渗出物或干酪样物质。肺淤血，气囊浑浊，支气管周围呈现灰白色环状肥厚。

（2）生殖器官。产蛋鸡卵巢、卵泡膜充血、出血，并出现软蛋、破蛋，输卵管比正常的短而轻，内有卵黄物凝结。

（3）肾。肾肿大、苍白，输尿管扩张，充满灰白色尿酸盐沉淀物。

（4）腺胃。胃壁增厚、出血。

（四）传染性喉气管炎（ILT）

传染性喉气管炎以阵发性甩头、呼吸困难、咳出血样渗出物为特征。

（1）病鸡尸体的嘴角、脸部、头部和羽毛有血痰沾污。

（2）气管黏膜出血、肥厚、变性、坏死并有糜烂灶。有时气管内可见血性渗出物或血凝块。

（3）眶下窦肿胀，切开可见干酪样渗出物滞留。

（4）眼睑肿胀，结膜炎，失明。

（5）卵巢异常，出现软卵泡和出血卵泡等。

（五）传染性法氏囊病（IBD）

2～20 周龄鸡最易感，3～8 周龄的幼鸡受害最严重。

（1）法氏囊在发病后 3～4d 变黄肿大 3～4 倍，如拇指至小核桃大，周围脂肪显著水肿，浆膜面及内侧皱褶面有点状、纹状出血，轻者有奶油样、棕红色黏性分泌物，有时囊内有干酪样物；重者整个法氏囊出血，似一血球，触之坚硬，后期法氏囊萎缩。

（2）胸部肌肉及股部肌肉呈条纹状或斑点状出血。

（3）肾肿胀并有尿酸盐沉积，输尿管扩张，内有尿酸盐滞留。

（4）腺胃与肌胃连接处呈斑点状出血，盲肠扁桃体肿大、出血。

（5）少数病例可见胸骨弯曲。

（六）马立克病（MD）

（1）神经型。坐骨神经、翼神经、迷走神经出现单侧性肿大变粗，比正常粗 2～3 倍，呈黄白色或灰白色水肿样变化。

（2）内脏型。肝、脾、肾、心、卵巢、睾丸、腺胃等脏器出现大小不等的单个或多个灰白色肿瘤，肿瘤突出于脏器表面，触之坚硬；肺呈灰褐色透明样变化。

（3）皮肤型。大腿、颈部、翅膀、背部和尾部的皮肤上，呈现毛囊肿大、皮肤增厚，形成结节状和瘤状物。

（4）眼型。一眼或两眼失明，虹膜色素消失呈灰白色，瞳孔缩小，边缘不规则。

（七）减蛋综合征（EDS_{76}）

（1）产异常蛋的鸡输卵管黏膜水肿、苍白、肥厚。

（2）子宫部水肿，蛋壳腺有渗出物，管内滞留有色渗出物或干酪样物质。

（3）卵黄松散，腹腔内有不同形成期的卵。

（八）禽痘

（1）皮肤型。冠、肉髯、眼睑、面部、嘴角、趾、翼下、肛门周围等无毛部位出现灰白色或黄白色小丘疹，多个丘疹融合形成痘。

（2）黏膜型。咽部、喉头、鼻腔和气管出现块状黄白色干酪样假膜，覆盖于黏膜表面。病禽表现吞咽障碍和呼吸困难。

（3）混合型。上述皮肤型和黏膜型病变兼而有之。

（九）白血病（LL）

白血病主要发生于成年母鸡；发病后产蛋停止，不同品种的鸡对本病易感性有明显差异。

（1）在肝、脾、法氏囊、肾、卵巢、脊髓和胸腺形成大小不等的白色肿瘤。

（2）肝肿大数倍（大肝病），质脆呈粉红色，肿瘤在肝表面呈弥漫型、结节型、颗粒型等。

（3）脾肾肿大，呈深棕色，有灰白色结节状肿瘤。

（4）法氏囊切面可见肿瘤，但并不一定肿大，触之僵硬。

（5）卵巢呈灰白色，如菜花状。

（十）网状内皮组织增生症（RE）

（1）肝、脾、肾、卵巢、法氏囊等有灰白色点状结节和淋巴瘤增生，病变中心出血和坏死。

（2）慢性病例，翼神经、坐骨神经、颈神经均肿大变粗，本病应与马立克病、白血病相鉴别。

（十一）鸡传染性贫血（CIA）

贫血是本病的唯一特征性症状，多发生于 2～6 周龄雏鸡，骨髓、胸腺萎缩是本病的特征性病变。

（1）病鸡全身苍白，血液稀薄如水，肌肉、内脏器官苍白。

（2）股骨骨髓呈黄白色，有时可见肝肿大、黄染、质地松脆，腺胃黏膜固有层、皮下和肌肉出血。

（3）成年鸡腓肠肌腱肥厚、硬化并有结节状增生。

（十二）病毒性关节炎（VA）

（1）趾屈肌腱和趾伸肌腱肿胀，在肿大的跗关节或肘关节腔有淡红色、黄色或白色半透明的渗出物，肘部以上的滑膜有出血性淤斑。

（2）50 日龄以上的鸡腓肠肌腱呈单侧或双侧性断裂，断裂周围组织出现明显的血样浸润。

（十三）包涵体肝炎（IBH）

3～9 周龄的肉用仔鸡最易感染本病。

（1）肝肿大褪色，表面凸凹不平，可见密集的针尖状出血点或大小不等的出血斑。

（2）全身性浆膜、皮下、肌肉等呈广泛性出血。

（3）皮下和全身性肌膜黄染。

（4）脾、肾肿大，法氏囊萎缩。

（十四）鸭瘟（DP）

（1）皮下及全身性浆膜和黏膜充血、出血。

（2）食道黏膜有小出血点，并有纵行排列呈条纹状的灰黄色假膜覆盖或溃疡，溃疡的边缘隆起是本病的特征。

（3）头颈部剥皮后，肌肉、气管等处均有充血和出血，呈暗紫色。

（4）肝呈棕绿色，表面有不规则的大小不等的坏死灶及出血点。

（十五）小鹅瘟（GP）

3～20 日龄的雏鹅最易发生，10 日龄内的雏鹅发病率及死亡率均很高。

（1）肠管显著膨大，内含由条状脱落假膜形成的带状或圆柱状的灰白色凝固栓子。

（2）肝肿大，呈深紫红色或黄红色，胆囊扩张，充满暗绿色胆汁。

（3）脾和胰充血，有灰白色坏死灶。

（十六）鸭病毒性肝炎（DVH）

鸭病毒性肝炎主要发生于 4～10 日龄的雏鸭。

（1）肝肿大、质脆呈淡红色或斑驳状，表面有出血点或出血斑。

（2）脾、肾充血肿大，脾表面有斑驳状花纹。

（十七）鹌鹑支气管炎

鹌鹑支气管炎多发生于 1～8 周龄，特别是 4 周龄以下的鹌鹑群，具有高度的传染性。

（1）病鹑嗉囊壁增厚，角膜浑浊呈云雾状，结膜炎，鼻窦或眶上窦充血。

（2）气管及支气管中有大量黏液，有时有黄色黏液栓，气囊膜浑浊。

（十八）禽轮状病毒感染

（1）常见的病变为小肠和盲肠内有大量的液体和气泡。

（2）病禽脱水、肛门炎症、贫血（由啄肛流血引起），腺胃内有垫草，爪部因粪便污染引起的炎症和结痂。

（十九）火鸡冠状病毒性肠炎（蓝冠病）

蓝冠病以废食、不断鸣叫、体重减轻、精神沉郁及粪便稀薄为特征。

（1）十二指肠、空肠和盲肠充满水样液和气体。十二指肠肿胀、苍白而松弛，内含胶冻样黏液，偶见管型。盲肠扩张，充满水样、黄棕褐色恶臭内容物，肠黏膜上皮可见小点出血。

（2）尸体消瘦，胸肌色暗和脱水，内脏器官一般正常。

（3）胰呈白垩样外观和大量白色病灶，肾和输尿管内偶有尿酸盐沉着，脾较正常者小。

二、细菌性传染病

（一）鸡白痢（PD）

本病20日龄以内的雏鸡多发，死亡率也高。

（1）雏鸡肝呈土黄色，胆囊扩张，脾肿大而质脆。

（2）盲肠膨大，内有白色豆腐渣样栓塞。

（3）肾小管和输尿管扩张，充满尿酸盐。

（4）卵黄吸收不良，肺、肝、心、肌胃、肠上出现大小不等，数量不一的灰白色坏死结节。

（5）产蛋鸡卵泡萎缩、变形、呈金黄色或绿褐色，无光泽，有时卵泡破裂，引起广泛的腹膜炎，腹腔脏器粘连。

（6）公鸡出现睾丸炎，睾丸萎缩变硬、变小，呈青灰色。输精管膨大有干酪样物质潴留。

（二）禽伤寒

本病1~5月龄的鸡多发，死亡率也最高。

（1）急性病例不见明显病变，亚急性或慢性病例肝脾肿大，胆囊扩张，肝呈棕绿色或古铜色，肝和心肌上散布有灰白色小坏死点。

（2）肠道内容物黏稠，呈轻重不等的卡他性肠炎，尤以小肠为重。

（3）卵泡出血、变色、变形。

（三）鸡副伤寒

本病主要发生于雏鸡，呈急性或亚急性经过；成年鸡呈慢性或隐性感染。

（1）出壳后10d内死亡的病雏，肝淤血肿大，胆囊扩张，卵黄吸收不全。

（2）病程稍长的病雏消瘦、脱水，肝、脾有出血条纹或针尖状的灰白色坏死点，心包炎，出血性肠炎（十二指肠）和肺炎病变亦常见到。

（3）成鸡急性型呈现肝、脾、肾充血肿胀，出血性肠炎或坏死性肠炎、心包炎、腹膜炎，卵巢化脓坏死；慢性型病鸡消瘦、肠黏膜有坏死溃疡，肝、脾、肾肿大，心脏有坏死小结节和关节炎等病变。

（四）禽大肠杆菌病

禽大肠杆菌病根据症状及病变不同，有以下多种类型：

（1）初生雏卵黄感染和脐炎。鸡胚多于孵化后期死亡，未死者在出壳后卵黄吸收不全，呈黄绿色或污褐色，脐带呈蓝紫色，腹部膨大，脐孔不闭合，周围皮肤呈褐色，有刺激性恶臭，6日龄以内特别是2~3日龄的幼雏发病及死亡最高，死亡率可达10%~12%。

（2）气囊炎。多发生于5~12周龄雏鸡，6~9周龄为发病高峰：气囊壁增厚，气囊内有淡黄色干酪样物质沉积。肝表面及外膜有白色纤维素性渗出物；死亡率可达8%~10%。

（3）大肠杆菌败血症。多发生于4~10周龄的肉鸡。本病的特征病变为肝呈铜绿色，胸肌充血，肝表面有灰白色坏死区。急性病例不见任何症状，但剖检时可闻到特殊臭味。少数病例腹腔有积液及血凝块。

（4）卵黄性腹膜炎和输卵管炎。主要见于产蛋母鸡，腹腔含大量卵黄状物，有腥臭味。卵泡变形、变性、变色、破裂，输卵管变薄，甚至被炎性分泌物堵塞，耐过者产蛋能力丧失。

（5）关节炎和关节滑膜炎。为幼雏、中雏感染后取慢性经过的一种病型。关节周围呈竹节状肥厚，腿关节肿胀、跛行，关节液浑浊，有脓性干酪样渗出物。

（6）出血性肠炎。肠黏膜表层出血和溃疡，肌肉、皮下组织、心、肝呈出血性变化。

（7）全眼球炎。此为大肠杆菌败血症恢复时期的一种症状，单侧多见。剖检可见脉络膜充血，视网膜完全破坏。

（8）大肠杆菌性肉芽肿。多发生于产蛋后期的母鸡。其特征是在肝、心、肾、盲肠、十二指肠及肠系膜产生典型的肉芽肿，有时在肺上也可见到，外观与结核或马立克病的肿瘤结节相似，诊断时要注意区别。

（9）鸭大肠杆菌性败血症。特征病变是湿润的颗粒状和大小不同的凝乳状渗出物，引起小鸭心包炎、肝周炎和气囊炎。剖检死鸭时可见肝肿胀，被胆汁染色（色暗），脾肿大、色深。

（五）葡萄球菌病

葡萄球菌病临床上有多种病型，常见者有以下四种：

（1）急性败血型。病鸡胸腹部、翼下的皮下蓄积血样渗出物或紫红色胶冻液，羽毛易脱落。肝、脾肿大，有散在的灰白色坏死点，心包液增多，肠黏膜有弥漫性点状出血。

（2）关节炎型。关节滑膜增厚，有淡黄色的浑浊渗出液，软骨糜烂，易脱落，关节面溃疡，并有溃疡灶形成。

（3）眼型。多发生于40~70日龄的中雏，常呈单侧性（多为左侧）眼睑肿胀、潮红，眼睛突出，上下眼睑粘连而导致失明，病鸡常因不能摄食而死亡。剖检无明显病变。

（4）趾瘤病型。多发生于肉用种公鸡，感染局部形成大小不等的肿胀疙瘩，病鸡行走困难、跛行，剖检可见早期形成的趾瘤有脓液，后期脓液凝固成黄色干酪样，触之硬实。

（六）禽霍乱

禽霍乱暴发多发生于鸡、火鸡、鸭和鹅。其中火鸡最易感，其次为鸭和鹅。

（1）最急性型。心冠脂肪有少量出血点，肝有少数灰白色坏死灶。

（2）急性型。腹膜、皮下组织、肠系膜脂肪、心冠脂肪有出血点或出血斑。肝稍肿大，表面分布有许多灰白色、针尖大、边缘整齐的坏死点，十二指肠黏膜弥漫性出血。

（3）慢性型。肉垂化脓性坏死是本病的特征。亦可见到卵黄破裂后形成的干酪样物及肺坏死、心包炎、胸膜炎、关节炎等病变。

（七）传染性鼻炎（IC）

本病以刚开产的鸡最敏感，而4～6周龄的鸡发病严重。

（1）鼻腔、眶下窦、喉头及气管黏膜发生急性卡他性炎症，并有黏液分泌。

（2）面部及肉髯皮下水肿。

（3）产蛋鸡发生卵黄性腹膜炎、软卵泡、血卵泡，公鸡睾丸萎缩。

（八）链球菌病

（1）急性败血型病例，病死鸡皮下组织、腹部脂肪、肺、肾充血或出血。心内外膜、胸肌内侧及皮下组织有点状或片状出血。

（2）肝、脾肿大，腹腔及心包内有少量浆液性纤维蛋白渗出物，胆汁浓绿，渗出于腹腔。

（3）关节面粗糙，关节囊内的关节液中有少量白色沉淀物。

（4）成鸡肝表面有点状灰白色坏死小结节，多数（70%以上）病例出现卵黄性腹膜炎，蛋变形，并有心包炎、肝周炎及气囊等变化。

（九）结核

本病的潜伏期为2～12个月，故病鸡一般都是一年以上的成年鸡。

（1）肝脾肿胀，表面散布有大小不一的黄白色或灰白色结核结节，稍突出于器官表面。

（2）肠壁和腹壁上也常有许多大小不等的灰白色结核结节。

（3）骨骼、卵巢、睾丸、胸腺等器官也可见到结核结节。

（十）亚利桑那菌病

本病主要经种蛋传播，雏禽多发。

（1）多数病雏卵黄吸收不良。

（2）肝呈土黄色，肿大2～3倍，表面有砖红色条纹，切面有针尖大灰色坏死灶和出血点，胆囊扩张，胆汁浓缩。

（3）肌肉充血、出血，心脏表面有出血点，肌胃黏膜有出血点或出血带。

（4）肾充血、肿大1～3倍，表面有大小不等的出血点。

（十一）梭菌性疾病

禽梭菌性疾病最常发生的有坏死性肠炎、溃疡性肠炎、坏疽性皮炎及肉毒中毒4种。

（1）坏死性肠炎（NE）。本病主要感染2～4周龄的雏鸡。小肠下1/3段呈弥漫性黏膜坏死是本病的特征。小肠肠管肿胀，肠壁上有坏死灶，肠内充满泡沫样液体。肝、脾肿大、出血，肝表面有界限清晰的灰黄色坏死灶。

（2）溃疡性肠炎（UE，鹌鹑病）。UE可感染多种禽类，但鹌鹑最易感。急性病例典型病变为十二指肠出血性肠炎，整个肠道浆膜面密布小出血点。小肠和盲肠段遍布有坏死灶和溃疡灶。溃疡灶呈枣核状或略呈圆形，有的融合成大的坏死灶，上覆盖一层伪膜。盲肠溃疡灶的中央下陷，附着一层黑色伪膜，不易洗脱。溃疡灶常引起肠壁穿孔，诱发腹膜炎和肠管粘连。肝边缘有淡色条纹及大面积不规则黄色区域，上有散在的灰色病灶。脾淤血、肿大、出血。

(3) 坏疽性皮炎。鸡群自然暴发本病的日龄为17日龄到20周龄，肉鸡一般为4~8周龄。翼、胸、腹部及腿部皮肤变黑、潮湿，羽毛常脱落。皮下有大量腥红色水肿液，肌肉色淡或呈黑褐色，肌肉之间有水肿液或气体。肝偶尔可见有散在的白色坏死灶。

(4) 肉毒中毒（软颈病、西部鸭病）。散养和舍饲的禽类及野禽均易感。无剖检病变，偶尔可见病禽嗉囊中有蛆或羽毛。

(十二) 铜绿假单胞菌病

(1) 病雏皮下水肿，并有胶冻样淡绿色渗出液。

(2) 肌肉、肺、心尖、心内膜有出血点或出血斑。

(3) 肝肿大，呈土黄色，表面有大小不等的出血点和灰白色针尖大的坏死点，胆囊扩张。胸腺、脾、肾肿大并有出血点或出血斑。

(4) 关节肿胀，关节液浑浊增多，眼角膜白浊肥厚。

(十三) 李氏杆菌病

(1) 肝肿大，呈土黄色或绿色，有黄白色坏死点和深紫色淤斑，胆囊扩张充满胆汁。

(2) 脾肿大，呈斑驳状，色深。

(3) 心包液增多，心肌变性和坏死，血管充血明显。

(4) 肌胃角质膜下出血。

(十四) 丹毒杆菌病

(1) 皮肤出血，有黑痂样病变。

(2) 肝脾肿大出血、易碎，胸腹膜、气囊膜、心外膜、心包膜、心肌出血。

(3) 腺胃、肌胃增厚并有溃疡，盲肠有黄色小结节。

(4) 关节肿大，关节囊有纤维素性渗出物。

(十五) 禽弯曲杆菌病

(1) 病死雏鸡肝肿大呈红褐色，有大小不等的黄色星状坏死灶，表面有出血点、出血斑。胆囊扩张，呈黄绿色。

(2) 腹腔有大量腹水。

(3) 脾、肾肿大，有针尖大小的出血点。

(4) 心脏苍白，有黄色坏死灶，心肌松弛。

(十六) 鸭疫里默菌感染

本病主要发生于家鸭，1~8周龄鸭高度敏感。5周龄以下雏鸭一般在出现症状后1~2d死亡，较大的鸭可能存活较长时间。

(1) 在心包膜和肝表面有纤维素性渗出物。

(2) 鼻窦内有黏液脓性渗出物，输卵管中有干酪样渗出物。脾肿大，呈斑驳状。

(3) 肾后部或肛周皮肤呈现坏死性皮炎，在皮肤和脂肪层之间有淡黄色渗出物。

三、其他微生物病

(一) 支原体病

鸡毒支原体（MG）感染引起慢性呼吸道病（CRD）；滑液囊支原体（MS）感染引起滑液囊炎。各种年龄的鸡均可感染发病，但以4~8周龄的幼鸡多发。

(1) 鸡毒支原体感染。鼻腔、眶下窦、气管和支气管内黏液增多，黏膜肥厚，气囊壁浑浊增厚，气囊内有黄色泡沫状渗出物。

（2）滑液囊支原体感染。胸囊肿，跗关节及其他关节肿胀，关节囊内有大量灰黄色、奶油状渗出物，趾部关节肿胀，关节面呈橘黄色，关节囊内有干酪样渗出物。有时可见气囊炎。

（二）曲霉菌病

曲霉菌病多发于1月龄特别是4～12日龄平养的雏禽，潮湿温暖季节最易发生流行。

（1）肺、气囊、胸腹腔有小米至大豆大的黄白色结节，触之柔软而有弹性。

（2）气囊、肝、脾、肾、卵巢、肠管等处亦可见到数量多少不等的霉菌斑块，中间绿色，边缘白色，表面呈绒毛状。

（三）衣原体病

（1）病禽发热、食欲减退、昏睡、腹泻、体重减轻。

（2）火鸡发病后，尸体可见血管炎、心包炎、脾炎、肝周炎、肺炎、鼻炎等变化。

（3）鹦鹉多呈慢性感染，发病前常无临床症状。

（4）病鸽呼吸困难，发出咯咯声，病变有结膜炎、眼睑炎和鼻炎等表现。

（5）鸭、鹅感染后，表现颤抖、结膜炎、鼻炎和腹泻，死亡率可达30%。

（6）鸡患病后，腹部异常膨大，剖检可见输卵管囊肿、肝肿大及纤维素性心包炎。

（四）螺旋体病

3周龄以内的雏鸡最易感，年龄较大的鸡有一定的抵抗力，温暖、潮湿的季节多发。

（1）脾显著增大呈斑驳状是本病的特征性病变。

（2）肝肿大，表面有小的出血点和灰白色坏死灶，有时边缘梗死。

（3）肾肿大、苍白，输尿管沉积有尿酸盐。

（4）腺胃和肌胃交接处有出血点，并出现绿色黏液性肠炎。

附　　录

附录1　OIE《陆生动物卫生法典》(2011年版)动物疫病名录

多种动物共患病（26种）：炭疽、伪狂犬病、蓝舌病、布鲁菌病（流产布鲁菌）、布鲁菌病（马耳他热布鲁菌）、布鲁菌病（猪布鲁菌）、克里米亚-刚果出血热、棘球蚴病、流行性出血病、东方马脑脊髓炎、口蹄疫、心水病、日本乙型脑炎、钩端螺旋体病、新大陆螺旋蝇蛆病、旧大陆螺旋蝇蛆病、副结核病、Q热、狂犬病、裂谷热、牛瘟、伊氏锥虫病、旋毛虫病、土拉菌病（野兔热）、水疱性口炎、西尼罗河热。

牛病（14种）：牛边虫病、牛巴贝斯虫病、牛生殖道弯曲杆菌病、牛海绵状脑病、牛结核、牛病毒性腹泻、牛传染性胸膜肺炎、地方流行性白血病、出血性败血症、牛传染性鼻气管炎（传染性脓疱性阴户阴道炎）、结节性皮疹、泰勒虫病、毛滴虫病、锥虫病（舌蝇传播）。

羊病（11种）：山羊关节炎脑炎、接触传染性无乳症、山羊传染性胸膜肺炎、母羊地方性流产（羊衣原体病）、梅迪-维斯纳病、内罗毕绵羊病、绵羊附睾炎（绵羊布鲁菌病）、小反刍兽疫、沙门氏菌病（羊流产沙门氏菌）、痒病、绵羊痘和山羊痘。

马病（11种）：非洲马瘟、马传染性子宫炎、马媾疫、西方马脑脊髓炎、马传染性贫血、马流感、马梨形虫病、马鼻肺炎、马病毒性动脉炎、马鼻疽、委内瑞拉马脑脊髓炎。

猪病（7种）：非洲猪瘟、古典猪瘟、尼帕病毒病、猪囊尾蚴病、猪繁殖与呼吸综合征、猪水疱病、传染性胃肠炎。

禽病（14种）：禽衣原体病、禽传染性支气管炎、禽传染性喉气管炎、禽支原体病（鸡毒支原体）、禽支原体病（滑液支原体）、鸭病毒性肝炎、禽霍乱、禽伤寒、鸟类高致病性禽流感和需申报的禽的低致病性禽流感、传染性法氏囊病（甘保罗病）、马立克氏病、新城疫、鸡白痢、火鸡鼻气管炎。

兔病（2种）：多发性黏液瘤病、兔出血病。

蜜蜂病（6种）：蜜蜂螨病、蜜蜂美洲幼虫病、蜜蜂欧洲幼虫病、小蜂窝甲虫病、蜜蜂小蜂螨病、蜜蜂瓦螨病。

其他动物疫病（2种）：骆驼痘、利什曼虫病。

附录2 中华人民共和国一、二、三类动物疫病病种名录

（2008年12月21日农业部颁布）

一类动物疫病（17种）

口蹄疫、水疱病、猪瘟、非洲猪瘟、高致病性蓝耳病、非洲马瘟、牛瘟、牛传染性胸膜肺炎、牛海绵状脑病、痒病、蓝舌病、小反刍兽疫、绵羊痘和山羊痘、高致病性禽流感、新城疫、鲤春病毒血症、白斑综合征。

二类动物疫病（77种）

多种动物共患病（9种）：狂犬病、布鲁菌病、炭疽、伪狂犬病、魏氏梭菌病、副结核病、弓形虫病、棘球蚴病、钩端螺旋体病。

牛病（8种）：牛结核病、牛传染性鼻气管炎、牛恶性卡他热、牛白血病、牛出血性败血病、牛梨形虫病（牛焦虫病）、牛锥虫病、日本血吸虫病。

绵羊和山羊病（2种）：山羊关节炎脑炎、梅迪-维斯纳病。

猪病（12种）：猪繁殖与呼吸综合征（经典蓝耳病）、猪乙型脑炎、猪细小病毒病、猪丹毒、猪肺疫、猪链球菌病、猪传染性萎缩性鼻炎、猪支原体肺炎、旋毛虫病、猪囊尾蚴病、猪圆环病毒病、副猪嗜血杆菌病。

马病（5种）：马传染性贫血、马流行性淋巴管炎、马鼻疽、马巴贝斯虫病、伊氏锥虫病。

禽病（18种）：鸡传染性喉气管炎、鸡传染性支气管炎、传染性法氏囊病、马立克氏病、产蛋下降综合征、禽白血病、禽痘、鸭瘟、鸭病毒性肝炎、鸭浆膜炎、小鹅瘟、禽霍乱、鸡白痢、禽伤寒、鸡败血支原体感染、鸡球虫病、低致病性禽流感、禽网状内皮组织增殖症。

兔病（4种）：兔病毒性出血病、兔黏液瘤病、野兔热、兔球虫病。

蜜蜂病（2种）：美洲幼虫腐臭病、欧洲幼虫腐臭病。

鱼类病（11种）：草鱼出血病、传染性脾肾坏死病、锦鲤疱疹病毒病、刺激隐核虫病、淡水鱼细菌性败血症、病毒性神经坏死病、流行性造血器官坏死病、斑点叉尾鮰病毒病、传染性造血器官坏死病、病毒性出血性败血症、流行性溃疡综合征。

甲壳类病（6种）：桃拉综合征、黄头病、罗氏沼虾白尾病、对虾杆状病毒病、传染性皮下和造血器官坏死病、传染性肌肉坏死病。

三类动物疫病（63种）

多种动物共患病（8种）：大肠杆菌病、李氏杆菌病、类鼻疽、放线菌病、肝片吸虫病、丝虫病、附红细胞体病、Q热。

牛病（5种）：牛流行热、牛病毒性腹泻/黏膜病、牛生殖器弯曲杆菌病、毛滴虫病、牛皮蝇蛆病。

绵羊和山羊病（6种）：肺腺瘤病、传染性脓疱、羊肠毒血症、干酪性淋巴结炎、绵羊疥癣、绵羊地方性流产。

马病（5种）：马流行性感冒、马腺疫、马鼻腔肺炎、溃疡性淋巴管炎、马媾疫。

猪病（4种）：猪传染性胃肠炎、猪流行性感冒、猪副伤寒、猪密螺旋体痢疾。

禽病（4种）：鸡病毒性关节炎、禽传染性脑脊髓炎、传染性鼻炎、禽结核病。

蚕、蜂病（7种）：蚕型多角体病、蚕白僵病、蜂螨病、瓦螨病、亮热厉螨病、蜜蜂孢子虫病、白垩病。

犬猫等动物病（7种）：水貂阿留申病、水貂病毒性肠炎、犬瘟热、犬细小病毒病、犬传染性肝炎、猫泛白细胞减少症、利什曼病。

鱼类病（7种）：鮰类肠败血症、迟缓爱德华氏菌病、小瓜虫病、黏孢子虫病、三代虫病、指环虫病、链球菌病。

甲壳类病（2种）：河蟹颤抖病、斑节对虾杆状病毒病。

贝类病（6种）：鲍脓疱病、鲍立克次体病、鲍病毒性死亡病、包纳米虫病、折光马尔太虫病、奥尔森派琴虫病。

两栖与爬行类病（2种）：鳖腮腺炎病、蛙脑膜炎败血金黄杆菌病。

附录3　中华人民共和国进境动物一、二类传染病、寄生虫病名录

1. 一类动物传染病、寄生虫病（15种）

口蹄疫、非洲猪瘟、猪水疱病、猪瘟、牛瘟、小反刍兽疫、蓝舌病、痒病、牛海绵状脑病、非洲马瘟、禽流感、新城疫、鸭瘟、牛肺疫、牛结节疹。

2. 二类动物传染病、寄生虫病（82种）

多种动物共患疫病（13种）：炭疽、伪狂犬病、心水病、狂犬病、Q热、裂谷热、副结核病、巴氏杆菌病、布鲁菌病、结核病、鹿流行性出血热、细小病毒病、梨形虫病。

牛疫病（11种）：锥虫病、边虫病、牛地方流行性白血病、牛传染性鼻气管炎、牛病毒性腹泻-黏膜病、牛生殖道弯杆菌病、赤羽病、中山病、水疱性口炎、牛流行热、茨城病。

绵羊和山羊疫病（6种）：绵羊和山羊痘、衣原体病、梅迪-维斯纳病、边界病、绵羊肺腺瘤病、山羊关节炎脑病。

猪疫病（6种）：猪传染性脑脊髓炎、猪传染性胃肠炎、猪流行性腹泻、猪密螺旋体痢疾、猪传染性胸膜肺炎、猪繁殖与呼吸综合征。

马疫病（9种）：马传染性贫血、马脑脊髓炎、委内瑞拉马脑脊髓炎、马鼻疽、马流行性淋巴管炎、马沙门氏菌病、类鼻疽、马传染病毒性动脉炎、马鼻肺炎。

禽病（14种）：鸡传染性喉气管炎、鸡传染性支气管炎、鸡传染性法式囊病、鸭病毒性肝炎、鸡伤寒、禽痘、鹅螺旋体病、马立克氏病、住白细胞原虫病、鸡白痢、家禽支原体病、鹦鹉热（鸟疫）、鸡病毒性关节炎、禽白血病。

啮齿动物病（3种）：兔病毒性出血症、兔黏液瘤病、野兔热。

水生动物病（11种）：鱼传染性胰脏坏死、鱼传染性造血器官坏死、鲤春病毒病、斑节对虾杆状病毒病、鱼鳔炎症、鱼旋转病、鱼鳃霉病、鱼疖疮病、异尖线虫病、对虾杆状病毒病、鲑鳟鱼病毒性出血性败血症。

蜂病（5种）：美洲幼虫腐臭病、欧洲幼虫腐臭病、蜂螨病、瓦螨病、蜂孢子虫病。

其他动物疫病（4种）：蚕微粒子病、水貂阿留申病、犬瘟热、利什曼病。

附录4　规模化养殖场常见参考免疫程序

（一）猪传染病免疫程序

商品猪

<table>
<tr><th>年　龄</th><th>疫（菌）苗</th><th>接种方法</th><th>备　注</th></tr>
<tr><td>新生仔猪哺乳前</td><td>猪瘟弱毒弱苗</td><td>皮下</td><td></td></tr>
<tr><td>7日龄</td><td>猪喘气病灭活苗</td><td>肌肉</td><td></td></tr>
<tr><td>20日龄</td><td>猪瘟弱毒弱苗</td><td>皮下</td><td></td></tr>
<tr><td>21日龄</td><td>猪喘气病灭活苗</td><td>肌肉</td><td></td></tr>
<tr><td rowspan="3">23～25日龄</td><td>PRRS灭活苗</td><td>肌肉</td><td rowspan="2">依本地疫情选择免疫</td></tr>
<tr><td>猪传染性胸膜肺炎灭活苗</td><td>肌肉</td></tr>
<tr><td>链球菌Ⅱ型灭活苗</td><td>肌肉</td><td></td></tr>
<tr><td rowspan="4">28～35日龄</td><td>FMD灭活苗</td><td>肌肉</td><td></td></tr>
<tr><td>猪丹毒、猪肺疫或丹毒-肺疫二联苗</td><td>肌肉</td><td rowspan="3">依本地疫情选择免疫</td></tr>
<tr><td>副伤寒弱毒苗</td><td>皮下</td></tr>
<tr><td>萎缩性鼻炎弱毒苗</td><td>皮下</td></tr>
<tr><td>55日龄</td><td>伪狂犬基因缺失弱毒苗</td><td>皮下</td><td></td></tr>
<tr><td>55日龄</td><td>萎缩性鼻炎弱毒苗</td><td>皮下</td><td></td></tr>
<tr><td rowspan="2">60日龄</td><td>FMD灭活苗</td><td>肌肉</td><td></td></tr>
<tr><td>猪瘟弱毒弱苗</td><td>皮下</td><td></td></tr>
<tr><td>70日龄</td><td>猪丹毒、猪肺疫或丹毒-肺疫二联苗</td><td>肌肉</td><td>依本地疫情选择免疫</td></tr>
<tr><td colspan="4">说明：猪瘟的乳前免疫可在母猪带毒严重、垂直感染引发哺乳仔猪猪瘟的猪场实施，且活苗不可选用脾淋苗；其他日龄的猪瘟弱毒苗建议使用脾淋苗。</td></tr>
</table>

种母猪

<table>
<tr><th>时　间</th><th>疫（菌）苗</th><th>接种方法</th><th>备　注</th></tr>
<tr><td>每隔4～6个月</td><td>FMD灭活苗</td><td>肌肉</td><td></td></tr>
<tr><td rowspan="4">初产母猪配种前</td><td>猪瘟弱毒苗</td><td>皮下</td><td>建议使用脾淋苗</td></tr>
<tr><td>PRRS灭活苗</td><td>肌肉</td><td></td></tr>
<tr><td>猪细小病毒弱毒苗</td><td>皮下</td><td></td></tr>
<tr><td>伪狂犬基因缺失弱毒苗</td><td>皮下</td><td></td></tr>
<tr><td rowspan="2">经产母猪配种前</td><td>猪瘟弱毒苗</td><td>皮下</td><td>建议使用脾淋苗</td></tr>
<tr><td>PRRS灭活苗</td><td>肌肉</td><td></td></tr>
<tr><td rowspan="3">产前4～6周</td><td>伪狂犬基因缺失弱毒苗</td><td>皮下</td><td></td></tr>
<tr><td>大肠杆菌双价基因工程苗</td><td>按说明操作</td><td rowspan="2">依本地疫情选择免疫</td></tr>
<tr><td>TGE-PED二联苗</td><td>按说明操作</td></tr>
<tr><td colspan="4">说明：1. 种猪70日龄前免疫程序同商品猪；
2. 乙脑流行或受威胁区，可在每年3～5月份（蚊虫出现前1～2个月）用乙脑疫苗间隔一个月免疫两次。</td></tr>
</table>

种公猪

时　间	疫（菌）苗	接种方法	备　注
每隔4～6个月	FMD 灭活苗	肌肉	
每隔6个月	猪瘟弱毒苗	皮下	建议使用脾淋苗
	PRRS 灭活苗	肌肉	
	伪狂犬基因缺失弱毒苗	皮下	
说明：1. 种猪70日龄前免疫程序同商品猪； 2. 乙脑流行或受威胁区，可在每年3～5月份（蚊虫出现前1～2个月）用乙脑疫苗间隔一个月免疫两次。			

（二）肉用仔鸡免疫程序

日　龄	疫　苗	接种方法
1日龄内	马立克氏病疫苗	皮下或肌肉
7～14日龄	鸡新城疫Ⅱ系或 La Sota 系苗	点眼、滴鼻或饮水
	法氏囊弱毒疫苗	饮水、点眼或滴鼻
	传染性支气管炎疫苗	饮水、点眼或滴鼻
25～35日龄	鸡新城疫Ⅱ系或 La Sota 系苗	点眼、滴鼻或饮水
	鸡痘弱毒疫苗	刺种

（三）种鸡、蛋鸡免疫程序

日　龄	疫　苗	接种方法
1日龄	马立克氏病疫苗	皮下或肌肉
7～14日龄	鸡新城疫Ⅱ系或系苗	点眼、滴鼻或饮水
	法氏囊弱毒疫苗	饮水、点眼或滴鼻
	传染性支气管炎疫苗	饮水、点眼或滴鼻
25～35日龄	鸡新城疫Ⅱ系或 La Sota 系苗	点眼、滴鼻或饮水
25～35日龄	鸡痘弱毒疫苗	刺种
	传染性支气管炎疫苗	饮水、点眼或滴鼻
10周龄	鸡新城疫Ⅱ系或 La Sota 系苗	点眼、气雾、滴鼻或饮水
	法氏囊弱毒疫苗	饮水、点眼或滴鼻
	传染性支气管炎疫苗	饮水、点眼或滴鼻
20～22周龄	鸡新城疫Ⅱ系、F系或 La Sota 系	气雾、饮水
	法氏囊弱毒疫苗	皮下
	传染性支气管炎疫苗	饮水、气雾
	鸡痘弱毒疫苗	刺种
23周龄～全群淘汰	1. 在20～22周龄免疫接种后，要每隔3～6个月，再重复免疫1次（同20～22周龄）； 2. 也可在20～22周龄时用鸡新城疫Ⅰ系苗接种，每年1次，以代替鸡新城疫Ⅱ系苗和 La Sota 系苗（刺种、滴鼻、饮水或气雾）	

参考文献

[1] [美] 斯特劳，等．猪病学[M].9 版．赵德明，张仲秋，沈建忠译．北京：中国农业大学出版社，2008.
[2] Y. M. 塞弗，等．禽病学[M].11 版．苏敬良，高福，索勋主译．北京：中国农业出版社，2005.
[3] 白文彬，于康震．动物传染病诊断学[M]．北京：中国农业出版社，2002.
[4] 毕丁仁，钱爱东．动物防疫与检疫[M]．北京：中国农业出版社，2009.
[5] 陈怀涛，许乐仁．兽医病理学[M]．北京：中国农业出版社，2005.
[6] 陈溥言．兽医传染病学[M].5 版．北京：中国农业出版社，2006.
[7] 东北农业大学．兽医临床诊断学[M]．北京：农业出版社．1993.
[8] 甘孟侯，蒋金书．畜禽群发病防治[M].3 版．北京：中国农业大学出版社，2009.
[9] 甘孟侯．禽流感[M].2 版．北京：中国农业出版社，2004.
[10] 高丰，贺文琦．动物疾病病理诊断学[M]．北京：科学出版社，2009.
[11] 林德贵．动物医院临床技术[M]．北京：中国农业大学出版社，2004.
[12] 刘秀梵．兽医流行病学[M].2 版．北京：中国农业出版社，2000.
[13] 刘振湘，梁学勇．动物传染病防治技术[M]．北京：化学工业出版社，2009.
[14] 陆承平．兽医微生物学[M].4 版．北京：中国农业出版社，2007.
[15] 吕化广，郑传江．兽医流行病学[M]．沈阳：辽宁科学技术出版社．1992.
[16] 马兴树．禽传染病实验诊断技术[M]．北京：化学工业出版社，2006.
[17] 马兴元，赵玉军．国家法定猪病诊断与防治[M]．北京：中国轻工业出版社，2007.
[18] 倪宏波，何宏轩，乔军．预防兽医学检验技术[M]．长春：吉林人民出版社，2002.
[19] 吴清民．兽医传染病学[M]．北京：中国农业大学出版社，2002.
[20] 俞东征．人兽共患传染病学[M]．北京：科学出版社，2009.
[21] 张德群．兽医专业实习指南[M]．北京：中国农业大学出版社，2004.
[22] 赵德明主编．兽医病理学[M]．北京：中国农业大学出版社，2005.
[23] 郑明球．家畜传染病学实验指导[M]．北京：中国农业出版社，1995.
[24] http：//www. oie. int/animal-health-in-the-world/oie-listed-diseases-2011